Design of Permanent Magnet Synchronous Machines

기초이론과 함께 하는

영구자석 전동기의 설계

배재남 · 김원호 · 이성구 공저

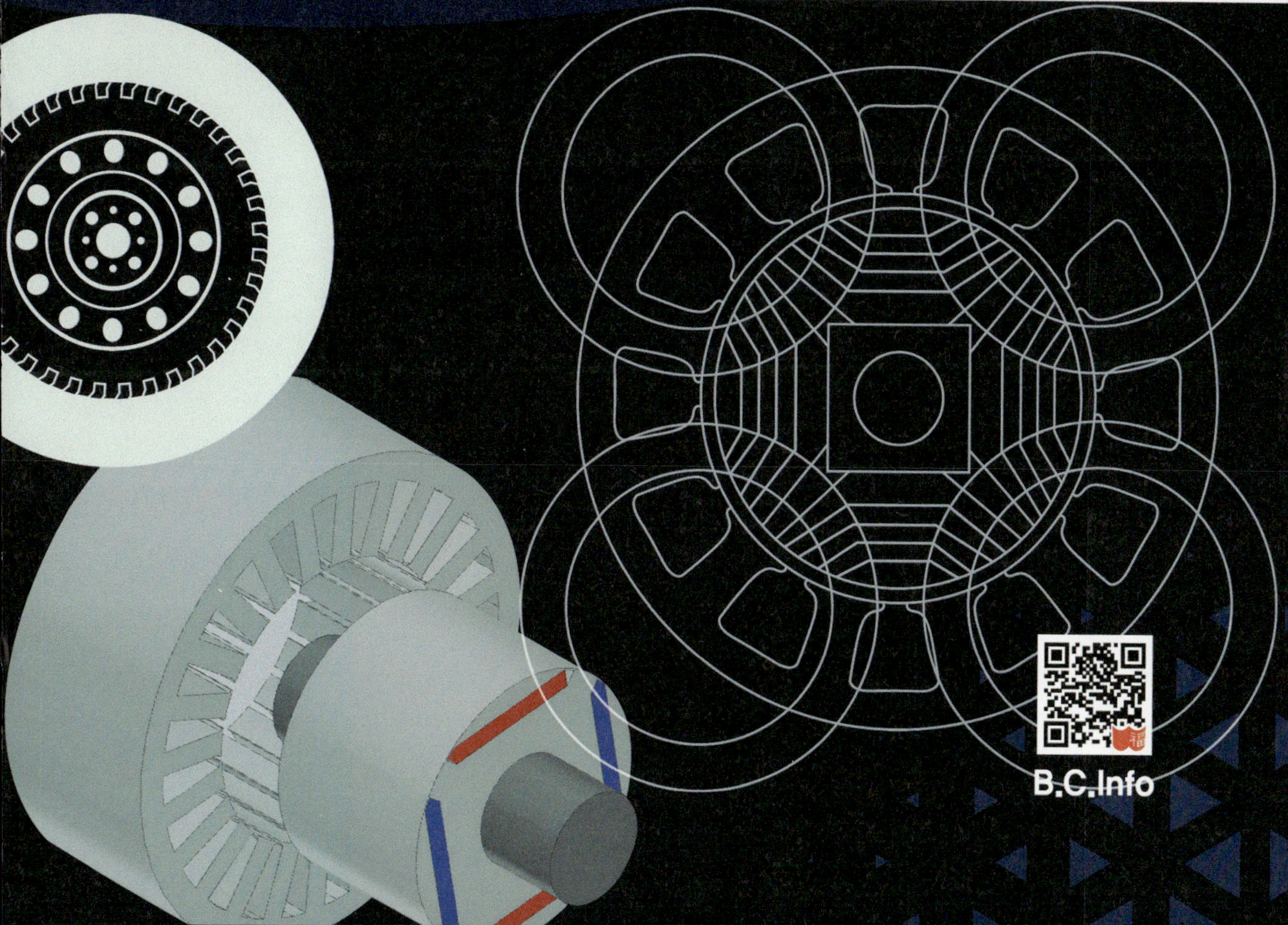

B.C.Info

PREFACE

최근 친환경 에너지 정책에 의해 여러 산업 분야에서 전동화가 이루어지고 있으며, 이러한 산업에 응용되는 전동기는 고전적인 전동기가 아닌 인버터 구동 전동기가 대부분을 차지하고 있다. 특히 고출력 밀도 및 고효율이 요구되는 전기자동차 구동 전동기, 드론 추진 전동기 등은 인버터가 사용된 영구자석형 동기 전동기가 주류 모터로 사용되고 있다. 하지만 이러한 전동기에 대한 구동 원리 및 설계 기법에 대해서 다루는 전문 서적은 거의 없는 실정이며 많은 경우 고전적으로 사용되는 직류전동기, 동기전동기 그리고 유도전동기를 기반으로 설명이 되어 있어 영구자석형 동기 전동기에 대한 전문 서적의 필요성이 대두되고 있다. 저자 또한 대학에서 학생들과 산업체 재직자에게 인버터 구동용 영구자석 전동기에 대한 이론과 설계 기법을 강의하면서 전공 서적의 필요성을 절실히 느꼈는데, 미진하지만 스스로 책을 저술해 보면 어떨까 하는 생각에 본 서적을 저술하게 되었다.

저자가 알고 있는 지식들을 되도록 쉽게 그림으로 설명하려 노력하였는데, 5장까지는 전동기 구동 원리의 개념들이 본래 의도인 그림을 기반으로 쉽게 기술되었다고 생각된다. 하지만 6장부터 그 이후 장들은 설계 수식 도출에 관한 내용으로 수식 없이는 설명이 불가하여, 상대적으로 학습에 어려움이 적지 않을 것으로 생각된다. 이 점이 매우 아쉽기는 하지만, 수식 전개에 있어 결과식을 유도하는 과정만 개략적으로 이해해도 많은 도움이 될 것으로 생각한다.

본서는 대학교 학부 과정에서 전기기기를 배우는 학생 중 인버터 구동형 영구자석 전동기에 관심이 있는 학생, 대학원에서 전동기 설계를 전공하는 학생들 그리고 기술변화에 따른 전동기에 대한 지식을 습득해야 하는 산업체 재직자들을 대상으로 하고 있다. 전문적인 설계를 위한 것이 아닌 구동 원리를 비롯한 핵심 이론이 궁금한 사람은 책의 5장까지만 학습하면 되며, 실질적으로 전동기를 설계해야 하는 사람이라면 책의 전반을 학습하는 것을 추천한다. 또한 전동기 설계를 전공하는 대학원 학생들은 11장의 비선형 자기등가회로 해석법도 깊이 있게 학습해 보길 추천한다.

마지막으로 이 책이 출판될 수 있게 도와준 가천대학교 전기기기 연구실 연구원들과 복두출판사 관계자 여러분께 깊이 감사드린다.

2022년 11월
저자 일동

CONTENTS

CHAPTER 1 들어가며

CHAPTER 2 영구자석 전동기의 동작 원리 기초

CHAPTER 3 자성체 재질 : 전기 강판과 영구자석

CHAPTER 4 권선법

CHAPTER 5 IPMSM의 구동원리

CHAPTER 6 지배 방정식과 dq모델

CHAPTER 7 최대출력제어

CHAPTER 8 쇄교자속 계산 일반식

CHAPTER 9 영구자석에 의한 공극 자속

CHAPTER 10 공극 인덕턴스

CHAPTER 11 비선형을 고려한 자기 등가 회로 해석법*

CHAPTER 12 출력식의 유도

CHAPTER 13 설계 프로세스

CHAPTER 14 엑셀을 사용한 IPMSM 설계의 예

Design of
Permanent Magnet Synchronous Machines

1 들어가며

현재 우리가 사용하고 있는 전동기는 기계적인 출력과 효율을 개선하는 동시에 크기와 무게를 저감하기 위해 오랜 세월동안 연구를 거듭하여 만들어진 연구개발의 산물이다. 이러한 전동기를 이해하기 위해서는 많은 사전 지식들이 필요하지만, 본 책에서는 모든 내용을 다룰 수는 없고 전자기학적인 이해 기반에서 전동기의 구동원리부터 설계방법까지 다루어 보려고 노력하였다.

우선 1장에서는 전동기 기술의 개념적인 발전사를 통해 전동기 기술의 발전사를 간략하게 설명하였는데, 전동기의 힘 발생원리 및 기본 구조, 세계 최초의 전동기를 소개하고, 전동기의 성능 개선 방향성에 대해 언급하였다. 2장부터는 "영구자석" 전동기에 집중하여 그 구동원리와 설계기법에 대해 설명하였는데, 중에서도 인버터에 의해 제어되는 교류 동기 전동기를 대상으로 하였다. 즉, 인버터 제어형(Inverter Fed) 영구자석 동기 전동기(Permanent Magnet Synchronous Machine; PMSM)만 이 책에서 다루게 될 것이다.

책은 크게 2부로 나눠지는데 1부는 1장~5장으로 전동기를 처음 접하는 독자를 가정해 가급적 수식은 배제하고 전동기 구동원리를 이해할 수 있게 서술하였다. 2부는 6장부터 마지막장인 14장까지로 전동기를 스스로 설계해야하는 엔지니어를 위한 부분으로 수식의 유도, 전동기 설계 프로세스, 설계의 예등을 다루고 있으며 다소 어렵게 느껴질 수 있다. 2부 내용이 필요한 사람은 1장부터 5장을 통해 전동기의 기본 동작원리를 완벽히 이해한 후 2부를 학습하기를 바란다.

1.1 전동기의 힘(토크) 발생원리: 자기력

전동기의 힘(토크) 발생원리는 전자기학이라는 전하들 사이에서 발생하는 인력과 척력에 대한 규칙을 기술하는 물리 이론에 그 뿌리를 두고 있다. 우리가 살고 있는 자연에는 4가지의 힘이 존재한다는 사실이 현대과학을 통해 밝혀졌다. 4가지 힘을 크기 순서대로 나열하면, 첫째가 강한 상호작용, 둘째가 전자기력, 셋째가 약한 상호작용, 넷째가 중력이다. 강한 상호작용과 약한 상호작용은 쿼크와 핵자, 전자와 전자 중성미자, 뮤온과 뮤온 중성미자와 같이 원자를 구성하는 소립자들 사이에서 발생하는 힘으로, 두 소립자들 사이의 거리가 원자핵의 직경보다 커지면 무시할 정도로 작아지는 특징이 있어서 거시세계의 현상에는 관여하지 못하는 힘이다. 전자기력은 물질을 구성하는 요소 중 하나인 전하들 사이에서 발생하는 인력과 척력이며, 중력은 물질을 구성하는 또다른 요소인 질량들 사이에서 발생하는 인력이다. 전자기력과 중력은 앞선 강한 상호작용과 약한 상호작용과 달리 충분히 멀리 떨어진 경우에서도 힘이 존재하기 때문에, 거시세계를 지배하는 힘이다. 결과적으로 미시세계가 아닌 거시세계를 지배하는 힘은 전자기력과 중력 2가지에 불과하다.

전자기력 중 전기력과 중력은 모두 상호작용하는 두 물체들 사이의 거리의 제곱에 반비례하고, 두 물체들의 물리량(전기력에서는 전하량, 중력에서는 질량)들의 곱에 비례하는 동일한 규칙을 따르며, 오직 비례상수(단위 물리량을 가지는 두 물체가 단위거리만큼 떨어져 있을 때 발생하는 힘을 나타내는 상수로, 사용하는 단위계에 따라서 그 값이 결정)만 상이하다. 전기력과 중력 사이의 힘의 크기를 확인하기 위해, 단위 길이인 1[m]만큼 떨어져 있는 두 전하들의 중력과 전기력을 계산해보면, 중력은 약 5.5×10^{-71}[N], 전기력은 약 2.3×10^{-28}[N]로, 두 전하들 사이에서 발생하는 중력은 전기력의 약 2.4×10^{-43}만큼 작은 힘이다. 결과적으로 우리가 살고 있는 거시세계를 지배하는 힘은 전자기력과 중력 두 가지이지만, 중력은 전기력에 비하면 너무나 작은 힘으로, 두 가지 힘이 모두 존재하는 경우에는 그 현상을 지배하는 힘은 전자기력이다.

우리 주변에서 일어나는 물질의 연소, 물의 표면장력, 소리의 전달과 같은 대다수 자연현상은 전하들 사이에서 발생하는 힘인 전자기력에 그 기원을 두고 있다. 전자기력은 전하들 사이에서 발생하는 전기력과 자기력 두 가지 종류의 힘으로 구성되며, 전기력은 알짜 전하들 사이에서 발생하는 힘으로 전하들의 운동 여부와 상관없이 발생한다. 이와 달리 자기력은 정지된 전하들 사이에서는 발생하지 않고, 오직 움직이는 전하를 의미하는 전류들 사이에서만 발생하는 힘이다. 자기력은 전기력보다 상당히 작은 힘이지만, 중성 즉 알짜 전하가 없는 물체들 사이에서는 힘 발생이 불가능한 전기력과 달리 중성인 상태에서도 전류만 존재한다면, 힘 발생이 가능하다는 특징을 가지고 있다. 전기력과 자기력의 힘의 차이를 살펴보기 위해, 단위 전하인 +1[C]의 알짜 전하를 가지는 두 물체가 단위 거리인 1[m]만큼 떨어져 있을 때 발생하는 전기력을 계산해 보면 그 값은 약 $9\times10^{9}[\mathrm{N}]$이다. 반면 단위 전류인 +1[A]가 흐르는 무한히 긴 두 도선이 단위 거리인 1[m]만큼 떨어져 있을 때, 도선의 단위 길이인 1[m] 당 발생하는 자기력은 약 $2\times10^{-7}[\mathrm{N}]$에 불과하다. 자기력의 특성 상 전기력과 힘의 크기를 단순 비교하기에는 어려움이 있으나, 자기력이 전기력에 비하여 상당히 작은 힘이라는 사실 확인에는 문제가 없다. 하지만 아이러니하게도 전기력은 너무나 강한 힘이기 때문에, 우리 주변에서는 전기력을 쉽게 관측하기 어렵다. 이는 전기력 발생을 위해서는 알짜 전하가 존재해야 하는데, 전기력이 너무나 강력한 힘이어서 같은 수의 양전하와 음전하를 가져 중성인 상태인 물체에서 전기력을 이기면서 알짜 전하를 만들기도 어렵고, 만약 알짜 전하를 만들었다고 해도, 너무나 강력한 전기력으로 인해 반대 극성의 알짜 전하를 끌어당겨 다시 중성상태로 바로 복귀하기 때문이다. 그래서 전기력은 너무나 강력한 힘이지만, 너무나 강력한 힘이기 때문에 역설적이게도 우리 주변에서 쉽게 관측되기 어렵다는 특징을 가지고 있다.

이와 달리 자기력은 상대적으로 전기력보다 상당히 작은 힘이기는 하지만, 전기력과 달리 알짜 전하가 없는 중성상태(중성상태는 아무 전하도 없는 경우와 양의 전하와 음의 전하가 정확히 같은 수만큼 존재하는 두 가지 경우가 존재)에서도 운동하는 전하인 전류들만 존재하면, 발생하므로 쉽게 관측되거나 이용할 수 있는 힘이다. 또한 자기력은 전기력보다는 상당히 작지만, 중력과 비교하여서는 상당히 큰 힘이기에, 인류가 공학적인 목적으로 이용하기에 가장 적합한 힘이다. 이런 연유로 전동기에서 기계적인 동력을 발생시키기 위해 이용하는 힘은 자연에 존재하는 네 가지 힘 중 전자기력, 더 정확하게는 전류들 사이에서 발생하는 힘인 자기력이다. 예외적으로 전기력을 이용하는 초음파 전동기라는 특수 전동기가 존재한다. 해당 전동기는 특정 물질에 기계적인 압력을 가하면, 전압이 발생하고 반대로 전압을 가하면 압력이 발생하는 전기력에 기반한 압전 현상을 이용하는 것으로, 자기력을 이용하는 일반적인 전동기와 비교하여 발생하는 힘이 상당히 작지만 높은 위치 정밀도를 가진다는 장점으로 고성능 카메라의 렌즈 초점 자동조정과 같은 극히 일부 분야에서만 사용되고 있는 실정이다. 가전, 차량 및 산업용으로 사용되는 전동기는 모두 자기력을 이용하는 힘 발생원리로 이용하고 있다.

1.2 힘 발생원리에 기반한 전동기의 기본 구조

자기력을 이용하여 기계적인 동력을 발생시킨다는 힘 발생원리를 가장 직관적으로 구현한 전동기의 기본적인 구조는 아래 그림과 같은 2개의 영구자석 사이에 위치한 전류가 흐르는 도선이다. 그림 좌측에 위치한 영구자석의 N극에서, 우측에 배치된 S극으로 눈에 보이지는 않지만 물리적인 실체를 가지는 자기장(Magnetic Field)이 발생하며, 해당 자기장이 존재하는 공간에 수직으로 위치한 도체선에 지면에서 나오는 방향으로 전류가 흐르게 되면, 해당 전류는 윗방향의 자기력을 받게 된다. 도선에서의 전류는 음의 전하를 가지는 자유전자의 이동으로, 자유전자는 도체 내부를 자유롭게 이동할 수 있지만, 도체를 벗어날 수는 없기 때문에 전류가 도선에 수직한 방향으로 힘을 받으면, 그 힘은 도선이 받는 힘이 된다.

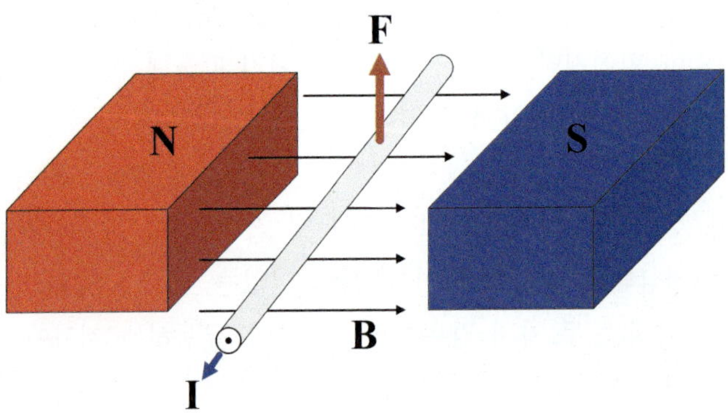

[그림 1.1] 자기장 내에 위치한 전류가 흐르는 도선에서 발생하는 자기력

자기장 내에 위치한 전류가 흐르는 도선이 받는 자기력의 크기는 아래의 식 (1.1)으로 표현되는 로렌츠의 힘 공식을 이용하여 계산할 수 있다.

$$\vec{F} = q\vec{E} + q\vec{v} \times \vec{B} \tag{1.1}$$

여기서, q는 전하량, $\vec{E}$는 전기장의 세기 벡터, $\vec{v}$는 전하의 속도 벡터, $\vec{B}$는 자속밀도 벡터를 각각 의미하며, 식 (1.1)의 우측 첫째항은 전기력을, 두 번째 항은 자기력을 나타낸다. 참고로 전하의 속도 벡터 $\vec{v}$는 전류와 비례 관계이며, 전류와 같은 방향을 가진다.

식 (1.1)에서 자기력은 전하의 속도 벡터와 자속 밀도 벡터의 외적(Outer Product)으로, 두 벡터의 외적의 정의를 이용하여, 식 (1.1)의 자기력을 식 (1.2)와 같이 표현할 수 있다.

$$\vec{F}_{mag} = q|\vec{v}||\vec{B}|\sin\theta\vec{a}_n \tag{1.2}$$

여기서, $|\vec{v}|$는 전하 속도 벡터의 크기, $|\vec{B}|$는 자속밀도 벡터의 크기, θ는 전하 속도 벡터와 자속밀도 벡터 사이의 각도, $\vec{a}_n$은 전하의 속도 벡터와 자속밀도 벡터로 구성된 평면에 수직한 단위 법선 벡터를 의미한다.

식 (1.2)에 나타난 것과 같이 전하 속도 벡터와 자속밀도 벡터의 크기가 일정한 값을 가지고 있더라도, 이 두 벡터가 이루는 각도 θ에 따라서 자기력의 크기는 변화하며, 두 벡터의 각도가 90도인 수직일 때 가장 큰 자기력이 발생하게 된다. 전동기는 주어진 조건에서 가능한 큰 힘을 발생시키기 위해서 자기력 발생을 위한 자기장과 전류가 서로 수직하는 구조를 가지도록 설계되는 것이 일반적이다. 이와 같은 전동기의 특성을 반영하여, 자기력에 대한 표현식 (1.2)로부터 전동기의 힘 발생에 관한 표현식 (1.3)을 얻을 수 있다.

$$F = BLI \tag{1.3}$$

여기서, B는 자속밀도의 크기, L은 도선의 길이, 전동기의 경우에는 적층 길이, I는 전류의 크기를 각각 나타낸다.

사실 모든 자기장은 전류로부터 발생하며, 모든 전류는 주변 공간에 자기장을 만들어낸다. 그래서 식 (1.3)의 전동기에서 발생하는 자기력의 표현식에서 B로 표현되는 자기장 역시 이의 생성을 위해서는 전류가 필요하며, I로 표현되는 전류는 주변 공간에 자기장을 발생시킨다. 이와 같이 자기력 발생과 관련된 자기장과 전류를 서로 구분하기 위하여, 전동기 분야에서는 식 (1.3)에 나타나 있는 B는 계자 자속(Field Flux)으로, I는 전기자 전류(Armature Current)로 정의하여 사용하고 있다. 해당 용어를 이용하여, 전동기에서 발생하는 힘에 대한 식 (1.3)을 다시 설명하면, 계자 자속에 수직한 방향으로 배치된 전기자 전류가 흐르는 길이 L인 도선에서 발생하는 자기력은 계자 자속의 자속밀도 B와 전기자 전류 I와 도선의 길이 L의 곱에 비례한다.

결과적으로 전동기에서 발생하는 힘을 키우기 위해서는 계자 자속의 자속 밀도를 높이고, 전기자 전류의 크기를 높이고, 전동기의 적층길이를 키워야 한다. 이중에서 전동기의 적층길이 증가는 공간적인 제약으로 전동기의 최대 크기가 제한되는 경우가 많기 때문에 전동기 기술은 계자 자속의 자속밀도를 높이고, 전기자 전류의 높이는 방향으로 진행되어 왔다.

1.3 세계 최초의 전동기

세계 최초의 전동기는 아래 그림과 같이 전류가 흐르는 도선 주변에 위치한 나침반 바늘이 흔들리는 현상과 마이클 패러데이가 외르스테드의 실험을 토대로 새롭게 고안해서 1821년 〈물리학 연보〉에 게재한 액체 수은이 담긴 컵에 영구자석을 배치하고, 해당 영구자석 주변에 액체 수은을 통해 전류가 흐르는 도선이 자유롭게 회전하는 회전 실험이라고 볼 수 있다. 이 두 가지 현상은 모두 자기장 내에 위치한 전류가 흐르는 도선이 받는 자기력으로 인해 발생하는 현상이다.

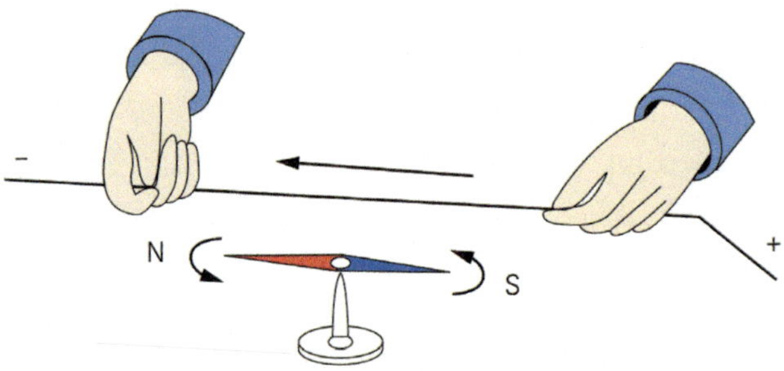

[그림 1.2] 외르스테드의 발견

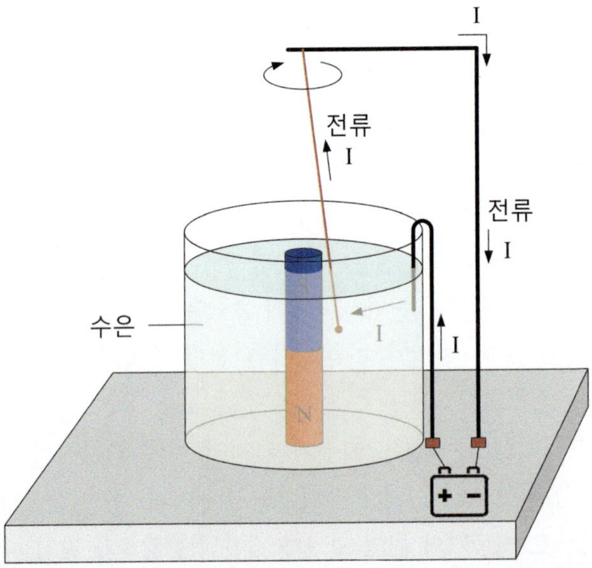

[그림 1.3] 마이클 패러데이의 전자기력에 의한 회전 실험

외르스테드와 마이클 패러데이의 실험들은 모두 전기에너지로부터 기계적인 운동에너지를 발생시키는 것으로 세계 최초의 전동기에 대한 개념을 다루고 있다. 하지만 해당 실험에서 발생한 힘의 크기는 너무나 미약하여, 마술과 같이 관상용으로 이용이 가능한 수준이었다. 이들 실험에서 발생하는 힘은 식 (1.2)로 표현되는 자기력으로, 힘 발생에 관여하는 자기장의 자속밀도와 전류의 크기가 모두 작아서 발생하는 자기력이 너무나 미약하다는 한계를 가지고 있었다.

1.4 전동기의 성능 개선 방향성

최초의 전동기를 통해 계자 자속 속에 위치한 전기자 전류가 흐르는 도체로부터 회전력인 토크 발생이 가능하고, 이로부터 기계적인 회전 운동에너지 생성 가능성을 확인할 수 있었다. 하지만 최초 전동기는 실용적인 용도로 사용이 불가능한 정도로 발생 동력이 작다는 문제를 가지고 있었다. 이와 같은 문제를 해결하기 위하여, 전동기는 힘 발생의 두 가지 핵심요소인 계자 자속과 전기자 전류의 성능개선을 중심으로 여러 연구개발이 진행되었다.

우선 계자 자속의 성능개선은 연자성체와 경자성체와 같은 자성재료 사용을 통한 계자 자속의 효과적인 생성과 자속밀도의 크기 증대를 통해 진행되었다. 세부적으로는 계자 자속의 효율적인 생성을 위하여 경자성체인 영구자석을, 계자 자속의 자속밀도 증가시키기 위하여, 연자성체인 전기강판을 코어로 사용하였으며, 특히 자기적인 공극을 최소화하기 위하여 요철 형상의 슬롯 구조의 코어가 개발되었다. 다음으로 전기자 전류와 관련된 성능개선은 도체가 위치하는 공간인 슬롯 안에 가능한 많은 도체 단면적을 배치하여 저항을 낮추는 동시에 전동기에서 발생하는 열을 효과적으로 냉각시킬 수 있는 냉각기술을 통해 전기자 전류의 크기를 증가시켜 왔다. 결과적으로 전동기에서 발생하는 힘을 키워 출력되는 기계적인 동력을 증가시키기 위하여, 전동기는 계자 자속의 자속밀도를 높이고, 전기자 전류의 높이는 방향으로 기술개발이 진행되고 있다.

(1) 계자 자속 개선: 자성체[1]인 영구자석의 성능개선

강자성체 중 높은 보자력을 보유한 경자성체인 영구자석은 해당 제품을 생산하는 업체들의 지속적인 연구개발을 통해 지속적인 성능개선이 이루어졌다. 이를 통해 기존보다 자속의 발생

1) 3장 참고

능력을 나타내는 지표인 잔류자속밀도(B_r)과 보유한 자기적인 성능을 얼마나 잘 유지하는지를 나타내는 지표인 보자력(H_c)이 모두 개선되었다.

영구자석은 사용되는 자성재료의 종류에 따라서 산화철을 주성분으로 제작되는 페라이트(Ferrite) 자석, 희토류 재료를 포함하는 네오디뮴(NdFeB) 자석과 사마륨 코발트(SmCo) 자석 그리고 알루미늄, 니켈, 코발트의 합금인 알니코(Alnico) 자석이 있다. 잔류자속밀도와 보자력을 종합적으로 고려한 자기적인 성능을 기준으로 특성이 우수한 순서로 자석들을 나열해보면 네오디뮴 자석, 사마륨 코발트 자석, 알니코 자석, 페라이트 자석 순이며, 내열성과 온도에 따른 자기적인 성능저하 관점에서 우수한 순서로 각 자석들을 나열하면 알니코 자석, 사마륨 코발트 자석, 네오디뮴 자석, 페라이트 자석 순이다. 마지막으로 가격이 높은 순서로 각 자석들을 나열하면 사마류 코발트 자석, 네오디뮴 자석, 알니코 자석, 페라이트 자석 순이다.

영구자석은 특정 방향에 한해 자기적인 성능이 우수한 이방성 자석과 모든 방향으로 자기적인 성능이 동등한 등방성 자석이 있으며, 제조방식에 따라서 건식과 습식 그리고 비자성재질의 결합물질을 첨가한 본드 자석과 자성재료만을 가지고 제조하는 소결 자석으로 구분 가능하다.

현재 고출력과 고효율이 동시에 필요한 전동기 분야에서 주로 사용되고 있는 영구자석은 특정 방향으로 자기적인 특성이 우수하며, 자석의 형상 제작 시 별도의 비자성체 재료가 사용되지 않고, 순수한 영구자석 재료들을 고온으로 구워서 형상을 만드는 방식으로 제조된 이방성 네오디뮴 소결 자석이다. 해당 자석은 현존하는 영구자석 중 자기적인 성능을 나타내는 두 가지 지표인 잔류자속밀도와 보자력이 가장 우수한 자석이다. 이와 같은 우수한 자기적인 성능을 가지는 영구자석을 이용하여, 현재의 전동기들의 계자 자속의 크기를 극대화시킬 수 있었다.* 네오디뮴 자석의 단점으로는 고가의 희토류 원자재 사용으로 고가이며, 높은 화학 반응성으로 산화 방지를 위한 표면처리가 필수적이며, 도전율이 높아서 자석 내에서 와전류가 발생할 수 있다는 점이다.

(2) 계자 자속 증대: 자성체인 전기강판의 사용과 슬롯 구조 적용

마이클 패러데이가 제안한 최초의 전동기는 그림 1.4과 같이 영구자석에서 발생한 계자 자속 내에 위치한 전기자 전류가 흐르는 단일 도체선에서 발생하는 자기력을 이용하여 기계적인 동력을 생성하는 방식이다. 이때 영구자석의 N극에서 출발하여 S극으로 들어가는 계자 자속은 비투자율이 거의 1과 같은 비자성체인 공기를 통해 온전히 지나가야 하므로, 계자 자속의 크기를 나타내는 물리량인 자속 밀도는 상당히 낮은 값을 가지게 된다. 또한 영구자석에서 발생하는 계자 자속은 영구자석의 극에서 멀어질수록 그 크기가 급격하게 감소하기 때문에, 전기자 전류가 흐르는 도선은 가능한 영구자석의 극 근처의 공간에 한정해서 위치해야 한다. 또한 단일 도선을 통해 흐르는 전기자 전류는 열적 제약으로 인해 특정 값 이하로 제한된다. 결과적으로 해당 전동기에서 발생하는 자기력은 낮은 계자 자속과 단일 도체를 통해 흐르는 작은 전기자 전류로 인하여, 상당히 작은 값을 가지게 된다. 더불어서 해당 전동기는 힘의 받는 주체가 기계적인 강도가 낮고 연성이 좋은 금속인 구리 도선이기 때문에, 기계적인 측면에서도 큰 힘을 감당할 수 없는 구조적인 취약성이 존재한다.

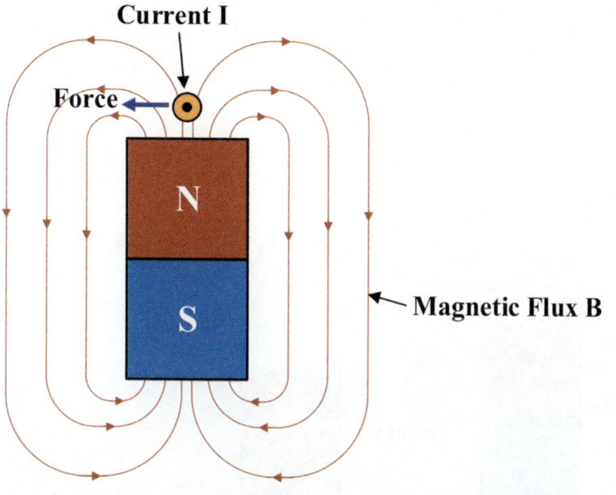

[그림 1.4] 최초 전동기의 구조에 대한 개념도

앞서 설명한 최초의 전동기가 가지는 문제점 해결과 전동기에서 출력되는 기계적인 동력의 개선을 목적으로 수행된 여러 연구개발을 통해 그림 1.5와 같은 구조가 개발되어 현재 사용되고 있다. 해당 구조에서 전동기는 우선 지상에 고정되는 고정자와 고정자에 대하여 자유롭게 회전할 수 있는 회전자 두 부분으로 구성되며, 회전자의 회전운동 시 기계적인 접촉을 방지하기 위하여, 고정자와 회전자는 일정거리만큼 떨어진 간극을 두게 된다. 이 회전자와 고정자 사이의 간극을 공극 또는 공극 길이라고 부르며, 전동기의 성능특성에 강하게 영향을 주는 중요한 변수 중 하나이다. (대다수 전동기에서 공극 길이는 1[mm] 미만)

영구자석에서 생성된 계자 자속이 지나가는 경로에 위치한 고정자와 회전자는 비투자율이 높은 자성체인 전기강판을 사용하여 제작되며, 자성체인 전기강판으로 제작된 회전자와 고정자의 부분을 코어(철심)라고 부르고 있다. 영구자석에서 발생한 계자 자속은 자성체로 구성된 고정자 코어와 회전자 코어를 지나가며, 비록 중간에 비자성체인 공극을 경유하지만, 일반적으로 공극 길이는 1[mm] 미만으로 작기 때문에 계자 자속의 자속밀도는 상당히 높은 값을 가지게 된다. 이때, 계자 자속의 자속밀도의 크기는 영구자석의 형상과 영구자석의 잔류자속밀도와 공극 길이의 함수이며, 공극 길이가 감소할수록 계자 자속의 자속밀도는 증가한다. 이런 연유로 전동기 개발 및 제작업체들은 가격과 제조성이 허용하는 한도 안에서 가능한 공극 길이를 줄이기 위하여 노력하고 있다. 계자 자속과 상호 작용하여 자기력을 발생시키는 전기자 전류가 흐르는 도선은 코어 표면에 홈을 파고, 그 안에 위치시키게 된다. 이와 같은 홈을 가지는 요철 구조를 전동기에서는 슬롯 구조라 부르고 있다. 홈을 판 부분을 슬롯이라고 하며, 슬롯과 슬롯 사이에 뾰족하게 솟아 있는 부분을 치라고 부르고 있다. 전기자 전류가 흐르는 도선은 슬롯에 위치하고, 계자 자속은 치를 통해 흐르기 때문에 계자 자속이 지나가야 하는 공극 길이는 최소로 유지한 상태에서 전기자 전류가 흐르는 다수의 도선을 슬롯에 배치할 수 있다는 장점을 가진다.

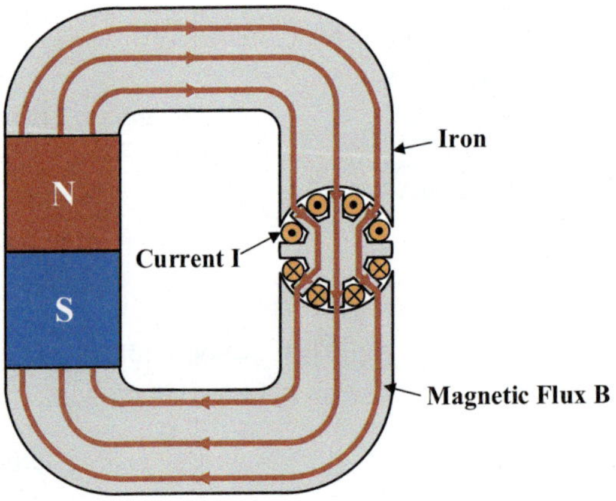

[그림 1.5] 요철 구조(슬롯 구조)를 가지는 회전자 자성체 코어에 다수의 도선 삽입을 통한 성능 개선

계자 자속을 생성하는 영구자석은 고정자와 회전자 어디에도 위치할 수 있으며, 전기자 전류가 흐르는 도선도 마찬가지로 고정자와 회전자 어디에 위치할 수 있다. 다만, 계자 자속을 생성하는 영구자석이 고정자에 위치할 경우 전기자 전류가 흐르는 도선은 회전자에 위치해야 하며, 반대로 영구자석이 회전자에 위치할 경우 전기자 전류는 고정자에 위치해야 한다. 그림 1.5에서는 계자 자속 생성을 위한 영구자석이 고정자에 위치하고, 전기자 전류가 흐르는 도선이 회전자에 위치하며, 이런 구조는 브러시가 사용된 브러시 DC 전동기의 구조에 해당한다. 이와 반대로 계자 자속 생성을 위한 영구자석이 회전자에 위치하고, 고정자에 전기자 전류가 흐르는 도선이 위치하는 구조는 영구자석형 동기 전동기에 사용되는 구조이다.

(3) 전기자 전류 증대: 점적율 개선을 통한 전기자 도체의 저항 저감

전기자 권선 온도를 도선 절연층의 허용 최고온도 이내로 제한하기 위해서는 전기자 권선에서 매순간 발생하는 손실인 I^2R이 전동기 외부로의 열전달 특성이 고려된 특정 값 이하로 제한되어야 한다. 전기자 전류 I가 줄어든다는 것은 전동기의 출력 토크 저하를 의미하기 때문에, 전기자 권선의 저항을 줄이는 방향으로 기술 개발이 진행되었다. 도선의 저항은 사용되는 도체의 도전율에 반비례하고, 전류가 흐르는 단면적에 반비례하고, 전류가 흐르는 총 길이에 비례하기에, 가능한 도전율이 높은 도체를 사용하고, 가능한 단면적을 키우고, 총 길이는 줄일수록 권선의 저항은 낮아지게 된다. 세 가지 사항 중 현재 중점적으로 개선이 이루어진 항목은 도체의 단면적을 키우는 방법이며, 나머지 방법은 실질적인 적용이 어려운 상황이다. 왜냐하면, 도전율의 경우 현재 도선으로 주로 사용되는 도체인 구리의 도전율보다 좋은 도전율을 가지는 도체는 귀금속인 은이 유일하기 때문에 추가적인 개선이 어려운 상황이며, 도체의 총 길이의 경우에는 전동기의 적층길이와 권선의 엔드 턴 길이에 의해 결정되는 값으로, 두 가지 값 중 저감 가능한 값인 엔드 턴 길이는 전동기의 출력 토크에 의해 결정되는 적층길이와 비교하여 일반적으로 크기가 작기 때문에 효과적인 저감이 어렵기 때문이다. 이에 따라 전기자 권선의 저항 최소화를 위하여, 도체의 단면적을 키우는 방향으로 기술개발이 이루어졌으며, 점적율(Fill Factor)라는 개념이 도입되었다. 점적율은 그림 1.6과 같이 전기자 전류가 흐르는 도선이 배치될 수 있는 공간인 전체 슬롯 면적(아래 그림의 $A_{slot} = H \times W$) 대비 실제 전기자 전류가 흐르는 도체의 총 단면적(A_{con} = 도체의 총 개수$\times \dfrac{\pi D^2}{4}$)의 비율을 나타내는 값이다. 동일한 슬롯 면적을 가지는 코어에 높은 점적율을 갖도록 전기자 권선을 배치하게 되면, 결과적으로 전기자 전류가 흐르는 도체의 단면적 증가로, 전기자 권선의 저항이 감소하여 동일한 전기자 전류에서 동손을 저감할 수 있다.

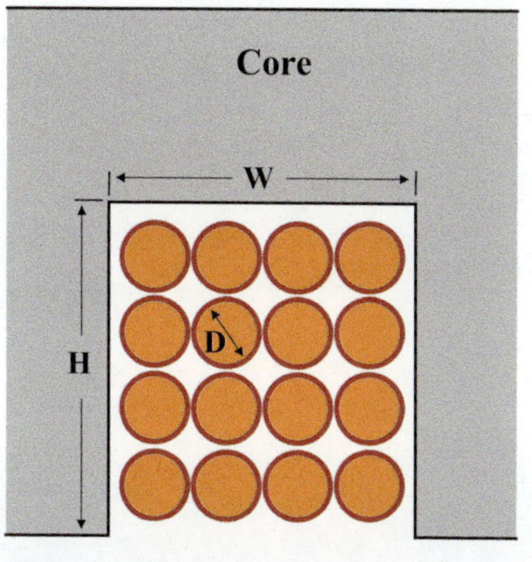

[그림 1.6] 전기자 권선의 점적율

(4) 전기자 전류 증대: 냉각 성능 개선

전동기의 전기자 권선에서 아무리 많은 동손이 발생하더라도, 해당 손실이 전동기의 냉각시스템을 통해 전동기 외부로 모두 빠져나간다면, 전기자 권선의 온도는 상승하지 않게 된다. 이처럼 전기자 권선의 온도는 전기자 권선에서 발생한 동손에 의해서만 결정되는 것이 아니고, 전동기의 냉각 성능과도 밀접하게 관계되어 있다. 전동기의 냉각 시스템은 별도의 냉각을 수행하지 않는 자연 공냉식부터, 외부 팬 등을 이용하여 강제로 공기를 공급하는 강제 공냉 그리고 공기와 비교하여 밀도, 비열과 열 전도율이 우수한 물을 이용한 수냉식과 열원과 냉매의 직접적인 접촉이 가능한 유냉식이 존재한다. 단위시간 당 열전달 성능을 기준으로 냉각 시스템을 나열하면, 수냉과 유냉, 다음으로 강제 공냉, 마지막으로 자연 공냉 순이다.

Design of
Permanent Magnet Synchronous Machines

2 영구자석 전동기의 동작 원리 기초

2.1 간략하게 보는 영구자석 전동기의 회전 원리

전동기라 함은 일정한 방향으로 일정한 속도와 힘(토크)을 내며 지속적으로 회전 가능한 기계를 말한다. 이를 위해 영구자석 전동기는 말 그대로 영구자석을 활용하는데, 그림 2.1을 통해 어떻게 하면 지속적인 회전이 가능한지 살펴보도록 하자.

그림 2.1는 간략화된 영구자석 전동기를 나타내고 있다. 중심에는 영구자석이 존재하고 이 영구자석 중앙에 핀을 꽂아 영구자석이 빙글빙글 돌 수 있도록 구성한다. 이렇게 회전하는 부분을 전동기에서는 **회전자**라고 부른다. 영구자석 좌/우측에는 또다른 자석이 존재하는데, 이들은 고정되어 움직이지 않는다. 이렇게 고정된 부분을 **고정자**라고 부른다. 결국 전동기는 회전하는 회전자, 고정되어 있는 고정자로 나뉘며 회전자와 고정자는 모두 자석이다.

이제 전동기가 어떻게 연속적으로 회전할 수 있는지 살펴볼 것이다. 그림 2.1에서 회전자는 수직 방향으로 세워져 있고 N극이 하단, S극이 상단에 위치해 있다. 통상 자속은 N극에서 나와 S극으로 들어간다고 간주함으로 회전자의 자속은 아래 방향으로 나가고 있다고 생각하면 좋겠다. 이러한 상황에서 고정자의 자석은 수평으로 뉘어져 있으며 좌우측 자석 모두 우측이 N극 좌측이 S극이다. 고정자의 자속은 우측으로 나간다고 생각하면 좋겠다. 자속이 나가는 방향을 언급한 이유는 회전자와 고정자의 자속의 방향이 서로 다르다는 것을 강조하기 위함이며 특히 그림 2.1의 상황은 회전자와 고정자에서 발생한 두 자속이 서로 직교하고 있는 상황이다. 즉, 자속의 방향이 90도만큼 차이나고 있다. 이때 핀에 고정된 회전자를 손으로 잡고 있다가 놓는다고 생각해 보자. 그러면 회전자는 자석의 인력에 의해 반시계 방향으로 회전하게 될 것이다. 단, 90도만큼 회전하게 되면 그림 2.2과 같이 두 자속의 방향이 일치하게 되면서 회전력은 더 이상 발생하지 않게 된다. 즉 회전이 멈추는 것이다. 이렇게 되면 우리는 이를 전동기라고 부를 수 없다.

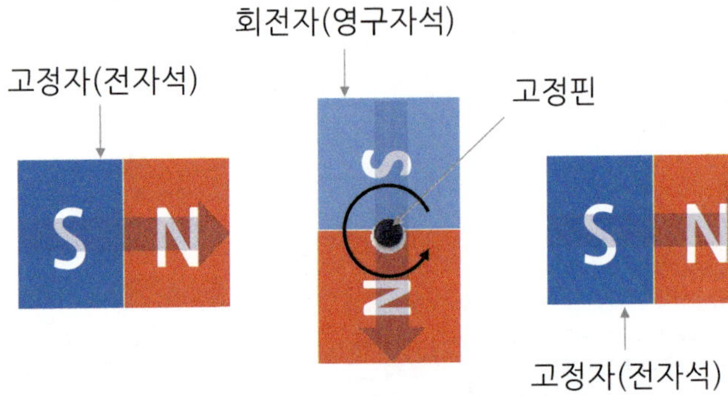

[그림 2.1] 간략화된 영구자석 전동기

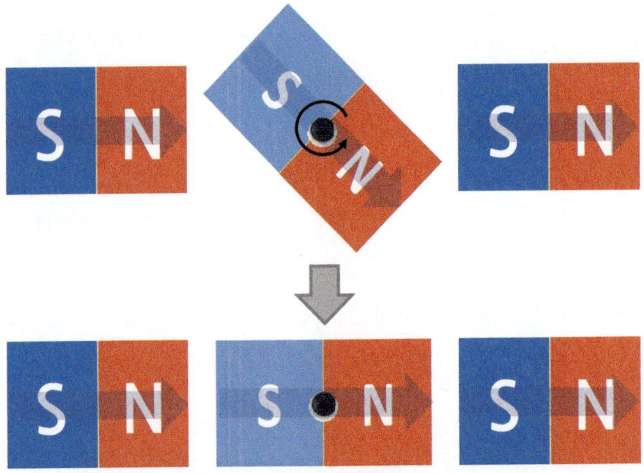

[그림 2.2] 회전자가 90도 이동한 모습

그렇다면 연속적인 회전을 위해서는 어떻게 해야 할까? 그림 2.2에서 회전자가 더 회전을 하기 위해서는 근본적으로 자속의 방향이 바뀌어야 하는데, 회전자의 영구자석은 말 그대로 영구 하므로 자속이 나가는 방향은 회전자가 움직이지 않고서는 변경이 불가능하다. 하지만 고정자 자석은 변경이 가능하다. 눈치 챈 사람도 있겠지만, 위의 설명에서 자석을 설명할 때 회전자에는 영구자석, 고정자에는 자석이라고 설명을 했다. 왜 고정자에 붙은 것은 영구자석으로 표현하지 않고 그냥 자석이라 했을까? 이는 영구자석이면 안되기 때문이다. 영구자석이 아니면 어떤 자석이 있을까? 전자석이 존재한다.

우리는 초등학교 과학시간에서 배웠겠지만 코일(Coil)에 전류를 흘려 자석을 만들 수 있음을 알고 있다. 즉, 고정자 자석이 영구자석이 아닌 전자석이라면 자속의 방향을 바꿀 수 있다. 이는 그림 2.3의 앙페르의 오른손법칙[2)]에 의해 설명할 수 있다. 이 법칙은 도선에 전류가 흐를 때 전류에 의해 발생하는 자속의 방향을 설명하는 법칙인데, 특히 그림 2.3 (b)은 전동기와 같이 도선이 코일의 형태로 존재할 때 코일에 의해 발생하는 자속의 방향에 대한 설명이다. 코일에 전류가 흐는 방향으로 오른손의 네 손가락을 감았을 때 엄지손가락이 가리키는 방향이 자속의 방향이 된다. 만약 전류가 기존과 반대 방향으로 흐르면 자속 또한 반대 방향으로 나가게 되는 것이다. 이러한 현상을 고려해 그림 2.2의 좌우측에 존재하는 자석들을 코일로 만든 전자석이라 생각해 볼 수 있고 코일에 흐르는 전류의 방향을 바꾸면 그림 2.4처럼 변한다. 이때 회전자는 회전이 가능할지 살펴보자. 전류의 방향을 바꾸는 방법은 2.2절에서 설명한다.

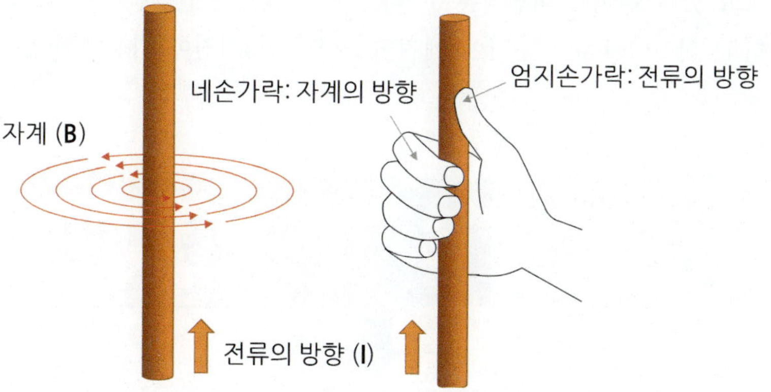

(a) 도선에 흐르는 전류에 의한 자속

2) 앙페르의 오른손법칙을 좀 더 수학적으로 나타낸 것이 암페어의 주회 법칙이며, 이는 전류가 자속의 소스임을 나타내는 법칙이다. (앙페르=암페어: 프랑스의 물리학자, 1755~1836). 전류를 측정하는 데 쓰이는 단위 암페어 [A]는 앙페르의 이름에서 온 것이다.

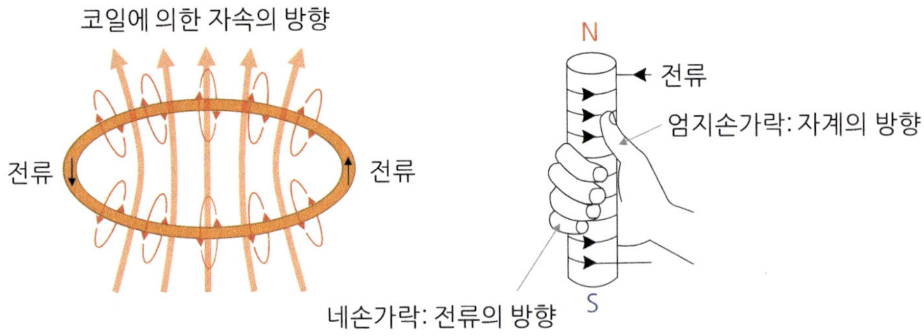

(b) 코일에 흐르는 전류에 의한 자속

그림 2.3 앙페르의 오른손 법칙

그림 2.4의 하단 그림에서와 같이 고정자와 회전자의 자극이 완전히 마주보고 있으므로 반발력만 존재하고 토크 발생 성분이 0인 상황이다. 그러므로 회전은 불가능하다. 하지만 회전자가 조금이라도 움직이면 회전은 가능해진다. 사실 회전자는 그림 2.1에서 시작해 흡입력으로 인해 반시계 방향으로 90도만큼 회전해 그림 2.2 하단 그림의 위치에 왔고 그 순간 회전력이 0이 된다. 동시에 그림 2.4처럼 고정자의 자속 방향이 바뀌어 반발력이 발생하지만 자석이 완전히 마주보고 있어 여전히 회전력은 0이다. 단, 회전자는 관성을 가지고 있으므로 계속 회전하려고 하고 회전력이 0인 순간이 깨지며 연속적인 회전이 가능해진다.

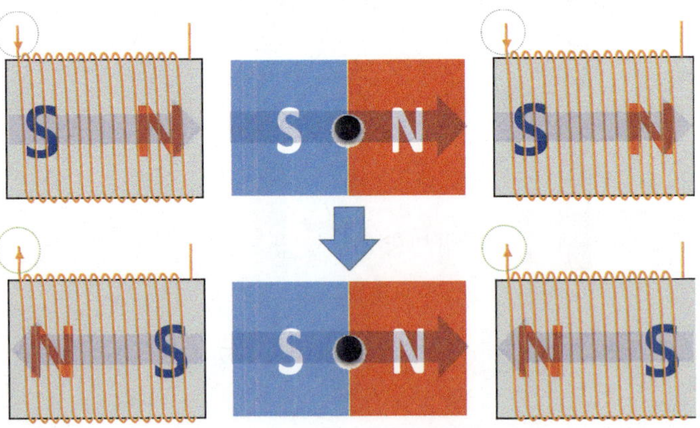

[그림 2.4] 고정자의 극성을 바꾼 경우

이러한 방식으로 회전자가 특정 위치에 다다를 경우 고정자의 전류 변화를 통해 고정자 자속의 방향을 변화시키고 회전자의 지속적인 회전을 가능하게 하는 것이 전동기다. 결국 전동기가 동작하기 위해서는 **전자석**이 필요하고, 전자석의 극성을 언제 변화해야 할지 판단하기 위해

회전자의 위치정보가 필요하다. 여기서 코일로 만들어진 전자석을 영구자석 전동기에서는 전기자(전류가 흐르는 부분)라고 부른다. 단, 전기자에 흐르는 전류의 방향은 연속적인 회전을 위해 반드시 제어 가능해야 한다. 반면 내부에 존재하는 영구자석은 자속의 방향이 일정하다. 조금 바꾸어 말하면 일정한 자속을 만들어 내고 있는 것이다. 영구자석 전동기에서는 이를 계자(주 자속을 만들어 내는 부분)이라 부른다. 참고로 **코일**이라는 용어는 **권선**이라는 용어와 혼용해서 많이 쓰이는데, 사전적으로 코일이란 인덕턴스를 가진, 전선을 감은 꼴의 수동 소자를 말하며 특히 전자기 유도에 의한 자속을 사용하기 위해 전선으로 감은 것을 권선이라고 한다. 본 책에서는 코일과 권선을 동일한 의미로 사용하고 있다.

사실 이상의 설명은 영구자석형 직류(Direct Current; DC) 전동기의 구동 원리를 설명한 것이다. 단, 직류 전동기의 일반적인 구조는 그림 2.5와 같이 회전자에 권선을 탑재하고, 고정자에 영구자석을 적용하게 된다. 그림 2.5의 직류전동기 회전 원리는 영구자석에 만들어진 자속과 코일에 흐르는 전류의 상호 작용에 의한 로렌츠 힘에 의한 회전으로 설명하기도 한다.

그림 2.4의 전동기 구조와 그림 2.5의 전동기 구조의 공통점은 자속을 만들어 내는 소스가 두 개 존재하고 둘 중 하나 이상 소스의 자속 방향을 제어할 수 있으면 연속적인 회전을 만들어 낼 수 있다는 것이다. 이때 계자가 회전하면 **회전 계자형**, 전기자가 회전하면 **회전 전기자형**이라 부른다. 또한 회전은 고정자와 회전자의 상대 운동이므로 내측이 회전할 수도 있고 외측이 회전할 수도 있다. 내측이 회전하는 경우를 **내전형**, 외측이 회전하는 경우를 **외전형** 전동기라 부른다.

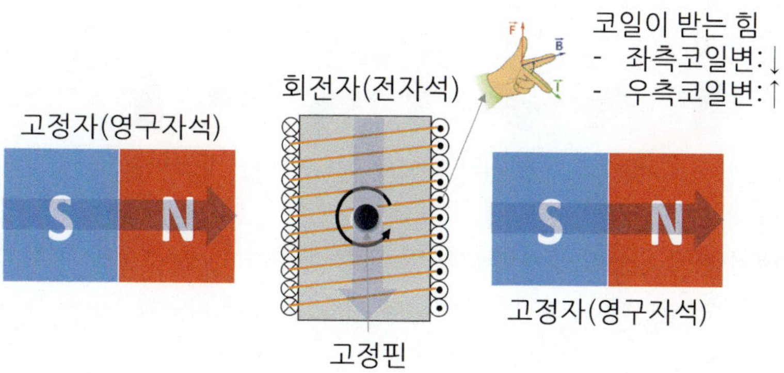

[그림 2.5] 일반적인 직류 전동기와 로렌츠 힘에 의한 회전력 발생

통상 회전하는 코일에 외부 전원을 연결하기 위해서는 전동기 구조가 복잡해지는데, 전자 스위치가 개발되기 전에 발명된 직류 전동기의 경우 회전자 위치를 물리적으로 식별해 코일에 전류를 인가해 주어야 했기에 복잡한 구조에도 불구하고 회전 전기자형 구조로 만들어진 경우가 많았으나, 기술의 발달로 인버터[3]를 활용하게 됨으로써 전기자는 고정시키고 외부 전력이 필요없는 영구자석 부분이 회전하는 구조의 전동기가 일반적이다. 따라서 **본 책에서는 별도의 언급이 없으면 전기자를 고정자로 간주하고, 계자를 회전자로 간주하여 설명한다.**

이상의 설명에 의해 발생되는 토크 파형은 그림 2.6과 같이 나타난다. 그림에서 x축은 회전자의 위치로 시작 위치는 그림 2.1과 같이 수직 방향으로 위치해 있었다고 가정한 결과이며, 이때 회전 방향은 시계 방향이다. 토크 파형을 살펴보면 발생 토크가 회전자 위치에 따라 일정하지 않고 크기가 변하는데 이는 속도의 가변을 만들어 낸다. 속도의 가변은 전동기의 진동 소음의 원인이 되기도 한다. 또한 토크가 0인 지점도 있는데, 이는 특수한 경우에 회전이 불가능함을 의미한다. 이러한 문제점은 다중 코일을 적용해 해결할 수 있는데 2.3절에서 자세히 설명한다.

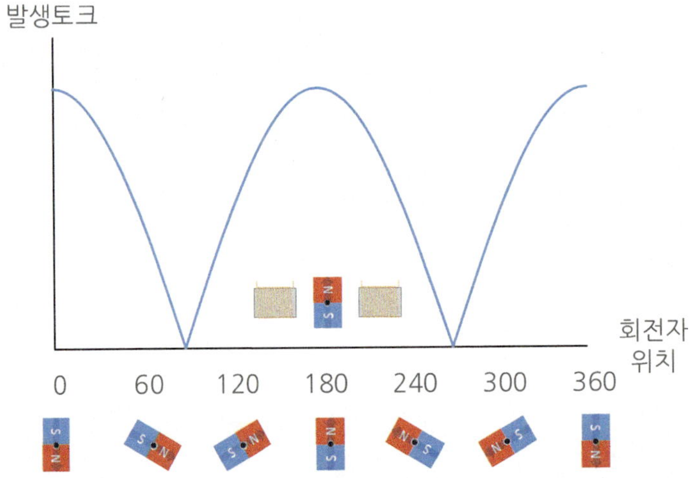

[그림 2.6] 전동기의 회전자 위치에 대한 토크파형

이번 절을 끝내기 전에 전동기 구조에 따른 용어를 다시 한 번 정리하자. 전동기는 크게 두 부분으로 구분할 수 있는데, 구분 방법에 따라 다음과 같이 나뉜다.

1. 전기적인 관점: 전기자/계자
2. 기계적인 관점: 고정자/회전자, 내전형/외전형

3) 2.6절에서 자세히 설명될 것이다.

다시 언급하지만 본 책에서는 전기자와 고정자가 같고, 계자와 회전자가 같은 전동기를 기본으로 하며 내전형 전동기를 대상으로 설명한다.

2.2 전류 방향의 제어 - DC 전동기와 BLDC 전동기

코일에 흐르는 전류의 방향을 바꾸기 위해 직류 전동기에서는 그림 2.7과 같이 브러시와 정류자의 기계적인 구조를 사용하게 된다. 코일의 끝단은 정류자에 붙어있으며 브러시와 정류자는 구조적으로 마찰을 일으키며 미끄러질 수 있다. 즉, 회전하는 도체에 전류를 인가하기 위한 구조[4] 중 하나가 브러시와 정류자 구조이며, 세그먼트화 된 정류자의 구조로 인해 코일이 회전함에 따라 코일에 인가되는 전류의 방향이 달라질 수 있다.

정류자와 브러시 구조에서는 회전시 브러시와 정류자의 기계적인 마찰로 인해 탄소로 이루어진 브러시에서 분진이 발생하고 기계적으로 마모되어 수명을 다하거나 고장이 나는 등 여러 가지 문제점을 가지게 된다. 이를 해결하기 위해 만들어진 것이 BLDC(Brushless DC) 전동기이다.

기술의 발달로 트랜지스터의 일종인 반도체 스위치를 활용할 수 있게 됨에 따라 코일에 흐르는 전류의 방향을 바꾸기 위해 그림 2.8과 같이 4개의 반도체 스위치를 이용해 회로를 구성할 수 있다. 이를 풀 브릿지(Full-Bridge) 회로 혹은 단상 인버터(Inverter) 회로라고도 한다. 풀 브릿지 회로는 하프 브릿지(Half-Bridge) 두 개로 구성되는데, 그림에서 전원의 양단 사이에 존재하는 두 개의 스위치로 구성된 회로를 하프 브릿지라 한다. 하프 브릿지 두 개의 스위치 중 양극에 연결된 스위치를 상단 스위치(그림에서 좌측 스위치), 음극에 연결된 스위치를 하단 스위치(그림에서 우측 스위치)라 말한다. 하프 브릿지 내의 스위치 구동에서는 절대 상단 스위치와 하단 스위치가 동시에 턴온 되는 경우는 없어야 하는데, 두 스위치가 동시에 턴온되면 회로가 단락되어 스위치에 과전류가 흐르게 되고 결국은 스위치 소손으로 귀결되기 때문이다.

이를 암단락(Arm Short)이라 말하고 암단락을 피하기 위해서는 하프 브릿지의 스위치들은 서로 상보적인 동작을 해야 한다.

4) 브러시와 슬립링 구조로도 움직이는 도체에 전압을 인가할 수 있으나, 도체에 인가되는 전압의 극성을 변화시킬 수는 없다.

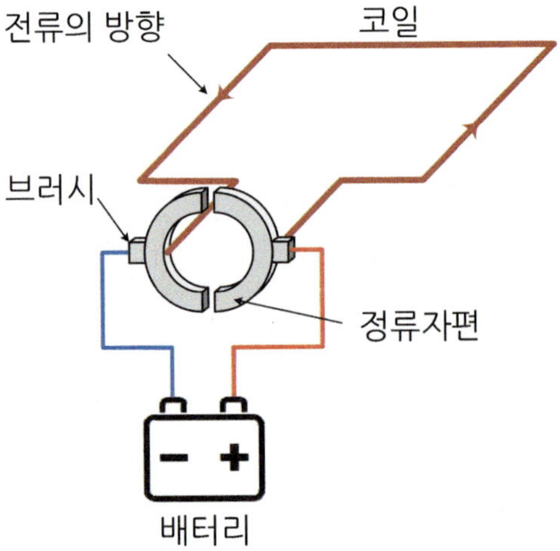

[그림 2.7] 브러시와 정류자에의한 전류 방향 변화

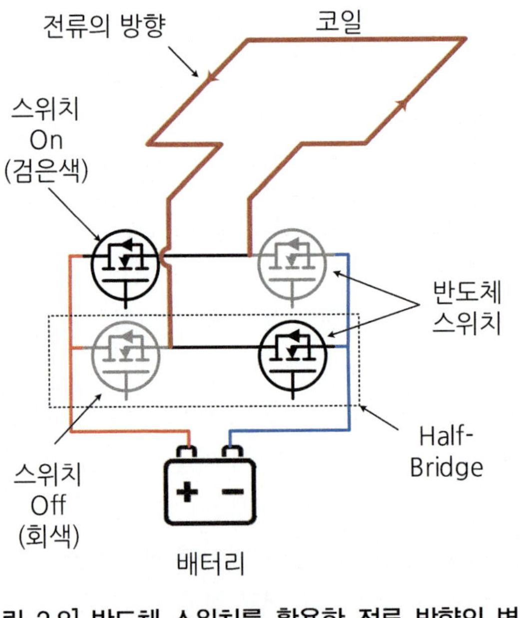

[그림 2.8] 반도체 스위치를 활용한 전류 방향의 변경

또한 풀 브릿지 회로의 구동에 있어서는 두 하프 브릿지의 상단 스위치 중 하나만 턴온되고, 하단 스위치 중 하나만 턴온되어야 한다. 예를 들면 하단 하프 브릿지의 하단(우측) 스위치가 턴온되고, 상단 하프 브릿지의 상단(좌측) 스위치가 턴온되면, 그림처럼 반시계 방향으로 전류가 흐르게 되고, 반대로 하단 하프 브릿지의 상단(좌측) 스위치가 턴온되고, 상단 하프 브릿지의

하단(우측) 스위치가 턴온되면 코일에 시계 방향의 전류가 흐르게 되는 식이다. 대각선 방향에 있는 스위치들이 동시에 구동된다고 이해하면 편하다. 이렇게 그림 2.8과 같이 전류의 방향을 바꾸기 위해 반도체 스위치가 도입되면, 반도체 스위치는 제어기(마이크로 컨트롤러)에 의해 아주 빠른 속도로 제어가능하고, 이러한 특성을 잘 활용하면 코일에 흐르는 전류 혹은 코일에 인가되는 전압을 임의로 제어하는 것이 가능해진다.

2.3 3상 권선

앞서 직류 전동기의 구동 원리를 살펴봄에 있어 연속적인 구동이 가능할 수 있는데 핵심은 회전자가 특정 위치에 올 때 고정자 코일에 흐르는 전류의 방향을 바꾸는 것이었다. 하지만 토크가 0이 되는 지점이 발생했고 토크가 일정하지 않은 문제가 있었다. 이러한 현상이 발생하는 이유는 고정자 자속과 회전자 자속의 사이각이 회전자가 회전함에 따라 90도에서 0도까지 변하기 때문이다. 만약 고정자 자속과 회전자 자속의 방향의 사이각을 항상 90도로 유지할 수 있다면 최대 토크를 유지하면서 일정한 토크를 만들어낼 수 있게 된다. 그렇다면 두 자속의 사이각을 어떻게 90도로 유지할 수 있을까? 회전자의 자속은 말그대로 회전하므로 방향이 그때 그때 바뀐다. 하지만 고정자 자속은 코일이 고정되어 있으므로 전류의 방향에 따라 그 방향이 두 가지만 존재한다. 만약 고정자 자속의 방향을 두 가지가 아닌 0~360도 모든 방향으로 만들어낼 수 있다면 두 자속의 사이각을 90도로 유지할 수 있다. 그렇다면 고정자 자속을 어떻게 임의의 방향으로 만들어 낼 수 있을까? 이는 생각보다 간단하다. 그림 2.9와 같이 코일의 개수를 늘리면 된다. 단, **코일에 의해 만들어진 합성 자속의 방향이 변경 가능하기 위해서는 코일에서 발생한 자속의 방향은 서로 달라야 하며 자속의 크기를 변경하기 위해서는 전류 제어 가능한 각각의 독립된 전원에 의해 구동되어야 한다**[5]. 이를 수학적으로 설명하면 서로 다른 두 벡터의 합으로 임의 방향, 임의 크기 벡터를 만들어 낼 수 있는 것과 같은 맥락이다.

그림 2.9에서 코일은 A그룹(코일 A1, A2)과 B그룹(코일 B1, B2)으로 나눠어지는데, A그룹은 좌/우 방향의 자속을 만들어낼 수 있고, B그룹은 상/하 방향의 자속을 만들어낼 수 있다. 또한 코일에 흐르는 전류를 그룹별로 제어할 수 있다면 각 그룹별로 만들어진 자속의 크기도 제어 가능하다. 따라서 두 그룹의 코일을 이용해 임의 방향 임의 크기 자속을 만들어낼 수 있다. 이를 조금 더 일반화해서 표현하면, 전기적인 위상이 다른 두 개(이상)의 전원을 이용해

5) 권선에서 만들어지는 자속의 크기는 권선에 흐르는 전류에 비례한다.

공간적으로 다르게 배치된(공간적인 위상이 다른) 코일들에 전류를 인가할 수 있다면 임의 크기 임의 방향의 자속을 만들어낼 수 있다는 것이다. 그림 2.9에서는 위상이 90도 차이나는 두 개의 코일이 적용되었고, 두 코일은 기계적으로도 90도만큼 차이나게 배치되어 있다.

생각해 보기

만약 제어 가능한 독립된 전원이 1개 밖에 없을 경우, 즉 단상전원으로 일정한 토크를 발생시킬 수 있는 방법이 존재할까? 실제 DC 전동기는 DC전원 하나로 제어기 없이 구동되지만 토크의 변동이 거의 없는 편이다. 왜 그럴까? 다음의 구조를 살펴보고 아이디어를 떠 올려보자.

그림 2.10처럼 코일의 배치를 달리해서 90도가 아닌 다른 각도(예, 75도)만큼 차이나게 배치해도 임의 크기 임의 방향 자속을 만들 수 있다. 하지만 이러한 구조에서는 특정 방향의 자속은 크게 만들어지고, 특정 방향의 자속은 작게 만들어진다. 예를 들면, 동일한 전원을 사용한 경우 그림 2.10(a)와 같이 코일 A2, B1에 의해 발생된 방향의 자속보다는 그림 2.10(b)와 같이 코일 A2, B2 코일에 의한 합성 자속 방향의 크기가 커진다. 일정한 토크 발생을 위해서는 코일에서 만들어지는 합성 자속의 크기가 일정한 것이 좋은데, 그렇게 하기 위해서는 코일의 배치를 임의 간격으로 하는 것보다는 공간적으로 90도 간격으로 배치하는 것이 좋다. 이와 같이 공간적으로 서로 다른 방향의 자속을 발생시킬 수 있는 코일 구조를 2상 코일이라 하며, 2상 코일에 의해 발생한 합성자속의 방향을 임의로 바꿀 수 있으려면 각 상의 코일은 독립적인 전원, 달리 말하면 위상이 다른 전원에 연결되어야 한다.

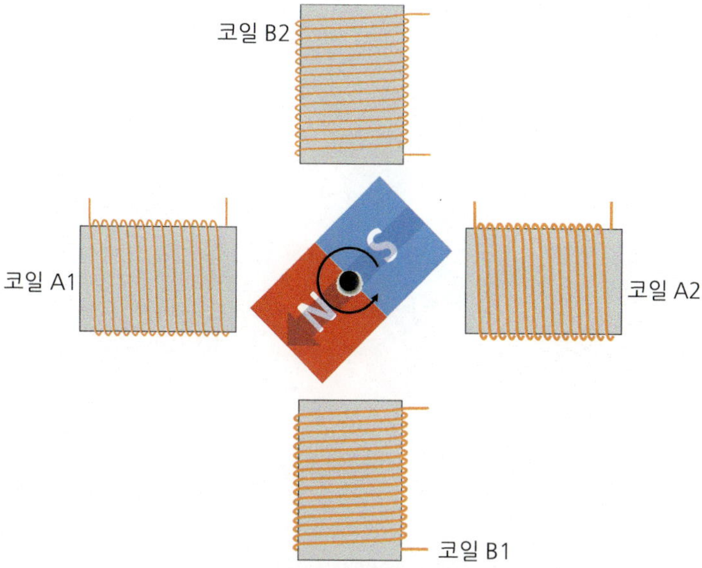

[그림 2.9] 2상 영구자석 전동기

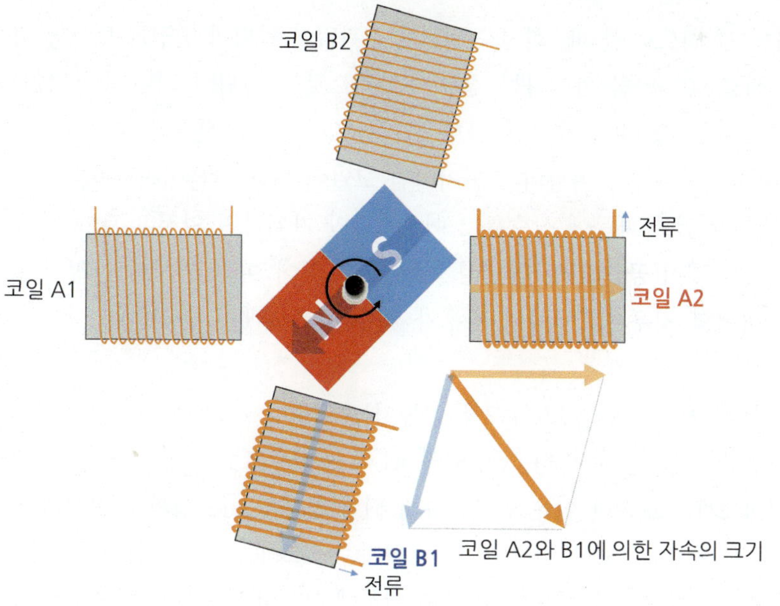

(a) 코일 A2와 B1의 여자시 합성자속의 크기

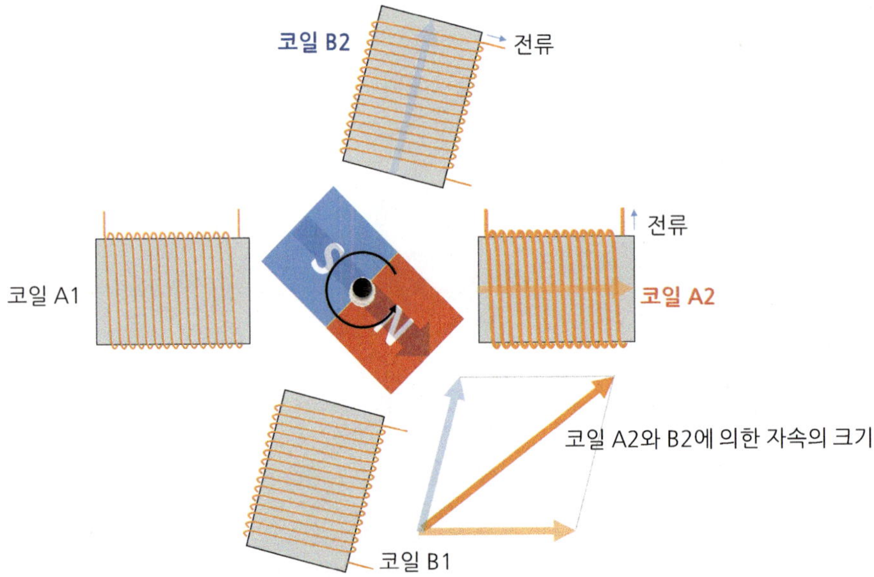

(b) 코일 A2와 B2의 여자시 합성자속의 크기

[그림 2.10] 고정자 코일 사이각이 75도인 경우 발생되는 자속의 크기 비교

2상 전동기는 수학적으로 볼 때, 회전자 위치에 상관없이 완벽히 일정한 토크 발생이 가능하다. 특히 2상이 서로 90도만큼 차이나는 경우 수학적으로는 독립이 되며 수학적인 해석에 매우 유용하게 사용될 수 있다[6]. 하지만 실제 구현에 있어, 2상 전동기는 찾아보기 드물고 3상 전동기가 흔하다. 사실 2상 이상의 전동기이면 코일에 의해 만들어진 자속을 임의 크기 임의 방향으로 만들 수 있기 때문에 상수를 2 이상으로만 가져가면 일정한 토크 발생이 가능한데, 3상은 전기적, 기계적(공간적)인 대칭성을 가질 수 있어 여러 면에서 안정적이고, 전동기를 구동하는 인버터의 경우에도 3상의 경우가 비용의 측면에서 유리하다.

예를 들어 설명하자면, 그림 2.9의 2상 전동기는 코일을 4개 가지지만 사실 코일이 2개만 있어도 동일한 동작을 할 수 있다. 즉, 코일 A1과 B1만으로도 동일한 구동이 가능한 것이다. 하지만 이렇게 2개의 코일만 이용해 구동하게 되면 공간적으로 힘의 대칭성이 사라지며 한쪽 방향으로만 힘이 쏠릴 수 있다. 이러한 힘은 회전축에 그대로 작용하게 되어 축이 손상되거나 진동의 가진원으로 작용할 수도 있다. 전원의 입장에서도 서로 위상이 다른 두 전원이 일시적으로 단락되는 경우 전원의 합이 0이 아니므로 위험하다.

6) x축과 y축으로 표현되는 직교좌표에 임의의 점을 찍었을 때 그 점이 x축으로 이동한다고 해서 y축 좌표에는 영향을 주지 않는다. 이러한 성질을 직교성이라 한다. 추후 dq모델에 대해서 다룰 것이며 2상전동기가 dq 모델의 핵심이다.

이러한 이유로 2상 전동기는 찾아보기 힘들다. 대신 그림 2.11와 같은 3상 전동기가 흔한데, 3상 전동기는 통상 공간적으로 각 상이 120도 간격으로 배치되어 있으며, 전원 또한 120도 위상차를 가지게 된다. 이를 3상 대칭 권선이라 하며, 이러한 3상 전동기는 앞서 살펴본 기계적인(공간적인) 대칭성을 가지며, 전기적으로도 대칭성을 가져 안정적이다.

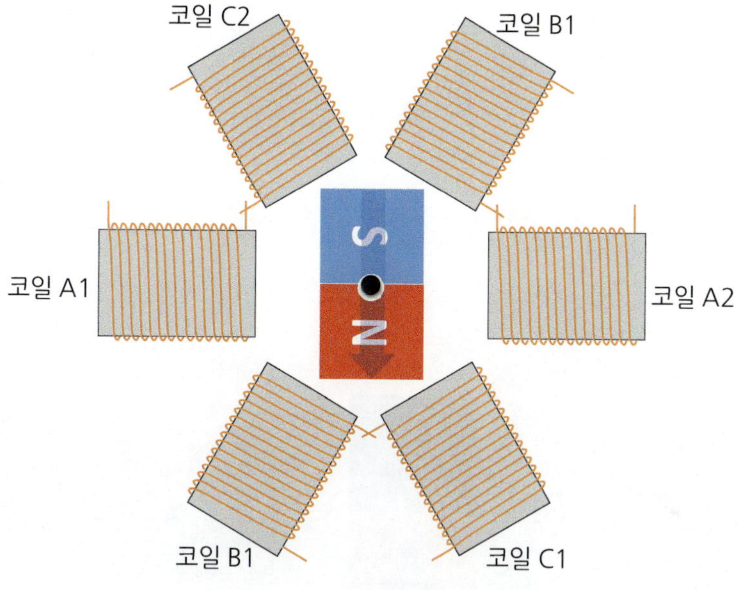

[그림 2.11] 3상 영구자석 전동기

2.4 영구자석 전동기의 구동 원리1: 자속의 관점에서

그림 2.11의 3상 영구자석 전동기를 조금 더 자세히 고찰해 보기 위해 그림 2.12에 나타낸 모델을 고려하자. 그림에서와 같이 회전자의 극수는 2이며 코일의 수는 6개에서 3개로 줄였다. 각 코일은 3상 코일을 대표하며 A상 코일을 x축에 두었고, B상을 A상 대비 120도 위치에, C상을 A상대비 240도 위치에 두었다. 이렇게 한 이유는 통상 회전기에 있어 회전의 정방향은 반시계 방향인데, 회전자의 회전 방향을 정방향으로 보았을 때 회전자 자속이 A→B→C 코일의 순서로 지날 수 있도록 배치한 것이다. 각 코일의 터미널의 경우 내측이 음의 극, 외측이 양의 극에 연결되어 결국 전류는 외측 리드선 기준 들어가는 방향을 정방향으로 한다. 회전자의 초기 위치는 -y축 방향으로 이때 회전자 위치를 0도로 한다.

이제 그림 2.15의 회전자가 회전의 정방향인 반시계 방향으로 회전하기 위해 그리고 최대 토크를 발생시키기 위해 고정자 권선에 전류를 어떻게 인가하면 될지 살펴보자. 우선 코일에 전류가 흐르면 코일에서 자속이 발생할 텐데, 코일이 감긴 방향을 고려해 자속의 방향을 유추해 보자. 오른손 법칙에 의해 각 코일에 정방향 전류가 들어가게 되면 각 코일에서 발생한 자속은 반경 방향으로 나가게 될 것이고 반대로, 역방향 전류가 흐른다면 자속은 중심으로 향하게 될 것이다.

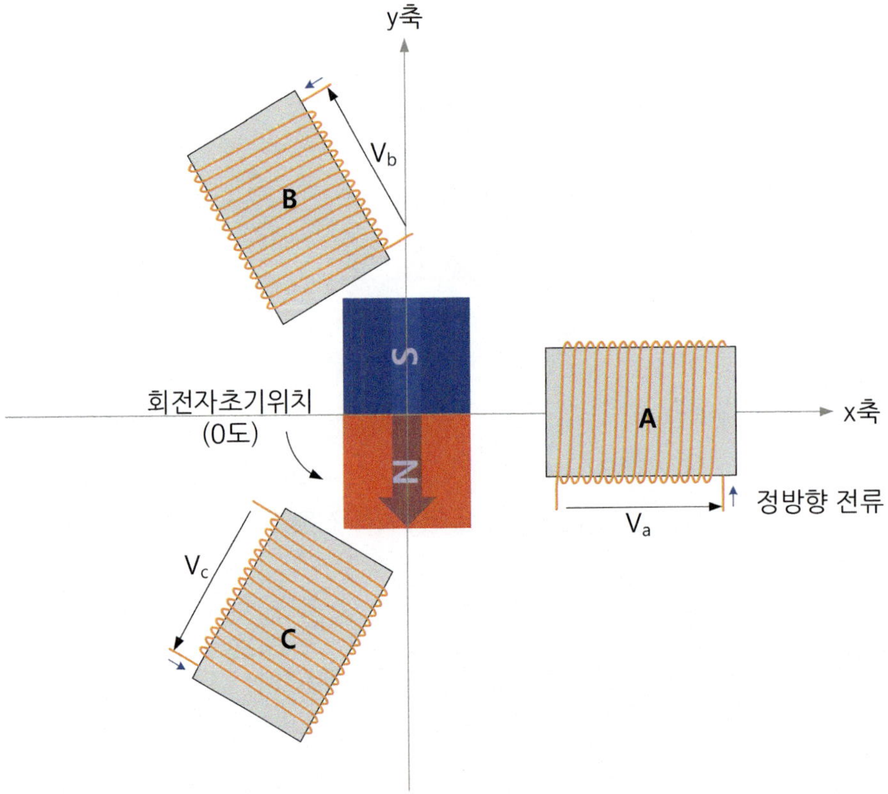

[그림 2.12] 2극 3상 영구자석 전동기

각 상에 대해 따로 살펴보면, A상에 정방향 전류가 흐르면 x축 방향으로 자속이 발생하고 역방향으로 흐르면 -x축 방향으로 자속이 발생한다. 비슷하게 B상의 경우 정방향 전류에 의해서는 x축 기준 120도 방향으로 자속이 발생하고 역방향 전류에 의해서는 -60도 방향으로 자속이 발생한다. C상의 경우는 정방향 전류에 대해 -120도 방향으로, 역방향 전류에 의해서는 60도 방향의 자속이 발생한다.

그림 2.12의 상황에서 최대 토크가 발생하기 위해서는 x축 방향으로 합성 자속이 만들어지면 된다. 그러기 위해서는 A상 코일에는 전류가 흐르면 안되고, B상 코일에는 정방향의 전류가 C상 코일에는 역방향의 전류가 흘러야 하며 B상과 C상에 흐르는 전류의 크기는 같아야 한다. 이때 발생된 자속은 그림 2.13 (a)의 코일 내부에 표시한 화살표의 방향과 같다. 두 개 자속의 합성 방향은 최대 토크 발생 축인 y축이 됨을 알 수 있다. 그렇다면 코일에 흐르는 전류의 크기는 어떠해야 할까? 이를 살펴보기 전에 우선 문제를 간단하게 하기 위해 아래와 같은 가정을 하도록 한다.

1. 각 코일에 흐를 수 있는 전류의 최대치는 I_m 이다.
2. 각상에 흐르는 전류의 합은 0이다. $I_a + I_b + I_c = 0$
3. 코일에서 발생된 자속량은 코일에 흐르는 전류의 크기에 비례한다.

가정1은 전원에서 공급가능한 전류의 한계치가 존재하기 때문에 적절한 가정이며, 가정2는 코일이 Y결선된 경우를 가정하여 중성점에서 키리히호프 전류법칙(Kirchhoff's Current Law; KCL)을 적용한 결과이다. 결선법은 2.7절에서 자세히 다룬다. 가정3은 재질에 따른 자속 포화를 무시하겠다는 뜻으로 자성체 재질에 대해서는 3장에서 자세하게 다룬다.

다시 그림 2.13 (a) 그림으로 돌아와 코일에 흐르는 전류에 대해 생각해 보자. A상 코일은 x축 방향 성분의 자속을 만들어 내므로 전류가 최대치로 흐르는 것이 좋다. 물론 B, C상에 발생한 자속도 그 크기가 가능한 큰 것이 합성 자속을 크게 만들어 낼테지만 가정 2에 의해 A상 전류는 B와 C상에 흐르는 전류의 합과 같아야 하고 B, C상의 전류의 크기는 같아야 하므로 B, C상에 흐를 수 있는 전류의 최대 크기는 A상 전류의 절반이다.

이제 각 코일에 흐른 전류에 의해 발생된 자속들의 합의 크기에 대해서 살펴보자. 가정 3에서 코일에 발생된 자속은 전류의 크기에 비례한다고 하였다. 최대 전류가 흐를 때 하나의 코일에서 발생되는 자속을 F라 하면, 3상 코일에 의한 자속의 총 크기는 $3F/2$가 됨을 알 수 있다. 결국 그림 2.13 (b)와 같이 영구자석에 의한 자속 대비 권선에 의한 자속이 90도 앞섬에 따라 회전자는 반시계 방향으로 회전할 수 있게 된다. 참고로 그림 2.13 (b)에서 영구자석에 의한 자속 크기와 권선에 의한 자속 크기를 편의상 같게 두었다.

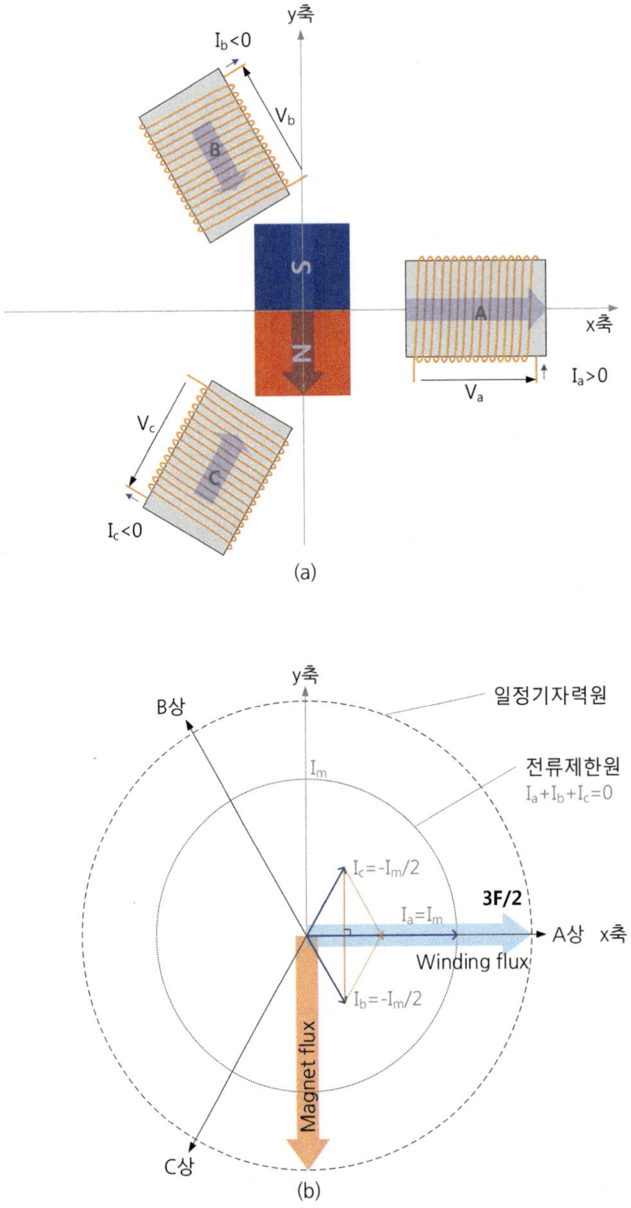

[그림 2.13] 정방향 최대토크 발생을 위한 코일에 전류 인가모습 (@회전자=0도)

이제 그림 2.14과 같이 회전자가 20도만큼 이동했을 때에 대해 살펴보도록 하자. 최대 토크 발생을 위해서는 권선에 의한 자속의 방향이 20도가 되어야 하는데, 그렇게 하기 위해서는 A상 성분의 크기는 조금 줄어야 하고, B상 성분 크기는 좀 더 늘고, C상 성분 크기는 많이 줄어야 한다. 동시에 앞선 가정 2를 만족시켜야 하고 그림 2.13에서 발생한 토크와 동일한 토크 발생을 위한 적절한 전류를 찾아보도록 하자. 이는 권선에 의한 자속이 $3F/2$가 되기 위한 권선의 전류를 찾는 것이다.

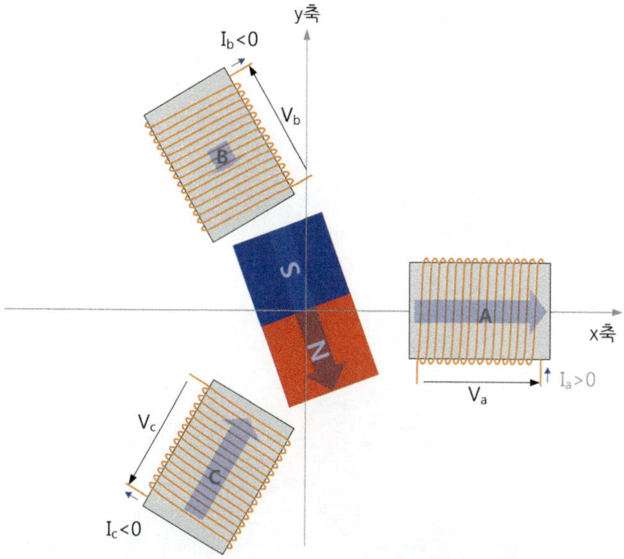

(a)

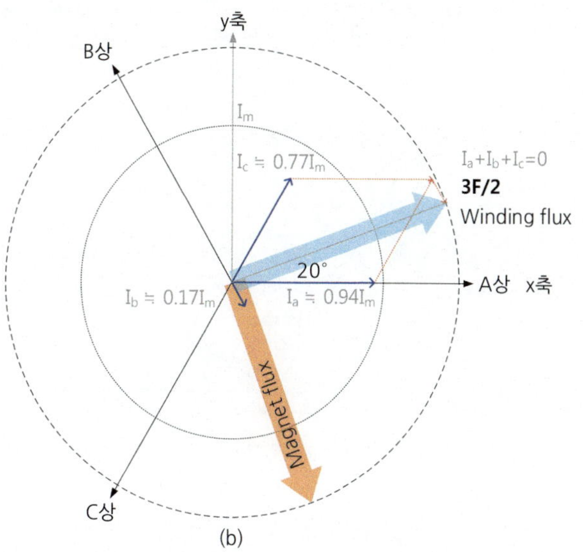

(b)

[그림 2.14] 정방향 최대토크 발생을 위한 코일에 전류 인가모습 (@회전자=20도)

이를 위한 정확한 전류 크기를 직관적으로 알아내기는 힘들다. 그럼에도 불구하고 이를 위한 각 상의 전류를 힘들게 찾아보면, 대략 $I_a = 0.94 I_m$, $I_b = 0.17 I_m$, $I_c = 0.77 I_m$로 구해진다. 비슷한 방법으로 그림 2.15와 같이 회전자가 30도 회전한 경우 각 상의 전류를 구해 보면 $I_a = 0.87 I_m$, $I_b = 0$, $I_c = -0.87 I_m$로 구해진다. 다른 회전자 위치에서도 동일한 방법으로 접근이 가능하다. 그렇다면 최대 토크 발생을 위한 각 상의 전류는 어떻게 구할 수 있을까?

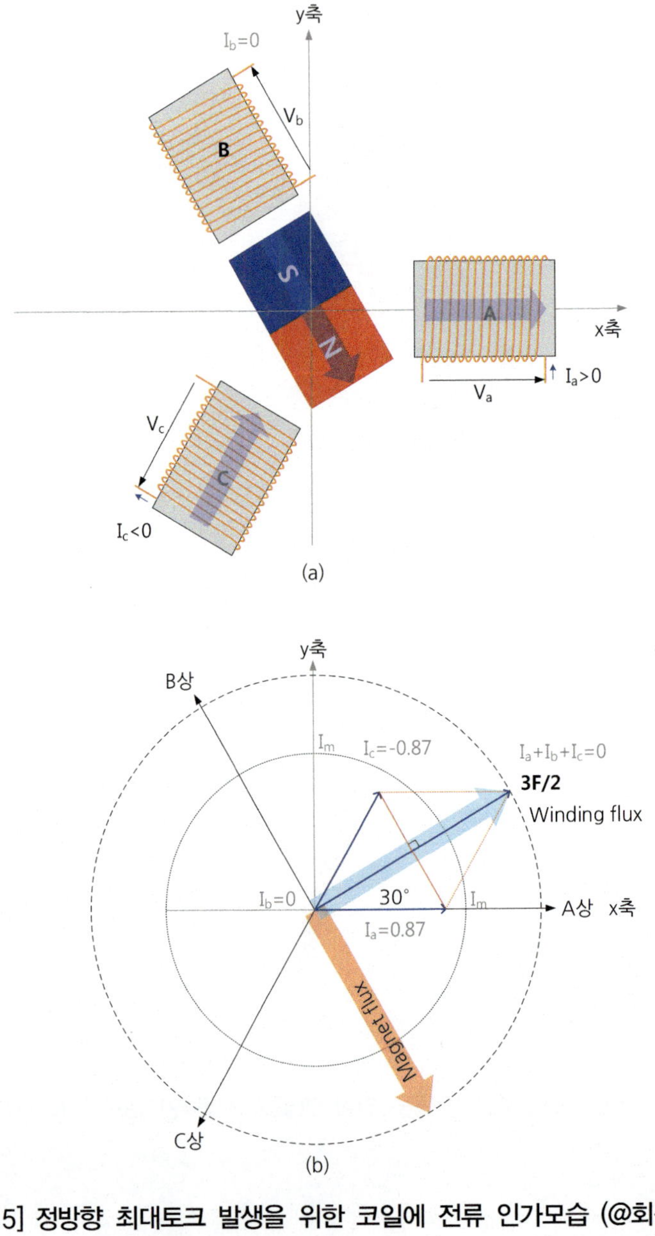

[그림 2.15] 정방향 최대토크 발생을 위한 코일에 전류 인가모습 (@회전자=30도)

답은 3상 대칭권선에 흐르는 3상 전류에 있다. 익히 잘 알려진 회전 자계가 그것이다. 여기서 3상 평형이란 3상 권선을 공간적으로 전기각 120도의 위상차를 갖도록 배치시킨 것이다. 그림 2.13~그림 2.15에서 어렵게 찾은 전류를 포함하여 그림 2.12의 전동기에 최대 토크 발생을 위해 필요한 전류를 회전자 위치별로 구해보면 그림 2.16(a)와 같은데 이는 각상의 위상차가 120도씩 나며 그 크기가 같은 3상 전류이다. 그림 2.16(b)는 3상 전류에 의한 자속성분을 xy 평면 위에 x축 성분과 y축 성분으로 나누어 그 크기를 나타낸 것인데, 코일 하나에 최대 전류가 흐르는 경우 발생하는 자속의 크기를 1로 가정하여 그린 그림이다. x축 성분과 y축 성분은 90도 위상차를 가지며 그 크기는 같음을 알 수 있다.

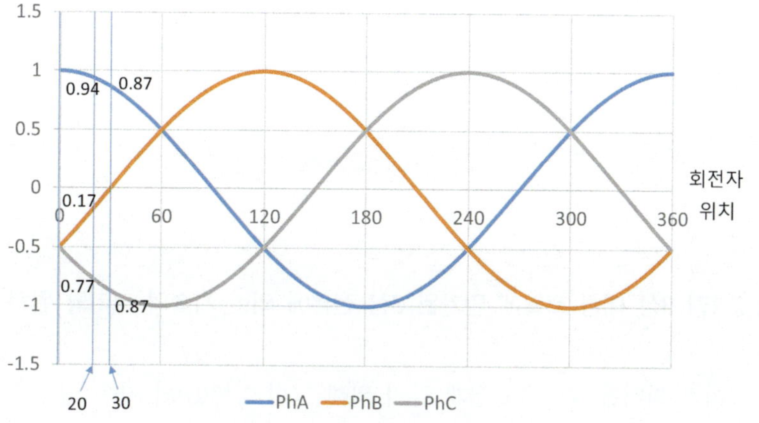

(a) 회전자 위치별 3상 전류파형

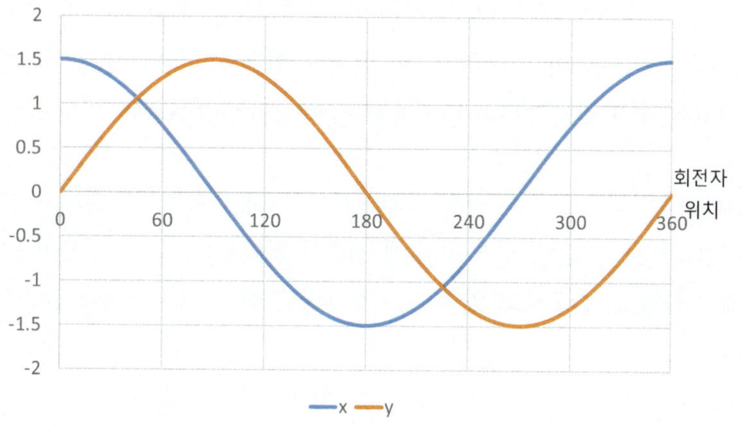

(b) 3상 전류에 의한 회전자 위치별 x, y축 자속성분크기

[그림 2.16] 3상 대칭코일에 인가된 3상 전류와 이에 의한 회전자 위치별 자속성분

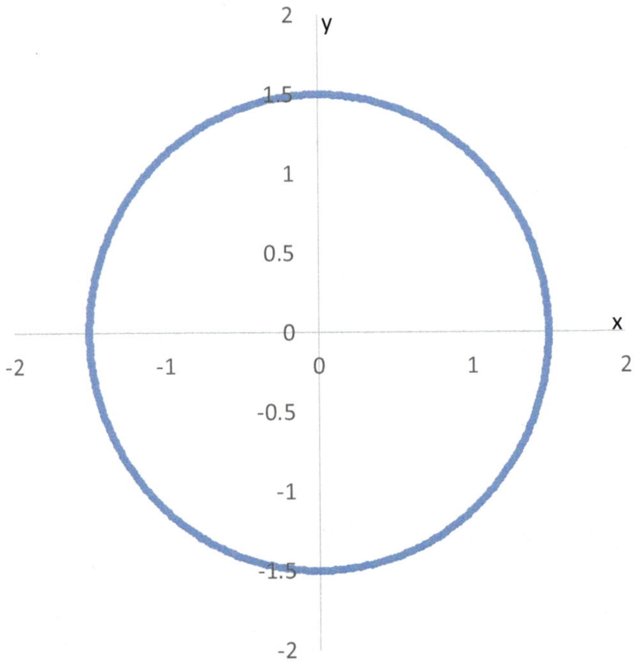

[그림 2.17] 3상 대칭 코일에 인가된 3상 전류에 의한 자속의 크기와 위치 궤적

그림 2.16의 물리적 의미를 조금 더 쉽게 알기 위해 그림 2.16(b)의 자속 성분을 xy 평면상에 궤적으로 나타내면 그림 2.17과 같다. 이는 회전 자계를 조금 다르게 표현한 것으로 3상 대칭권선에 3상 전류의 조합을 사용하면 일정한 크기의 자속을 xy 평면상의 임의의 점에 만들어 낼 수 있다는 것으로 생각할 수 있다. 이처럼 3상권선에 3상 전류의 조합을 사용하면 임의 방향 성분의 고정자 자속을 만들 수 있고 이 자속에 영구자석 자속이 동기화되어 회전하는 것이 바로 **영구자석 동기 전동기(Permanent Magnet Sychronous Machines; PMSM)**이다.

마지막으로 하나만 언급하고 이번 절을 마무리하도록 하겠다. 앞서 회전자 위치별로 최대 토크 발생을 위한 전류를 찾음에 있어 '어떻게 전류를 찾았을까?' 라는 질문이 들었을 것이다. 사실 회전 자계의 특징을 미리 알고 있지 않은 상태라면 해당 전류는 매우 찾기 힘들다. 헌데, 만약 코일이 90도 간격으로 배치되어 있었다면 어땠을까? 삼각함수를 배운 사람이라면 원하는 자속을 만들기 위한 x축 성분과 y축 성분을 매우 쉽게 구할 수 있었을 것이다. 이는 각 축에 직교 투영하면 되기 때문이다. 이처럼 3상 물리량을 xy축 직교 좌표계(Cartesian Coordinate System)로 표현할 수 있다면 수학적인 접근이 매우 편리해진다. 이 때문에 6장 dq모델의 필요성이 생기게 된다.

2.5 영구자석 전동기의 구동 원리2: 전압과 전류의 관점에서

앞 절에서는 영구자석 전동기의 구동 원리를 고정자와 회전자의 자속 관계를 이용해 설명하였다. 하지만 자속은 실제로 눈에는 보이지 않고, 우리가 계측 가능한 물리량은 전압과 전류밖에 없다. 이번 절에서는 전동기의 구동 원리를 전압과 전류의 입장에서 살펴보도록 할 것이다. 들어가기에 앞서 알아야 할 내용이 있는데, 바로 페러데이 법칙이다. 페러데이 법칙은 식(2.1)과 같이 나타낼 수 있는데, 자속의 시간에 따른 변화가 전압을 만들어 낸다는 법칙으로 특히 코일에 있어서는 코일에 쇄교하는 자속이 시간에 따라 변하면 코일에 전압이 유기된다는 발전기의 법칙이다. 여기서 코일에 쇄교하는 자속이란 코일을 통과하는 자속을 의미한다. 조금 더 정확하게는 코일을 통과하는 자속과 코일 턴수를 곱한 값이다.

$$e = -\frac{d\lambda}{dt} \tag{2.1}$$

그림 2.12의 영구자석 전동기의 회전자가 회전을 하면 영구자석에서 발생한 자속이 결국 회전을 하게 되는데, 고정되어 있는 코일의 입장에서 보면 영구자석에서 발생한 회전자의 위치에 따라 양으로 쇄교하기도 하고 음으로 쇄교하기도 하는 등 시간에 따라 변할 것이다. 바로 이 때문에 코일에는 전압이 유기된다. 결국 영구자석에 의한 자속이 코일의 전압 형태로 나타나는 것이고 동일한 코일에 전류를 적절히 인가하면 토크가 발생하는 것이다. 따라서 코일에 유기된 전압과 인가된 전압의 파형을 이용해 토크 발생 원리를 설명해 볼 수 있는 것이다.

우선 코일에 유기되는 전압이 어떠한 파형으로 나타날지 살펴보도록 하자. 그렇게 하기 위해서는 우선 쇄교자속이 어떠한 형태로 나타나는지 살펴볼 필요가 있다. 여기서 코일에 쇄교하는 자속의 방향을 정의할 필요가 있는데, 코일에 정방향 전류가 흘렀을 경우 발생하는 자속의 방향을 정방향으로 한다.

회전자가 그림 2.18의 위치(회전자 위치 0도)에 있으면 A상 코일에 쇄교하는 자속은 0이다. 다시 언급하지만 그림 2.18에서처럼 회전자가 −y축에 위치해 있을 때를 회전자 각도 0이라 정의하였다. 이 위치에서 회전자가 서서히 반시계 방향으로 회전하면 A상 코일에 쇄교하는 자속은 점점 커질 것이고 x축(회전자 위치 90도)에 위치하는 순간 코일의 방향과 자속의 방향이 일치하여 쇄교자속은 최대가 될 것이다. 회전자가 더 회전하게 되면 A상에 쇄교하는 자속은 점점 줄어들어 회전자가 y축(회전자 위치 180도)에 위치하면 0이될 것이다. 회전자가 더 진행하면 역방향으로 쇄교자속량이 점점 늘어나게 될 것이고 −x축(회전자 위치 270도)에 위치하면 역방향 쇄교자속량이 최대가 된다. 여기서 더 진행하면 역방향 쇄교자속량의 크기는 점점 줄어들고 회전자가 초기 위치로 오면 쇄교자속량은 0이 된다.

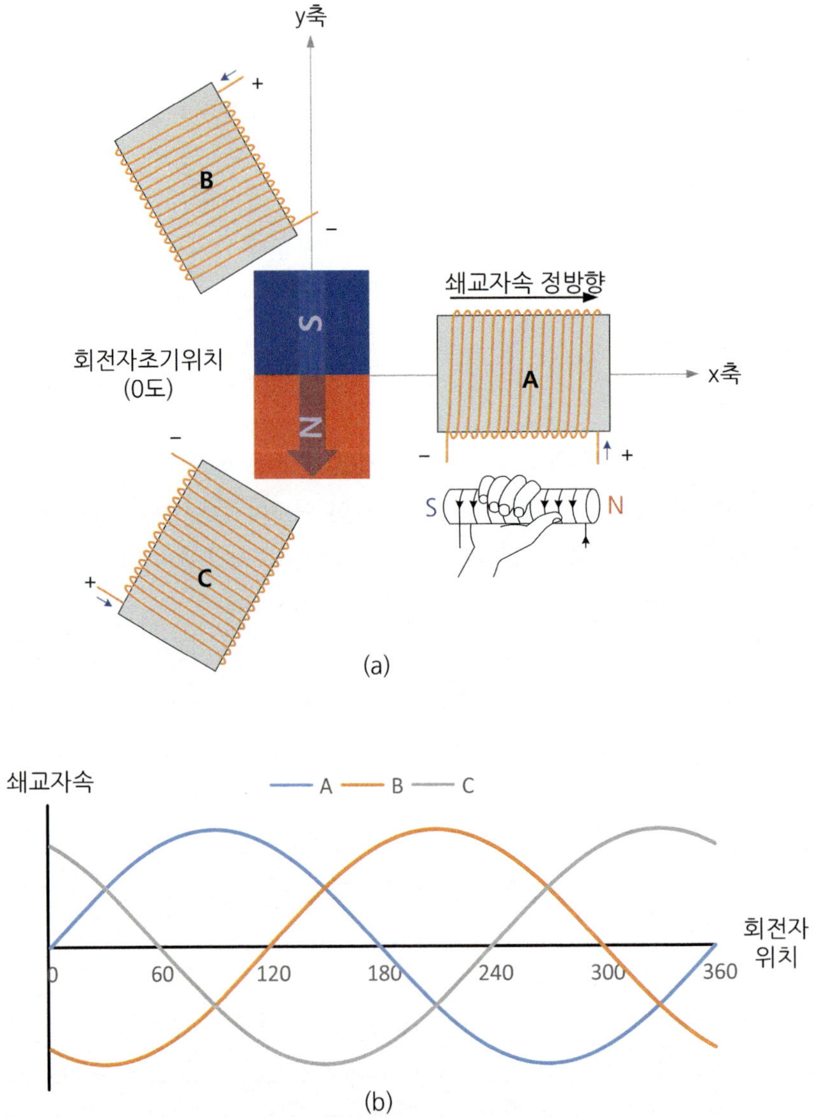

[그림 2.18] 회전자 위치에 따른 각 상별 쇄교자속 파형

B상과 C상의 경우에는 회전자가 A를 지난 후 120도 회전해야 B상을 지나게 되고 또 다시 120도 회전해야 C상을 지나게 되므로, A상에 쇄교하는 자속보다 각각 120도, 240도 늦은 위상으로 파형이 나타나게 된다.

여기서 다시 앞절에서 살펴본 최대 토크를 발생시킬 수 있는 전류 파형을 상기시켜보자. 그림 2.16(a)와 그림 2.18은 동일한 조건에서 회전자가 회전함에 따라 최대 토크 발생을 위한 전류와, 코일에 쇄교하는 자속 파형이다. 두 파형을 비교하면서 알아차린 사실이 있는가? 그림 2.18의 쇄교자속 파형을 미분하게 되면 그림 2.16(a)가 된다 (sin파형을 미분하면 cos파형이 된다). 쇄교자속을 미분한 것은 앞서 살펴본 것과 같이 페러데이 법칙에 의해 전압을 나타낸다. 이는 **전압(정확하게는 무부하 유기 기전력)과 전류가 동상**이어야 한다는 것을 뜻한다. 여기서 질문이 나온다. 전압과 전류가 동상이라는 결과는 페러데이 법칙에 붙은 음의 부호(-)가 반영되지 않은 결과 아닌가? 그렇다 수식적으로는 그렇게 보인다. 하지만 물리적으로 따져보자. 앞서 설명한 바와 같이 페러데이 법칙은 발전기의 원리를 설명하는 법칙이다. 즉, 코일이 중심이다. 코일이 전원으로서 동작한다는 뜻이다. 즉 코일에서 전류가 나간다는 것을 전제하고 있다. 하지만 전동기 관점에서 코일에 흐르는 전류는 외부 전원에 의해 코일로 전류가 들어간다는 것을 전제하고 있다. 마이너스 부호는 이 두 가지 개념에 의해 생겨나는 것이며 전류의 흐름을 동일한 방향으로 생각하면 페러데이 법칙에서 음의 부호는 생략 가능하다.

여기서 주의사항이 있다. 코일에 쇄교하는 자속은 크게는 두 가지로 구분한다. 첫 번째로 지금까지 우리가 살펴본 회전자의 영구자석에서 발생한 자속, 두 번째로 코일에 전류가 흐름으로 인해 발생하는 자속이 그것이다. 코일에 전류가 흐르면 코일에 쇄교하는 자속은 영구자석의 자속과 코일 전류에 의한 자속이 합성되어 나타나는데 이 합성 자속을 시간에 대해 미분한 파형은 전동기 구동을 하기 위한 최소 전압이다. 권선에 정방향 전류를 흘리기 위해서는 코일에 유기된 전압보다 큰 전압을 인가해 주어야 하기 때문이다. 하지만 앞서 **토크 발생 원리에서 살펴본 자속은 회전자의 영구자석에 의해서만 쇄교하는 자속으로 코일 전류가 고려되지 않은 즉 코일에 흐르는 전류가 0일 때를 가정한 쇄교자속**이다. 이를 무부하 자속이라 하고, 무부하 자속에 의한 전압을 무부하 역기전력이라고 부른다. 반면 전류에 의한 자속까지 포함한 경우의 자속을 부하 자속이라 하고 부하 자속을 미분한 것을 부하 전압이라고 한다. 전동기에 있어 부하/무부하의 차이는 권선에 전류가 흐르냐 흐르지 않느냐의 차이로 이해하면 되겠다.

2.6 3상 전동기 구동 시스템

지금까지 3상 영구자석 전동기의 구동 원리에 대해 살펴보았다. 3상 전류가 필요하다는 것을 이미 언급하였는데 이번 절에서는 전동기 구동에 필요한 전류를 어떻게 인가할 것인가에 대한 내용이다. 많은 응용에 있어 배터리 혹은 직류전원을 사용하여 전동기를 구동하기에 여기서는 이러한 응용을 중심으로 설명한다.

3상 시스템은 전원, 부하로부터 각각 인출선이 세 개씩 존재하여 총 여섯 개의 인출선이 있으며 이들의 적절한 상간 결선방식에 따라 Y-결선과 Δ-결선이 가능하다. 그림 2.19은 전원은 Y-결선으로 고정하고 전동기의 3상 부하를 Y-결선 혹은 Δ-결선으로 하는 경우를 나타낸 것이다. 이번 절에서는 Y-결선 전동기를 기준으로 설명하고자 한다. 참고로 Y-결선은 스타 결선이라고도 부른다.

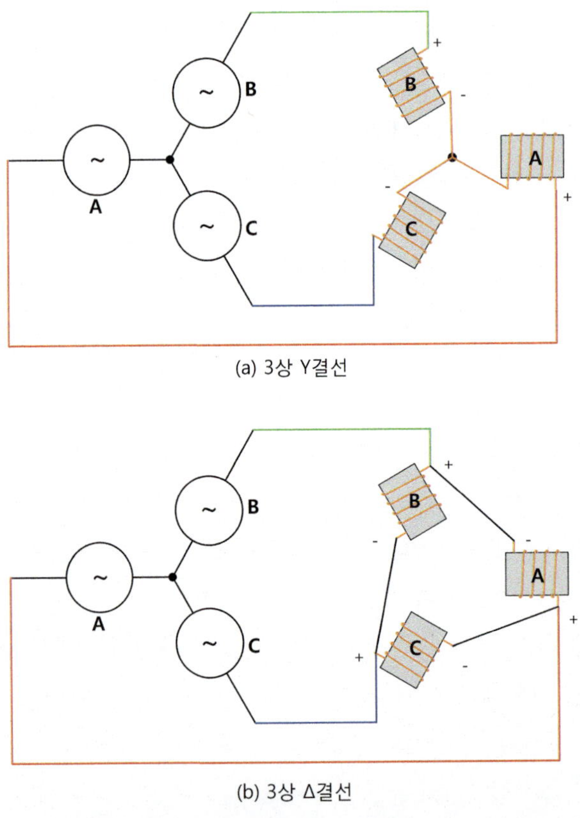

[그림 2.19] 3상 결선법 (a) Y결선, (b) Δ결선

그림 2.19에서 좌측의 전원을 직류 전원을 교류 전원으로 변환하는 장치인 인버터로 대체하면 그림 2.20과 같아진다. 입력 전원은 전압원으로 표현하였으며, 전동기는 회전자를 제외하고 Y결선된 3상 권선으로 나타내었다. MOSFET로 표현된 것은 스위치로 동작하는데 제어기의 On/Off신호를 받아 동작한다.

좌측의 인버터는 전동기의 전류 제어를 위해 스위치 여섯 개로 구성되는데, 2.2절에서 살펴본 것과 같이 전원 양단에 연결된 상단 스위치 하나와 그 아래의 하단 스위치를 하나로 묶어 하프 브릿지 회로라고 부른다. 하프 브릿지 회로는 하나의 상에 흐르는 전류의 방향을 제어하게 되는데, 상단 스위치가 닫히면 전원에서 해당 상의 코일로 전류가 들어가게 될 것이고 반대로 하단 스위치가 닫히면 코일에서 나온 전류가 전원으로 들어가는 구조이다.

구체적인 예로, A상을 담당하는 스위치 Q1과 Q4로 구성된 하프 브릿지의 상단 스위치 Q1이 On되고, B상을 담당하는 스위치 Q3와 Q6 중 하단 스위치 Q6이 On된 경우에 대해 살펴보자. 이때 전류의 경로를 살펴보면 그림 2.21과 같이 되는 것을 알 수 있다. A상을 담당하는 하프 브릿지의 상단 스위치가 On되었으므로, A상으로 전류가 들어가고, B상을 담당하는 하프 브릿지의 하단 스위치가 On되었으므로 B상에서 전류가 나오는 것을 알 수 있다. 여기서 중요한 것은 전류가 흐르기 위해서는 전류의 연속식에 의해 폐회로가 구성되어야 하기에 상단 스위치 중 적어도 하나는 On이 되어야 하고 동시에 하단 스위치 중 하나도 반드시 On이 되어야 한다. 또한 전류의 크기 제어를 위해 스위치들은 펄스폭 변조(Pulse Width Modulation; PWM) 방식에 의해 고속 스위칭 된다.

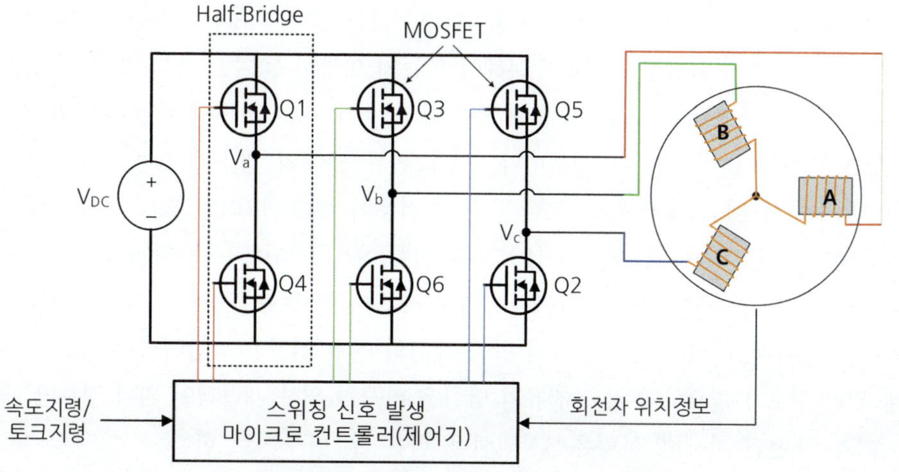

[그림 2.20] 3상 전동기 구동 시스템

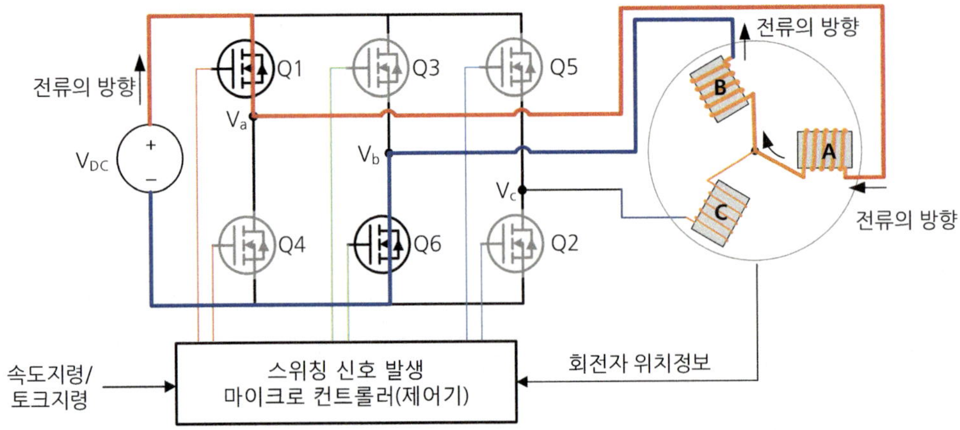

[그림 2.21] Q1과 Q6 On시 전류의 흐름

정리하면 3상 인버터는 3개의 하프 브릿지 회로로 구성되고, 각 하프 브릿지 회로는 하나의 상에 흐르는 전류를 제어하게 된다. 하프 브릿지의 상단 스위치는 코일에 정방향 전류를 흘릴 수 있게하고, 하단 스위치는 역방향 전류를 흘릴 수 있게 한다. 부가적으로 최대 토크 발생을 위해서는 회전자의 위치 정보가 필요하므로 제어기에서는 회전자의 위치를 피드백 받아 전류 제어를 하게 된다.

여기서 잠시 BLDC 전동기와 영구자석 동기 전동기의 구분에 대해 살펴볼 필요가 있다. 그 기계적인 구조는 완전히 동일하기 때문에 이를 외형적으로 구분하지는 못한다. 이 둘의 차이점은 전기적인 관점에서 나타나는데, 코일에 흐르는 전류의 모양으로 구분을 하게 된다. 코일에 흐르는 전류를 정밀 제어 가능해 교류 형태의 전류가 인가될 수 있으면 영구자석 동기 전동기라 부르고, 단순히 코일에 흐르는 전류의 방향 제어만 하는 경우를 BLDC 전동기라 한다. 여기서 굳이 동일하게 생긴 전동기를 그렇게 구분해야 하는지 의문이 들 수도 있다. 그럼에도 불구하고 이렇게 구분을 하는 이유는 교류 전류 제어를 할 경우와 단순 전류의 방향 제어만 하는 경우 출력 토크 특성이 많이 다르기 때문이다. 교류 전류 제어의 경우가 훨씬 부드러운 토크를 만들어 낼 수 있는데 그렇기에 더 고급 응용에 적용이 된다. 그러면 모두 교류 전류 제어를 하면 되지 않느냐고 반문할 수 있는데, 교류 전류 제어를 위해서는 회전자의 정확한 위치 정보가 필수적으로 필요하다. 회전자 위치에 따라 일정한 토크를 낼 수 있는 전류를 정확히 제어하기 위함이다. 하지만 단순 전류의 방향 제어의 경우 일정한 전압이 인가되므로 회전자의 정확한 위치 정보가 필요하지 않고 전류의 방향을 바꾸기 위한 개략적인 위치 정보만 필요하게 된다. 이와 관련된 자세한 설명은 3상권선을 다룬 후 다루기로 한다.

결국 BLDC 전동기와 영구자석형 동기 전동기의 다른 점은 전류의 제어법이며, 이 때문에 달라지는 기계적인 변화는 회전자의 위치 정보를 얻을 수 있는 위치 센서의 종류이다. 또한 정밀한 위치 센서를 적용하여 정밀 제어를 해야 하기 때문에 고성능 마이크로 컨트롤러가 요구된다. 이러한 사항은 모두 전동기를 포함한 구동 시스템의 비용을 상승시킨다.

생각해 보기

이상의 인버터 회로를 이용해 하나의 상에만 전류를 흘릴 수 있을까?
그리고 동시에 모든 상에 전류가 흐르게 할 수 있을까?

2.7 BLDC 전동기로의 구동

앞 절에서는 영구자석 동기 전동기의 구동원리와 3상 전동기 구동 시스템에 대해 살펴보았다. 이제 3상 전동기의 전류제어를 위해 구동 시스템이 어떻게 동작할지에 대해 살펴볼 차례이다. 허나 전동기 제어 또한 하나의 큰 학문으로 배워야 할 내용이 무척 많다. 따라서 이번 절에서는 3상 영구자석 전동기의 인버터 구동에 대해 간략하게 설명하기 위해 BLDC 전동기의 6스텝 구동원리에 대해서 설명하려고 한다. **6스텝 구동이 정현파 구동의 간략화된 버전**이기 때문인데 왜 그런지는 이번 절을 공부하고 나면 알게 될 것이다.

그림 2.22에서와 같이 BLDC 전동기는 코일에 흐르는 전류 방향 제어를 위한 회전자 위치 검출을 위해 홀센서(Hall Effect Sensor)를 주로 사용한다. 홀센서는 홀효과에 의해 동작되는데 이는 도체 또는 반도체 내부에 흐르는 전하의 이동방향에 수직한 방향으로 자기장을 가하게 되면 금속 내부에 전하 흐름에 수직한 방향으로 전위차가 형성되는 현상이다. 쉽게 설명하면 홀소자에 N극이 위치하면 전압이 발생하고 S극이 위치하면 전압이 발생하지 않는 On/Off 구조의 센서이다. 각 상의 전류 절환 시점을 알기 위해 홀센서는 각 상별로 하나씩 총 3개가 필요하며 장착 위치는 그림과 같다.

회전자가 회전함에 따라 고정자 특정 위치에 고정된 홀센서에는 회전자의 N극과 S극이 교번하여 지나갈텐데 이때 센서에 신호가 발생하는 것이다. 따라서 하나의 센서는 하나의 극쌍이

지나갈 때마다 On/Off 신호를 번갈아 출력하게 될 것이다. 즉 전기적으로 180도의 해상도로 회전자 위치를 가늠할 수 있다. 해상도를 높이기 위해 센서를 세 개 사용하게 되면 180을 3으로 나눈 60도의 해상도를 갖게 되는데, 이 때문에 360도를 60으로 나눈 여섯 개의 스텝이 나오는 것이다.

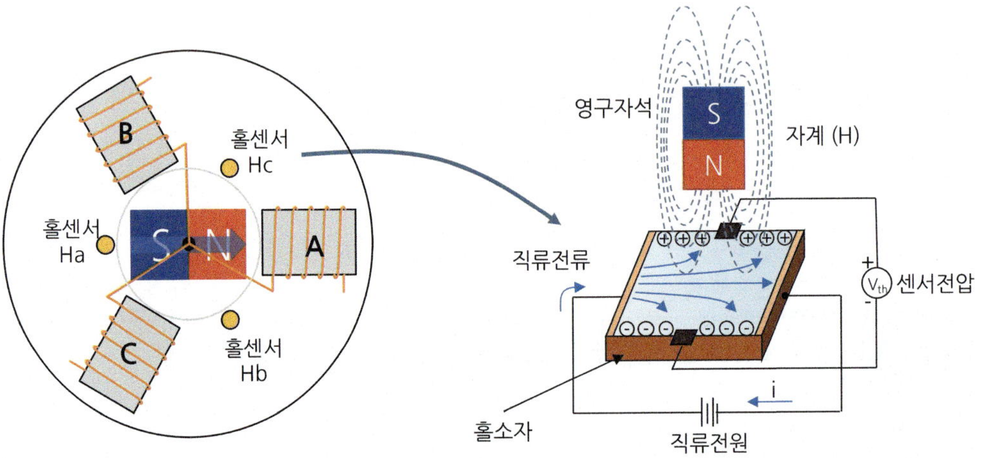

[그림 2.22] BLDC 전동기 구동을 위한 홀센서

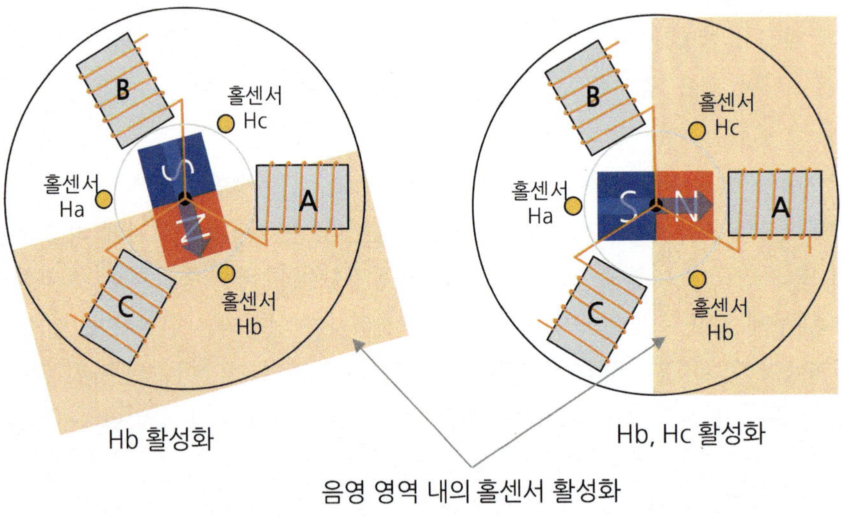

[그림 2.23] 회전자 위치에 따른 활성화된 홀센서

그림 2.23은 회전자 위치별로 활성화된 홀센서를 나타내고 있다. 영구자석의 N극이 홀센서에 영향을 주게 되면 센서의 신호가 1로 출력이 된다. 회전자가 1바퀴 도는 동안 각 홀센서의 출력은 0과 1을 한 번씩 출력하게 될 것이다.

그림 2.24의 (a)~(f)는 BLDC 전동기의 6스텝 구동 원리를 보여주고 있다. 이하의 설명에서 회전자 위치의 기준은 -y축으로 이때가 회전자 위치 0도이며, 고정자 권선에 의해 만들어진 자속의 방향은 xy 평면을 기준하여 x축이 0도이다. 각도에 대한 특별한 언급이 없으면 xy 평면 기준으로 생각하라. 먼저 (a)의 위치(회전자 위치 -30도)에 있을 때 어떻게 구동되는지 살펴보자. xy 평면상에 회전자 자속이 240도에 위치하므로 고정자 전류에 의해 발생되는 자속이 240도에 90도 앞서는 330도 방향으로 만들어지면 최대 토크 발생이 가능하다. 그렇게 하기 위해서는 A상에는 정방향 전류가, B상에는 역방향 전류가 흘러야 하며, C상에는 전류가 흐르면 안된다. 이를 위해 인버터의 스위치는 Q1과 Q6가 On되고 나머지는 Off 상태를 유지해야 한다. 이때 상별로 만들어지는 자속의 방향을 노란색 화살표로 표현하였다. 코일에 흐르는 전류의 크기는 전원 전류와 동일한 크기 I를 가지며, 회전자 위치에 따라 변하게 되나, 여기서는 편의를 위해 일정하다고 가정하자.

직렬 연결된 두 개의 코일에는 동일한 전류가 흐르므로 코일에 의해 발생된 자속의 양은 같다. 이는 회전자가 이동하더라도 변하지 않는다. 즉, 고정자 코일에 의한 자속은 330도 방향으로 일정하게 나가게 될 것이다. 분명한 것은 회전자가 회전하면 고정자 코일에 의한 자속 방향도 같이 바뀌어야 한다는 것이다. 그렇다면 (a)위치에서 회전자가 얼마나 더 이동하면 고정자 코일 전류를 변화시켜야 할까? 앞서 홀센서에 의한 위치 해상도는 60도라고 했다. 따라서 (a)위치 전후 30도 즉, 210~270도에서는 (a)상태의 회로를 유지하면 될 것 같다. 그렇다면 회전자가 (a)상태가 되기 30도 전의 위치는 정확히 알 수 있어야 한다. 그래야만 전류 절환이 가능하다. 그렇게 하기 위해 홀센서의 위치가 그림 2.24처럼 각 코일에 의한 자속방향을 기준으로 30도 전후에 위치해 있는 것이다.

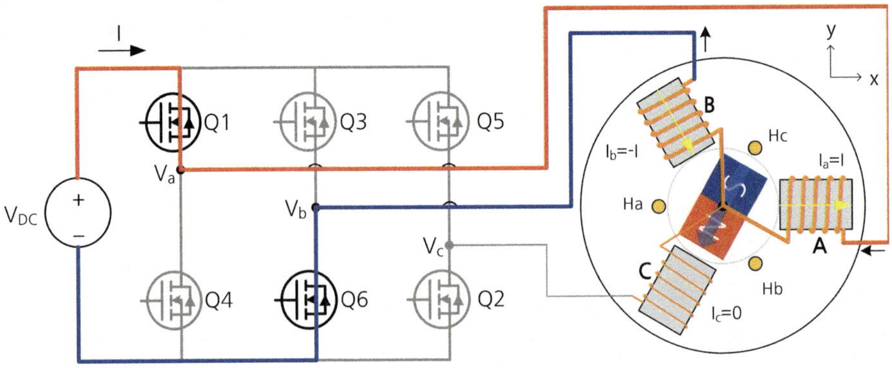

(a) 회전자 위치: -30도

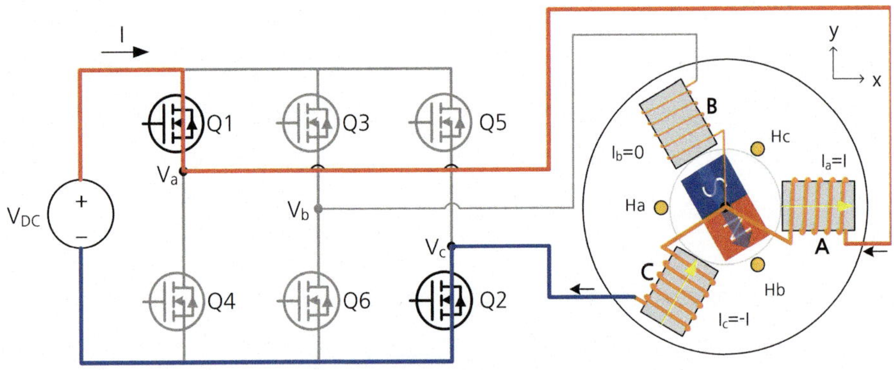

(b) 회전자 위치: 30도

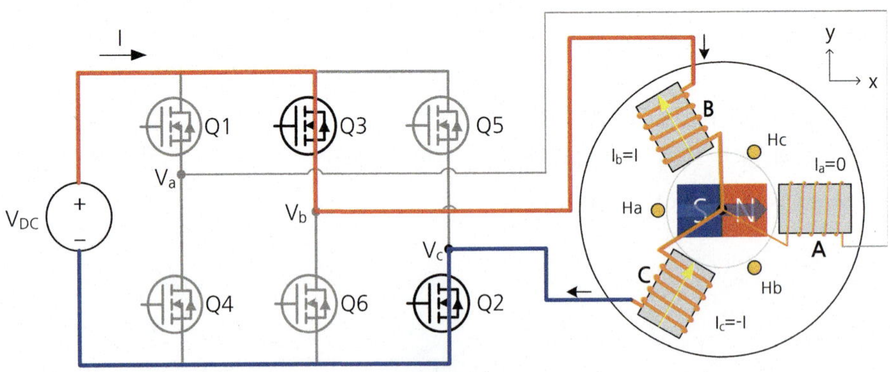

(c) 회전자 위치: 90도

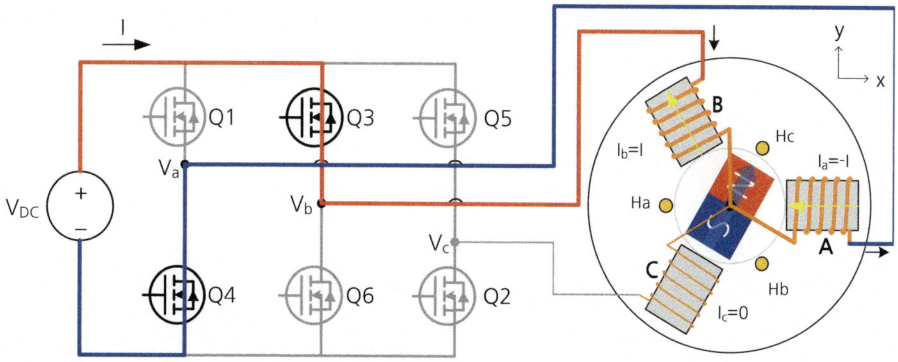

(d) 회전자 위치: 150도

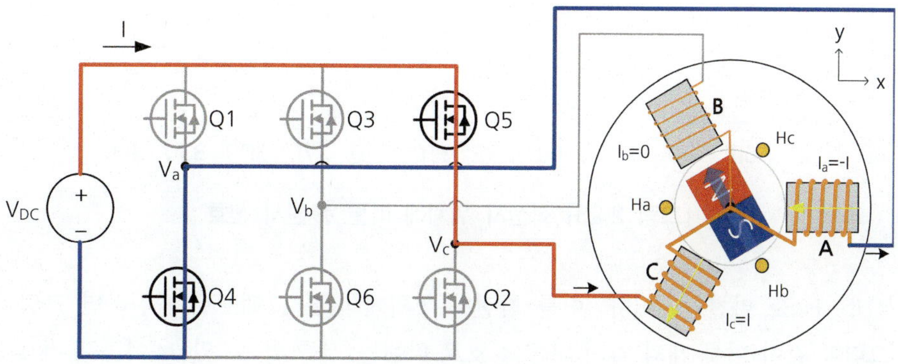

(e) 회전자 위치: 210도

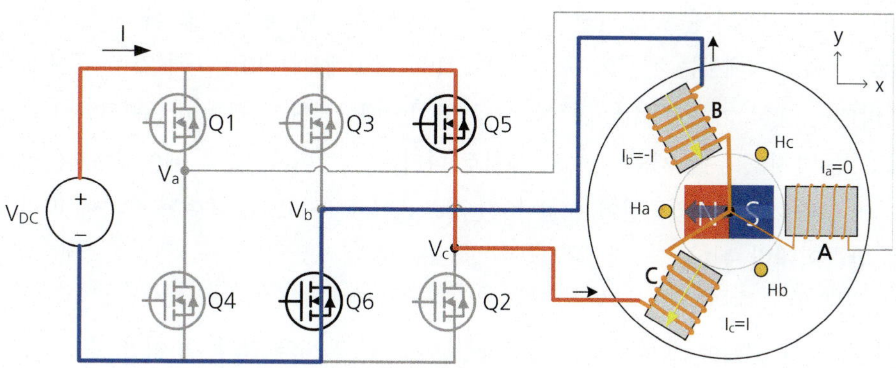

(f) 회전자 위치: 270도

[그림 2.24] BLDC 전동기의 6-Step 구동

예를 들어보겠다. 그림 2.24 (a)의 회전자 위치(-30도)에서 홀센서 Ha의 경우 N극의 영향을 받아 1의 신호를 출력하게 된다. 그렇다면 언제부터 1의 신호를 출력하고 있는 것일까? 그림 2.24를 살펴보면 회전자 위치가 180도 일때 N극의 영향을 받기 시작하고 180도 회전한 후 0도의 위치에 있을 때 그 영향이 끝나게 된다.

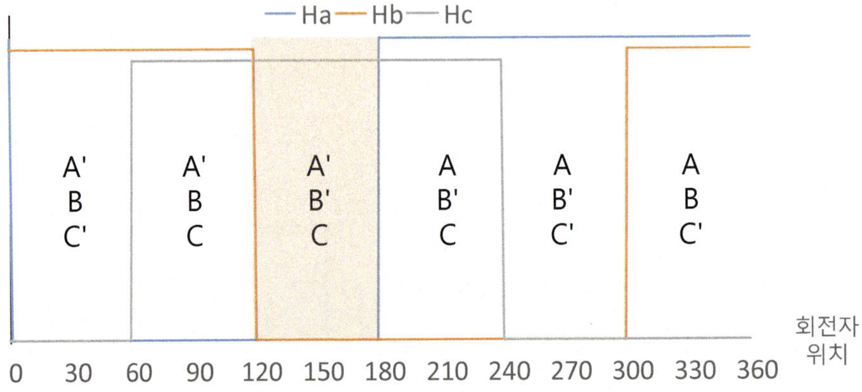

[그림 2.25] 회전자 위치에 따른 홀센서 신호

홀센서 Hb, Hc도 마찬가지이다. 이를 회전자 위치에 따른 그래프로 표현하면 그림 2.25와 같다. 그림과 같이 여섯 개의 각기 다른 신호로 나뉘는 것을 알 수 있고, 이는 우리가 원하는 바와 같이 구성된 신호이다. 그림에서 홀센서 Ha의 신호를 A 혹은 A' 형태로 표현했는데 출력이 1이면 A, 0이면 A'와 같이 표현하였다. 나머지 Hb, Hc도 동일한 형태로 표기하였다. 이를 Ha→Hb→Hc의 순으로 이진수로 표현하면 세 자리 이진수가 되는데, 예를 들면 회전자 위치 120~180 사이에서는 센서의 출력이 001, 180~240에서는 101, …과 같이 표현 가능하다. 사실 3비트로 표현 가능한 수는 2^3인 여덟 가지인데, 센서의 출력이 000이거나 111일 수 없으므로 두 가지 경우를 제외한 여섯 가지로 나타나는 것이다. 결국 제어기에서는 홀센서의 출력을 세 자리 2진수로 입력받아 이를 10진수로 표현한 1~6으로 표현된 숫자에 따라 스위칭 신호를 만들어내면 된다.

또한 이 경우 각 코일에 흐르는 전류를 살펴보면 그림 2.26와 같다. 눈여겨 볼 항목은, 기존 사인파 구동시의 전류 모습과 6스텝 구동시 전류 모습을 비교해 보는 것이다. 비교를 위해 기존 사인파 전류 파형은 점선으로 표현하였고, 6스텝 구동시 전류파형은 실선으로 나타내었다. 어떠한가? 기존 사인파가 위상을 동일하게 유지하며 구형파 형태로 바뀐 사실을 알아차렸는가? 그렇다. 6스텝 구동은 저렴한 위치 센서를 활용함으로써 정밀한 전류 제어가 아닌 간략화된 전류 제어를 하게 되는 것으로 이해할 수 있다. 이점이 영구자석 동기 전동기와 BLDC 전동기를 구분하는 기준이다.

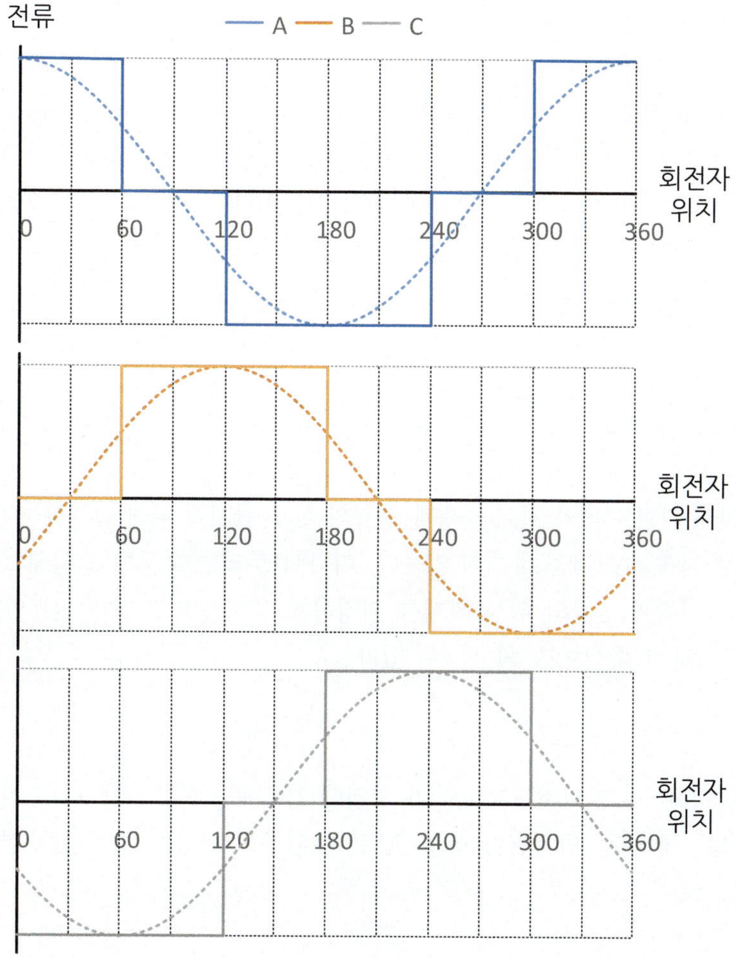

[그림 2.26] 6스텝 구동시 회전자 위치별 각상 전류 파형

생각해 보기

3상 전동기를 Δ 결선한 경우에는 어떻게 제어하면 될까? 같은 방법으로 생각해 보자. 그리고 Y결선일때와 전류파형도 비교해 보자. 어떠한 점이 달라지는가?

2.8 전동기 속도 결정의 원리

지금까지 전동기의 구동 원리를 살펴보았는데, 개념적인 이해는 되겠지만 실질적으로 전동기의 속도나 토크가 어떻게 결정되는지는 아직 명확하지 않을 것이다. 이를 설명하려면 전동기의 지배 방정식인 전압 방정식과 토크 방정식을 이해해야 하는데 여기서는 간략하게만 알아보도록 하겠다. 통상 전동기의 입력은 전압원이 되는데 토크 발생에 관여하는 전기적인 물리량은 전류이다. 전자석은 전류가 흘러야만 만들어지기 때문이다. 따라서 코일에 인가되는 전압과 코일에 흐르는 전류의 관계를 조금더 면밀히 고찰해 보아야 한다. 코일에는 저항 성분이 있을 것이며 회전자가 회전함에 따라 쇄교자속량이 변하고 있을 것이다. 이는 코일에서 유기 기전력으로 나타나게 되고 결국 코일의 전압 방정식은 식(2.2)와 같이 된다.

$$V = Ri + \frac{d\lambda}{dt} \tag{2.2}$$

또한 토크는 앞서 살펴본 바와 같이 자속과 전류의 상호 관계에 의해 발생하는데, 영구자석이 바뀌지 않는 한 자속의 크기는 바뀌지 않는다. 따라서 토크는 오롯이 코일에 흐르는 전류에 의존하게 된다. 자속과 전류의 위상 관계를 일정하게 유지하면 토크와 전류의 관계를 토크 상수 K_T를 도입하여 수식으로 써 볼 수 있다.

$$T = K_T i \tag{2.3}$$

자속의 변화가 정현적이고 회전자의 속도가 일정한 경우에는 식(2.2)의 $d\lambda/dt$가 속도에 온전히 비례하게 되는데 이를 역기전력 상수 K_e를 도입하여 다음과 같이 표현할 수 있다.

$$\frac{d\lambda}{dt} = e = K_e \omega \tag{2.4}$$

여기서 ω는 각속도이다.

이제 식(2.2)~(2.4)를 이용해 속도 결정의 원리에 대해 살펴보도록 한다. 전동기가 멈춘 상태에서 회전을 하려면 코일에 전류가 흘러야 한다. 그 전류는 코일에 인가된 전압에 의해 만들어지는데, 식(2.2)에 의해 $i = V/R$로 결정된다. 여기서 속도는 0이므로 $d\lambda/dt$는 0이다. 전류가 흐르기 시작했으므로, 식(2.3)에 의해서 토크가 발생할 것이고 회전자는 가속될 것이다. 즉 속도가 생기는 것이다. 속도가 생기면 식(2.4)에 의해 유기 기전력이 발생한다. 그렇게 되면 식(2.2)에서 $d\lambda/dt$가 더 이상 0이 아니게 되고 전류는 기존보다 줄어들게 된다. 전류가 줄어들었으므로 토크 또한 줄어들게 되고 가속력이 줄어든다. 하지만 토크, 즉 회전력이 존재하므로 여전히 회전자는 가속되고 있다[7]. 속도가 증가하여 $d\lambda/dt = V$가 되는 상황이 오면 식(2.2)에 의해 더 이상 전류는 흐르지 않게 된다. 즉 가속력이 0인 상태가 된다. 더 이상 속도는 변하지 않고 일정한 속도를 유지하게 되는 것이다. 전류가 흐르지 않고 유기 기전력과 입력 전압이 같아지는 시점을 무부하 상태라고 하고 그 상태의 속도를 무부하 속도라고 한다.

이 상태에서 전동기 축에 외부 힘이 실리게 되면 외력을 이기기 위해 토크가 발생해야 하는데, 그러기 위해서는 전동기에 전류가 흘러야 한다. 전류가 흐르기 위해서는 속도가 줄어들어야 하고 외력을 이길 수 있는 전류가 흐를 수 있도록 속도가 결정되는 것이다. 이 경우를 부하 상태라 하고 이때 흐르는 전류를 부하 전류, 속도를 부하 속도라 부른다.

2.9 자극의 수가 회전에 미치는 영향

이번 장을 마치기 전에 마지막으로 언급할 사항이 있다. 많은 경우 당연한 것으로 생각되어 언급이 안되는 경우도 있는데 자극의 수에 대한 내용이다. 앞 절에서 전동기에 있어 자속을 만들어내는 곳은 두 곳으로 권선과 영구자석이라 하였다. 이때 전동기가 정상적으로 회전하기 위해서는 권선에 의해 만들어진 자극의 수와 영구자석에 의해 만들어진 자극의 수가 같아야 한다. 조금 더 정확하게는 고정자 자극의 피치와 회전자 자극의 피치가 같아야 한다. 또한 자극은 쌍으로만 존재하므로 자극의 수는 항상 짝수여야 한다. 예를 들면 그림 2.27에서 보인 것과 같이 회전자의 자석에 의해 만들어진 자극의 수와 고정자에서 만들어진 자극의 수가 12로 같아야지만 기어의 톱니가 맞물려 돌아가듯 동기화 되어 돌아갈 수 있다. 360도 공간에 고정자와 회전자의 극수가 동일하게 존재하므로 극피치가 같기 때문이다.

그렇다면 그림 2.28과 같이 회전자의 자극 중 절반을 없애버린 경우는 어떨까? 이 경우도 회전이 가능하다. 회전자의 자극이 존재하는 구간에서는 고정자와 회전자의 자극의 피치가 같기 때문이다. 톱니바퀴에 빗대어 설명하자면 잘 돌아가던 톱니바퀴의 일부가 떨어져 나가도 맞물려 돌아가는 이치와 일맥상통한다. 하지만 이러한 형태로 전동기를 만드는 것은 매우 비효율적이다.

---

7) 가속도가 줄어든 것이지, 속도가 줄어드는 것이 아니다!

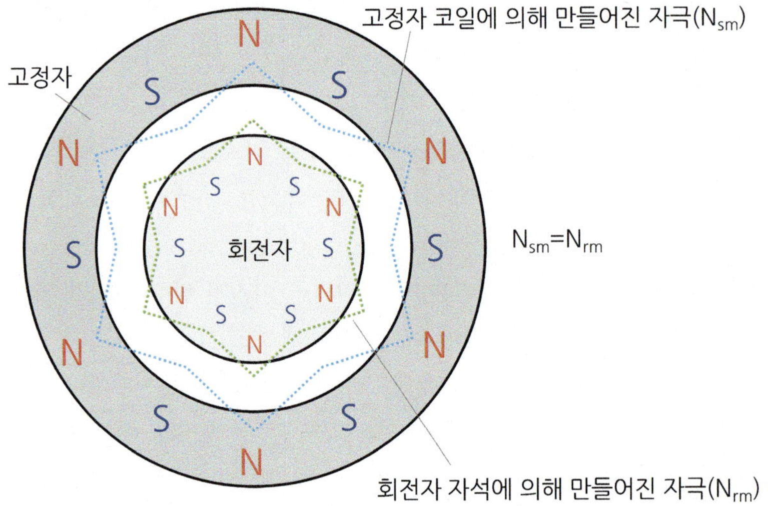

[그림 2.27] 고정자 및 회전자의 자극의 수는 같은 경우

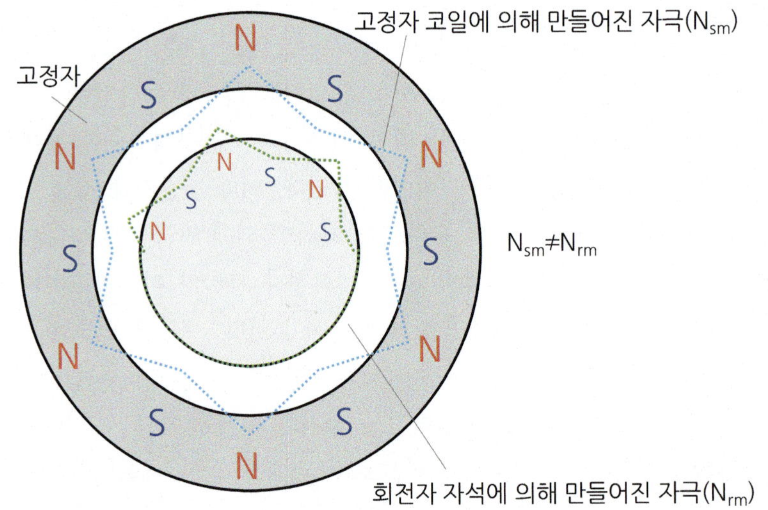

[그림 2.28] 고정자 및 회전자의 자극수는 다르나 극피치가 같은 경우

만약 그림 2.29와 같이 고정자와 회전자의 자극 피치가 다른 경우는 어떠할까? 답은 회전할 수 없다. 피치가 서로 다른 두 개의 톱니는 서로 맞물려 돌아갈 수 없음이다. 이상의 설명을 그림 2.30에 선형 기기로 표현해 보았다. (a)는 고정자와 이동자의 극수가 같은 상태인데 두 자속의 위상(각도)가 180도 차이나 힘이 발생하지 못하는 경우이다. (b)는 이동자와 회전자의 위상이 90도 벌어진 경우로 회전자는 좌측으로 힘을 받는다.

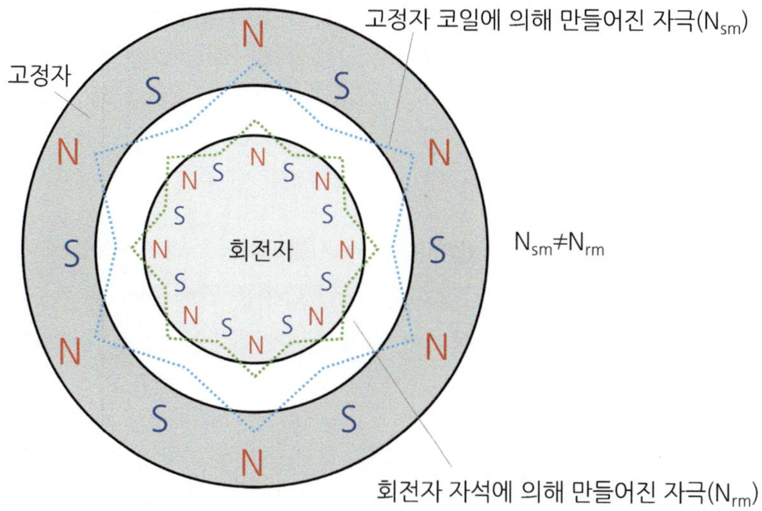

[그림 2.29] 고정자와 회전자의 자극의 수가 같지 않은 경우

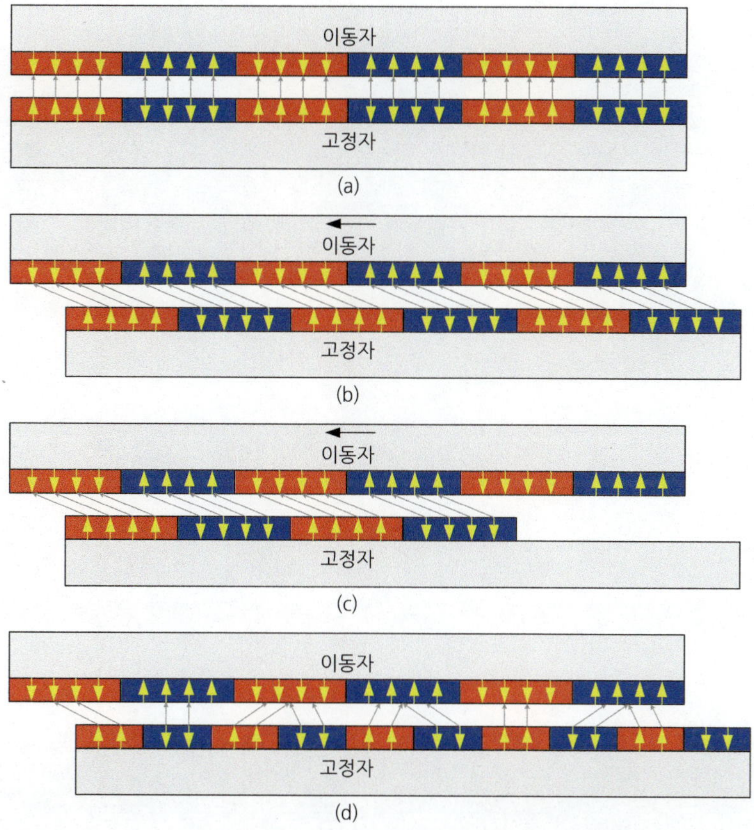

[그림 2.30] 고정자와 이동자의 자극수에 따른 이동자가 받는 힘

동일한 상태에서 고정자의 자극을 몇 개 제거해도 (c)와 같이 회전자는 힘을 받는다. 단 힘의 크기는 줄어들었을 것이다. 하지만 (d)와 같이 고정자의 자극수를 다르게 해 버리면 고정자와 이동자 사이에 상호작용하던 힘의 방향이 한쪽 방향으로만 생기지 않고 이러한 힘을 모두 더하면 0이 된다.

이를 수학적으로 표현하면 식(2.5)과 같이 같은 주기를 갖는 사인 함수를 서로 곱해 한주기 적분한 값은 양이 되나, 서로 다른 주기를 갖는 사인 함수를 곱해 한주기 적분하면 0이 되는 특징에 의한 것으로 이해할 수 있다. 여기서 각각의 사인함수는 고정자와 회전자의 자극을 나타낸다고 생각하면 된다.

$$\begin{cases} \int_0^{2\pi} \sin\theta \sin\theta d\theta > 0 \\ \int_0^{2\pi} \sin\theta \sin\theta d\theta = 0 \quad \because n = 2, 3, 4, \cdots \end{cases} \tag{2.5}$$

Design of
Permanent Magnet Synchronous Machines

3 자성체 재질: 전기 강판과 영구자석

전동기를 만들기 위해 사용되는 재료는 자속의 통로가 되는 전기강판과, 자속원이 되는 영구자석 그리고 전류가 흐르는 도체인 동선(혹은 알루미늄선)이 있다. 이들 중 권선의 재료가 되는 구리 혹은 알루미늄은 자기적으로는 진공과 동일한 특성을 나타내는 비자성체 이기에 자기 회로적인 관점에서는 고려대상이 아니다. 따라서 이번 장에서는 자성체 재질에 대해서 살펴보도록 한다. 자성체라 함은 일반적으로 강자성체를 의미한다.

3.1 자기 쌍극자 모멘트와 비투자율

그림 3.1과 같이 전류가 흐르는 코일 내부에 나침반을 가져다 놓으면 나침반 바늘은 전류 방향에 평행하게 움직인다.

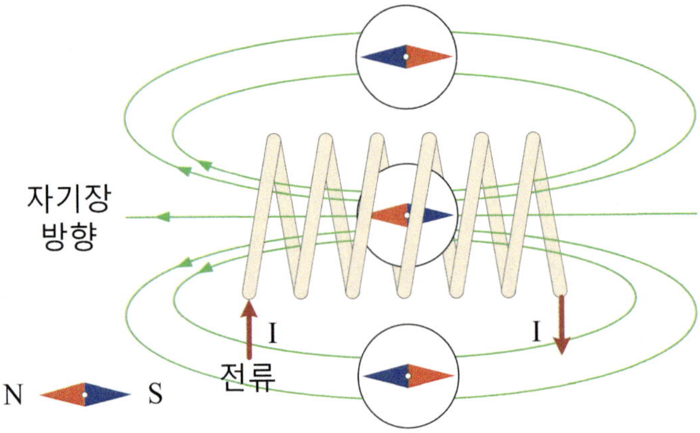

[그림 3.1] 코일 내부에 존재하는 나침반의 바늘

만일 코일의 길이가 코일의 단면적에 비하여 매우 길다면, 나침반 바늘에 작용하는 힘은 코일 내부의 모든 위치에서 균일하게 된다. 코일 끝 표면에 가까운 영역을 제외한 나머지 전 영역에서 나침반 바늘에 작용하는 힘은 도선에 흐르는 전류와 단위 길이당 코일의 감은 수에 비례한다. 나침반의 바늘이 전류의 힘에 의해 움직이는 공간을 자기장(자계)이 통과하는 곳이라 말한다. 이 자계의 크기는 주어진 나침반에 작용하는 힘에 비례하며 자장 H는 다음과 같이 표현된다.

$$H = ni \tag{3.1}$$

여기서 i는 전류로 그 단위는 A(amprer)로 표시되고, n은 단위 길이당 감은 코일의 수이므로 자계 H의 단위는 A/m로 표시된다. 나침반에 작용하는 힘 혹은 토크는 나침반의 성질 혹은 나침반이 코일축에 어떻게 놓여 있느냐에 따라 달라진다. 토크는 나침반 바늘이 코일축과 수직일 때 최대가 되고, 평행할 때 0이 된다. 따라서 자장은 크기뿐만 아니라 방향을 가지는 벡터 성분임을 알 수 있다. 코일에 의해서 생기는 자장의 방향은 코일의 길이 방향과 평행하다.

나침반 바늘이 받는 힘의 크기는 나침반 바늘이 비틀림 지주에 고정되어 있으면서 자유롭게 움직일 수 있다면 계측하는 것이 가능하다. 이 힘은 나침반의 바늘 즉, 자기 쌍극이 받는 힘이고 단위 자장 내에서 자기 쌍극이 받는 힘을 쌍극자 모멘트[8]라 부른다. 자기 쌍극은 이와 같이 그 크기를 정의할 수 있고, 방향 또한 같이 정의 되어야 하는데 쌍극에 작용하는 힘이 최대인 방향을 쌍극의 방향으로 정의한다. 쌍극의 방향은 자장 방향 및 쌍극의 회전축에 수직이다.

8) 물체를 회전시키려고 하는 힘의 작용을 힘의 모멘트(moment of force) 또는 줄여서 모멘트라고 한다.

나침반의 바늘처럼 아무것도 하지 않았지만 쌍극을 만들어내는 재료도 있지만 전류를 운반하는 도선의 평면 폐회로(Loop)도 하나의 쌍극을 만들어낸다. 여기에 외부 자계가 가해지면 위에서 언급한 바와 같이 쌍극에 힘이 작용한다. 이때 폐회로에 의한 쌍극자 모멘트는 다음과 같다.

$$m = iS \tag{3.2}$$

여기서 S는 폐회로의 면적이다.

자장 H에서 쌍극자 모멘트 m에 작용하는 토크는 H와 m에 비례하므로 자기 쌍극자 모멘트 m은 단위 자장에서 단위 토크를 받는 크기로 정의하는 것이 편리하다. 하지만 현재 널리 이용되는 SI 단위계에서는, 단위자장 내에서의 단위 쌍극자 모멘트에 작용하는 토크는 1[Nm]가 아니다. SI 단위계에서 자장 H에서 쌍극자 모멘트 m에 작용하는 토크는 다음과 같이 정의된다.

$$\tau = \mu_0 m H \sin\theta \tag{3.3}$$

여기서 μ_0는 진공에서의 투자율이고, θ는 자장 방향과 쌍극자 모멘트 방향이 이루는 각이다. SI단위계에서 μ_0는 $4\pi \times 10^{-7}$[H/m]로 정의된다.

만일 코일 내부가 진공이 아닌 다른 물질로 채워져 있다면 쌍극자 모멘트에 작용하는 토크는 코일 내부에 들어있는 물질에 따라 달라진다. 이와 같이 코일 내부에 물질이 놓일 때 쌍극에 의해 생기는 토크를 결정하기 위해서는 또 다른 종류의 자장을 정의하는 것이 필요하다. 이 때의 자장을 자기 유도 혹은 자속밀도라 부르며 B로 표시한다. 따라서 식(3.3)은 다음과 같이 표시된다.

$$\tau = mB\sin\theta \tag{3.4}$$

B의 단위는 테슬라(tesla, T)로 표시된다.

식(3.3)과 식(3.4)에서 진공 상태에서의 B와 H의 관계는 다음과 같이 쓸 수 있다.

$$B_0 = \mu_0 H \tag{3.5}$$

만일 전류가 흐르는 코일 내부에 어떤 물질이 놓인다면 식(3.5)의 자속밀도는 코일 내부에 놓여있는 물질의 자기적 특성에 따라 변하게 된다. 예를 들어 그림 3.2와 같이 시료에 코일을 감아 전류를 흘려주면 이 전류에 의해서 자장 H가 생긴다. 이 자장은 다시 자성 재료의 자기 모멘트를 일방향으로 배열시키며 그 모멘트에 의해 자성 재료 내부에 또 다른 자장이 형성된다.

단위 부피당 자기 모멘트의 강도를 자화량 M이라 하며, 자성 재료 내부에서 생긴 총 자장은 다음과 같이 표시된다.

$$B_t = B_0 + B = \mu_0 H + \mu_0 M = \mu_0 (H + M) \tag{3.6}$$

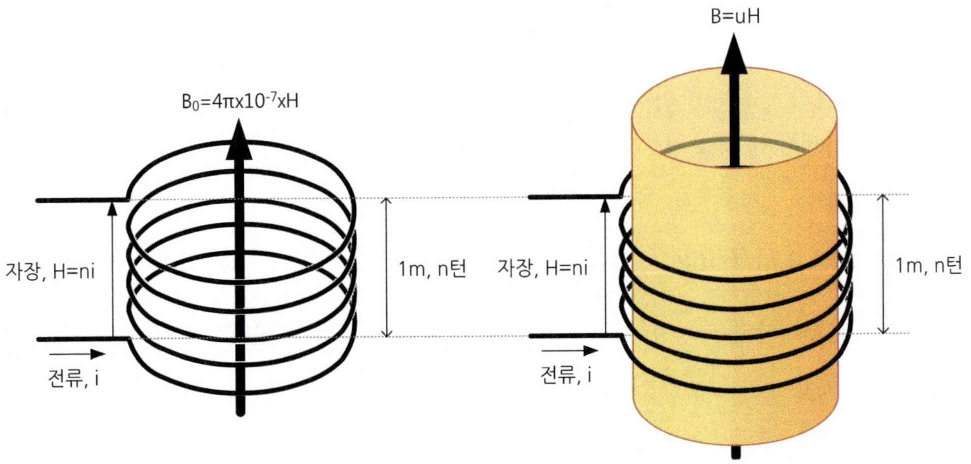

[그림 3.2] 진공(좌측) 및 재료 내부(우측)에서의 자속밀도에 대한 도식화

식(3.6)은 식(3.5)를 일반화시킨 것으로 자화 M의 단위는 H의 단위와 동일하다.
일반적으로 재료의 자화량은 재료에 작용하는 자장과 관계된다. 대부분의 재료에서 자화량 M은 자장 H에 비례하므로 다음과 같이 표현된다.

$$M = \chi H \tag{3.7}$$

여기서 χ는 자기 민감도(Magnetic Susceptibility)로 재료가 갖는 고유한 성질이다. H와 M이 동일한 단위를 가지므로 χ는 단위를 갖지 않는다. 식(3.7)과 식(3.6)을 합치면 다음과 같이 된다.

$$B = \mu_0 (1 + \chi) H \tag{3.8}$$

여기서 $1 + \chi$를 비투자율(Magnetic Relative Permeability) μ_r로 정의하면 식(3.8)은 다음과 같이 쓸 수 있다.

$$B = \mu_0 \mu_r H \tag{3.9}$$

통상 $\mu_0\mu_r = \mu$로 정의하여, μ를 투자율(Magnetic Permeability)라 부른다. 결국 자속밀도와 자속은 재질 특성에 따라 투자율이라는 물리량에 의해 직접적으로 연관성 갖는다.

앞서 2장에도 언급되었지만 자속은 토크 발생에 직접적으로 관여되는 물리량이며 그 크기가 클수록 발생 토크는 커지게 된다. 따라서 같은 부피 내에서 자속밀도가 크다면 발생 토크가 커질 것이라 예상할 수 있다. 또한 자속은 페러데이 법칙에 의해 전압과 매우 밀접한 관계를 갖는데, 자속의 시간에 따른 변화가 전압으로 나타나는 만큼 그 변화가 일정하다면 전압과 자속은 비례한다고 할 수 있다. 조금 과장을 하자면 '**자속은 전압이다**'라고 말할 수 있다. 반면, 자계는 자속을 만들어내는 원천이며 전류와 직접적인 연관성을 갖는다. 이도 조금 과장을 해서 말하면 '**자계는 전류이다**'라고 말할 수 있다.

전동기의 관점에서 보면 전압과 전류의 곱이 전동기의 입력이 되는 만큼 두 자계와 자속밀도 두 물리량은 전동기 성능에 지대한 영향을 미친다고 볼 수 있다. 헌데 두 물리량은 서로 독립적이지 않으며 식(3.9)과 같은 연관성을 갖는다는 것이다. 투자율이 크다면, 같은 전류로서 더 큰 자속밀도를 만들어 낼 수 있기에 성능이 좋은 전동기를 만들 수 있을 것이라 짐작할 수 있을 것이다. 그래서 전동기를 만들 때 코어 재질로 투자율이 높은 강자성체를 사용하게 된다.

3.2 자벽론에 의한 강자성체 고찰

강자성체를 미시적인 관점에서 전자기학 이론을 통해 설명할 수도 있다. 이를 위해서는 암페어의 주회 법칙을 이해하는 것이 필요한데, 2장에서 설명한 앙페르의 오른손 법칙을 떠올리면 된다. 즉, 폐회로에 전류가 흐르면 자속이 발생하는데, 그 방향은 전류가 흐르는 쪽을 오른손으로 감싸쥘 때 엄지손가락이 가리키는 방향이다. 우리는 이 앙페르의 오른손 법칙을 원자 단위의 미시적인 관점에서도 생각해볼 수 있다. 과학시간에 배웠겠지만 원자는 원자핵과 전자로 이루어진다. 여기서 우리가 관심있게 볼 항목이 전자의 스핀 운동이다. 전자의 움직임은 전류이므로 전자의 스핀 운동이 자속을 만들어낸다고 생각할 수 있다[9]. 이렇게만 본다면 모든 물질은 모두 자속을 발생해야 할 것 같지만, 우리가 보는 물체는 이러한 아주 작은 원자들이 한데

9) 양자 역학에 의한 설명이 필요할 수도 있다.

모여 있는 것으로 각 원자는 자성을 띨 수 있으나 그 집합은 무질서한 원자들의 배열로 인해 거시적으로는 자성을 띄지 않는 것이다. 그런데 일부 물질에서는 외부 자계가 가해진 경우에 전자의 스핀 궤도가 정렬되며 스스로 자속을 만들어내게 된다. 이러한 물질을 우리는 강자성체라 부른다. 이제 이러한 현상을 조금 더 알기 쉽게 자벽론을 통해 알아보자.

강자성체에서는 각 원자가 쌍을 이루지 못한 전자의 자기 모멘트에 기인하는 비교적 큰 자기모멘트를 가질 뿐 아니라, 원자 사이에 작용하는 힘 때문에, 이 모멘트들이 많은 원자를 포함하는 일정한 영역 내에서 서로 평행하게 배열된다. 이 영역들을 자구(Magnetic Domain)라 하며, 자구의 크기는 자성 시료의 크기, 모양, 종류와 자기이력에 따라 수 μm ~ 수 cm에 이른다. 자기 이력이 전혀 없는 강자성체는 큰 자기 모멘트를 갖는 자구들로 구성되어 있다. 그러나 자구 모멘트는 자구에 따라 그 방향이 다르다. 그러나 외부 자계가 인가되면, 외부 자계 방향으로 모멘트를 가진 자구들은 커지고 인접한 자구들은 줄어들게 되어 내부 자계는 외부자계보다 커진다. 외부 자계가 제거된다 하더라도 이미 외부 자계의 방향으로 배열된 상태가 원래의 상태로 돌아가지 않고, 거시적으로 보면 외부 자계가 걸렸던 방향으로 배열되어 남아있는 잔류 또는 보존 자계가 남게 된다. 물질의 자기 모멘트가 외부 자계가 제거된 후에 달라지거나, 또는 물질의 자기상태가 자계를 가해준 경과의 함수로 표시되는 것을 자기 이력 현상(Magnetic Hysterisis)이라 부른다. 강자성체는 단결정 상태에서는 등방성(Isotropic)이 아니기 때문에 다결정 자성체에서만 다룬다.

이제 강자성체의 자구의 배열이 다음 그림과 같다고 가정하고 외부 자계를 가하되 그 크기가 정현적으로 변하는 경우를 고려해 보자. 이때 자구내의 자기 쌍극자 모멘트가 어떻게 변해가는지 그리고 재질 배부의 자계의 크기는 어떻게 변할지 살펴보도록 하자.

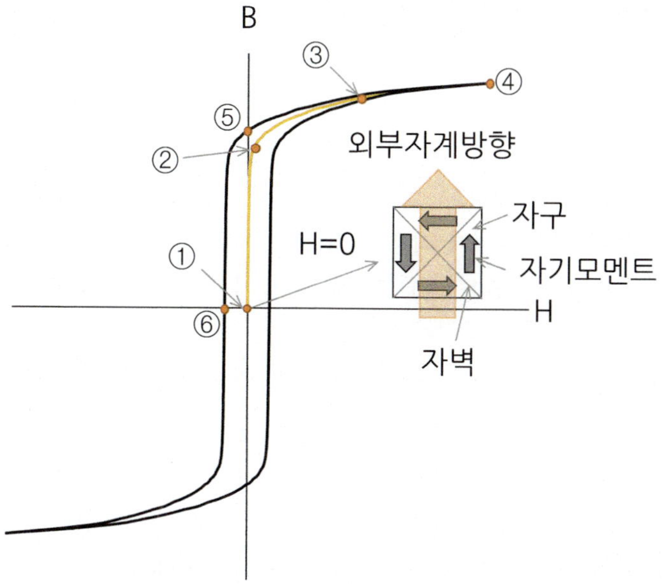

[그림 3.3] 외부 자계 변화에 따른 자구

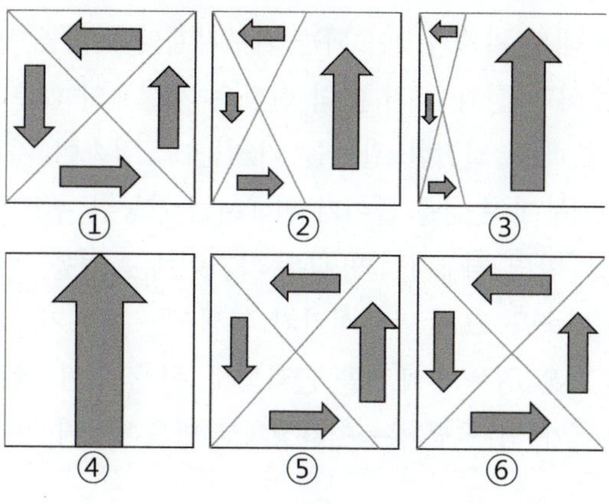

[그림 3.4] 외부자계 변화에 따른 자구의 변화

그림 3.3은 일반적인 강자성체의 BH 커브를 나타내고 있으며 내부의 자화 벡터를 분해하여 그림 3.3에 보인 것과 같이 네 방향으로 나타내었다. 최초의 자화는 무질서하게 배열되어 있으므로 네 방향의 벡터를 합치면 0이 된다. 이제 외부자계가 재질에 가해져 ①~⑥으로 변한다고 가정하자. 재질 내의 자계는 외부에서 걸어준 자계와 재질 내부의 자기 모멘트에 의한 자계의 합으로 나타나게 되는데, 이제 외부 자계가 변하는 경우 재질 내의 자계가 어떠한 형태로 변할지 생각해 보자.

그림 3.4는 그림 3.3의 각 위치에서 자구의 변화를 나타내었다. 최초에는 자구내의 자기 모멘트의 각 방향별 성분의 크기가 동일하며, 이들의 합은 0이다. 이제 외부 자계가 가해져 ②의 위치가 되면 자구내의 일부 자기 모멘트들이 외부 자계 방향으로 정렬된다. 이를 자벽이 이동해 해당 방향 성분의 자화가 커진 것으로 이해해볼 수 있다. 외부 자계가 지속적으로 커지면 무질서했던 자화들은 외부 자계 방향으로 정렬이 될 것이고 ③과 같이 자벽이 더욱 이동한 것으로 생각할 수 있다. 외부 자계가 더욱 커져 모든 자화가 한 방향으로 정렬되면 더 이상 내부 자화의 크기는 커질 수 없다. 바로 ④와 같이 자기 포화 현상이 발생하는 것이다.

이제 외부자계가 서서히 줄어 0이 되면 어떻게 될지 생각해 보아야 한다. 일반적이라면 위에서 설명한 것의 역방향으로 현상이 발생할 것이라 생각하지만 그렇지 않다. 실제로는 외부자계가 점점 줄어 0이 되어도 ⑤와 같이 특정 방향 성분의 자화가 더 크게 남아 있어 스스로 자계를 만들어내게 된다. 영구자석이 된 것이다. 이를 자기 이력 현상이라 부르며 외부자계가 0일 때 재질에서 발생하는 자속밀도를 잔류 자속밀도(Residual Flux Density)라 부른다.

재질에서 발생하는 자속을 0으로 만들기 위해서는 역방향의 자계를 걸어야 하는데, ⑥과 같이 역방향 자계를 걸어 재질 내부 자계가 0이 되는 외부자계의 세기를 보자력(Coecive Force)라 한다. 이상에서 설명한 포화 현상과 자기 이력 현상은 자성체의 매우 중요한 특징이다. 특히 자기 이력 현상은 철손과 매우 밀접한 관계를 가지는데, 철손이 자기 이력 곡선의 루프가 만드는 면적에 비례하기 때문에 손실을 줄이기 위해서는 가능한 루프가 작아야 한다(자기이력 특성이 거의 없어야 한다). 반면 영구자석의 경우 자기이력 특성을 적극적으로 활용해야 하는데, 외부자계가 0이어도 자속을 크게 발생시키기 위해서는 루프가 가능한 한 큰 것이 좋다. 이렇게 자기이력 루프가 작은 경우의 재질을 **연자성체**, 큰 경우의 재질을 **경자성체**라 부른다. 전동기에 있어 자속의 통로가 되는 코어는 연자성체로 만들어지며, 영구자석의 경우 경자성체로 만들어진다.

3.3 전기 강판

전기 강판은 연자성체(철, Fe)로 만든 얇은 강판으로 무방향성 전기 강판과 방향성 전기 강판으로 나뉜다. 방향성 강판은 특정 방향의 투자율은 높고(특정 방향으로 자속이 잘 흐르고) 나머지 방향의 투자율은 낮은 형태로 제작되어 특정 방향 성분의 자속을 크게 만들어낼 수 있는 강판으로 통상 변압기와 같이 자기 회로가 고정된 응용에 적용된다. 반면 전동기처럼 자속의 방향이 시시각각 변하는 경우 방향성 전기 강판을 적용하기는 힘들며 대신 모든 방향의 투자율이 동일한 무방향성 전기 강판이 주로 이용된다.

전기 강판은 Electric Steel Sheet라고 표현되는데, 이름에서처럼 종이처럼 얇게 만드는 것이 특징이다. 이유는 자속 변화에 따른 와전류손을 최소화하기 위해서이다. 와전류는 자속의 시간에 따른 변화가 존재할 때 자속방향의 수직인 면에 발생을 하는데, 통상 radial gap 전동기[10]의 경우 자속은 회전축의 수직인 방향으로 나가거나 들어오게 되고 이 때문에 회전축에 수직인 방향으로 강판을 적층하여 와전류 경로를 최소화하게 된다. 예를 들면 그림 3.5에서 (a)는 적층을 하지 않은 자성체에 외부 자속의 변화가 발생한 경우 와전류의 경로를 표시한 것이다. 와전류는 외부 자속의 방향에 수직인 면에 생성이 되고 와전류가 흐르는 경로를 살펴보면 그 폭이 매우 넓어 큰 전류가 흐르게 된다. 하지만 (b)처럼 전기적으로 절연된 강판을 적층하게 되면 와전류는 각 층에서 독립적으로 발생하고 와전류의 경로의 경우 그 폭이 매우 줄어들었으므로 큰 전류가 흐를수 없게 되는 것이다. 극단적으로 적층 두께가 0에 가까워지면 와전류가 흐를 수 있는 경로가 사라져 와전류는 0이 될 것이다. 하지만 강판의 두께는 제작비용 등을 고려해 0.5[mm], 0.35[mm]가 일반적이며, 그보다 얇은 강판은 특수한 경우에 사용된다.

10) 전동기의 구분에서 회전축 기준 자속이 나가는 방향이 구분의 지표가 되기도 하는데, 자속은 항상 공극을 지나기에 공극이 회전축 기준으로 어디에 있는지에 따라 전동기를 구분하게 된다. 공극이 축의 반경방향에 있으면 radial gap, 축과 나란이 있으면 axial gap 전동기라 부르며, 유사한 개념에 의한 분류로 transverse flux 전동기도 존재한다.

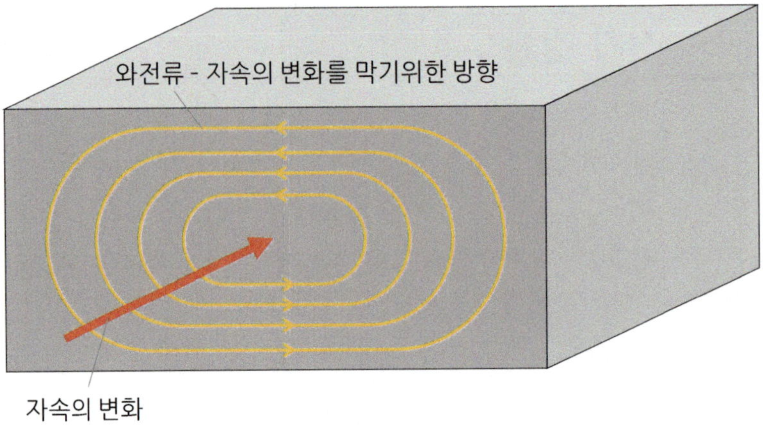

(a) 미적층시 와전류 분포

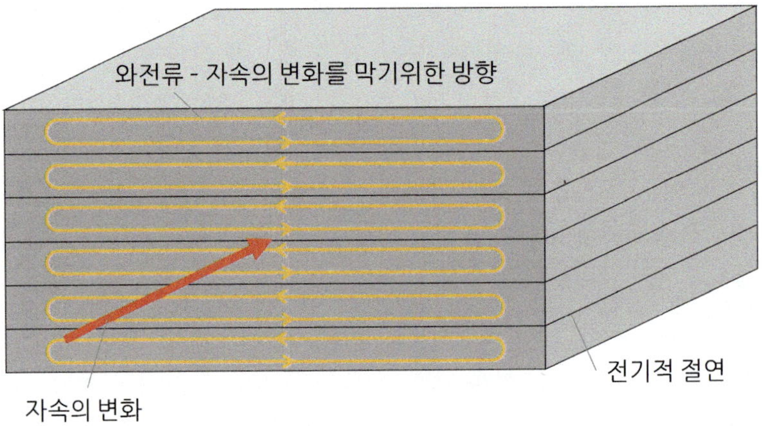

(b) 적층시 와전류 분포

[그림 3.5] 적층에 따른 와전류 효과

전 세계적으로 전기 강판을 제조하는 업체는 여러 곳 존재하는데, 대표적으로 한국의 POSCO, 일본의 JEF Steel, Nippon Steel 등이 있다. 회사별로 강판의 네이밍법을 알면 도움이 되는데 여기서는 POSCO사의 전기강판 네이밍 방법을 알아보도록 한다. POSCO의 경우 '35PN210'과 같은 식으로 네이밍을 하는데, 중간의 문자와 양단의 숫자로 구분해서 해석할 수 있다. 예를 들면 ○○ㅣPNx/PHx/PGx ㅣ○○○ 형태이다. 처음 두 숫자는 강판의 두께를 의미한다. 35면 0.35T로 0.35[mm]를 의미하며 50이면 0.5[mm]를 의미하는 형태이다. 다음으로 나오는 문자는 코어의 종류로 방향성 혹은 무방향성을 구별하며 그 중에서도 용도별로 더 자세히 구별하기도 한다. 마지막 세 자리의 숫자는 철손을 나타내는데, 1.5[T], 50[Hz]의 외부 자계

조건 하에서 발생하는 철손의 최대치를 의미한다. 이때 단위는 W/kg이다. 예를 들면 35PN210을 해석하면 0.35[mm] 무방향성 강판이며, 철손은 2.10[W/kg](@1.5[T], 50[Hz])임을 의미한다. 이때 철손은 앱스타인(Epstein)법 기준으로 측정된 값이다. JEF Steel 사의 네이밍 방법도 이와 유사하다.

통상 두께가 얇을수록 가격은 비싸지며, 철손이 커질수록 저렴해진다. 철손은 강판에서 보장하는 최소 자속밀도와도 관련되는데, 철손이 큰 재질일수록 자속밀도의 크기가 약간이지만 커지는 경향이 있다. 이는 철손을 줄이기 위해(재질의 저항률을 높이기 위해) 재질에 섞은 실리콘의 비율이 달라지기 때문이다.

다음 그림은 BH 커브의 대표적인 예이다. x축(자계의 세기)이 로그 스케일로 나타내져 있는 점을 참고하라. 자속밀도와 상대 투자율 두 가지 값을 제공하고 있는데, 경우에 따라서 상대 투자율은 비선형 특성을 고려하기 위한 수치 해석에서 사용될 수도 있다.

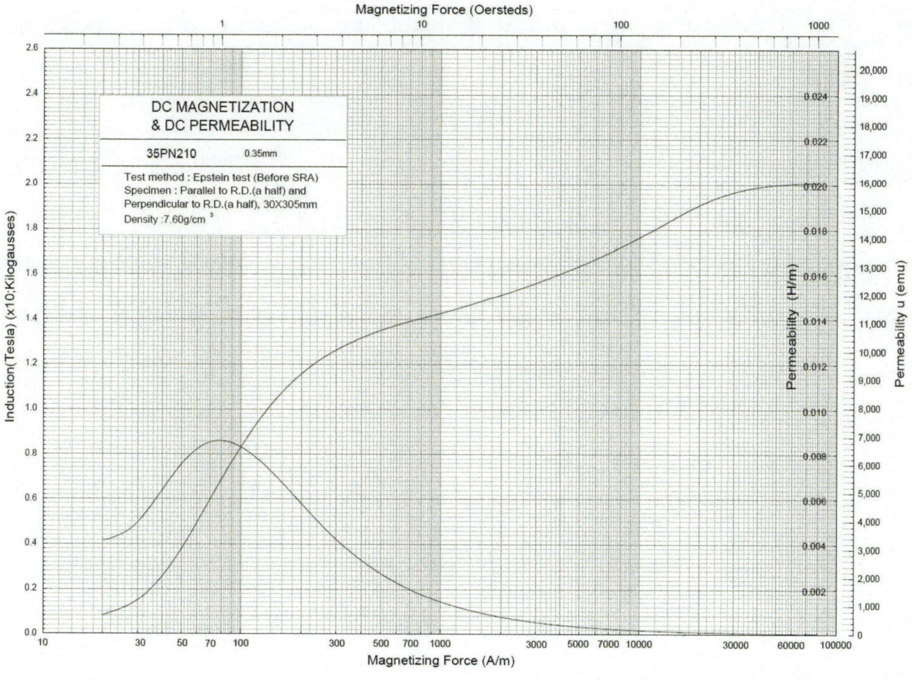

[그림 3.6] 포스코강판 BH커브 - 35PN210

3.4 영구자석

앞서 살펴본 바와 같이 강자성체의 대표적인 특징에서 히스테리시스 특징을 매우 강하게 갖는 물질이 영구자석이다. 따라서 자화 M은 식(3.7)와는 조금 다르게 외부 자계가 0일지라도 특정 값을 가지며 외부자계에 비례해 커지기는 하나 그 변화폭은 매우 적게 된다. 수식적으로는 다음과 같이 써볼 수 있다.

$$M = M_0 + \chi_0 H \tag{3.10}$$

따라서 영구자석에서 자계와 자속밀도의 관계는 다음과 같이 쓸 수 있다.

$$\begin{aligned} B &= \mu_0 H + \mu_0 M \\ &= \mu_0 H + \mu_0 (M_0 + \chi_0 H) \\ &= (\mu_0 + \chi_0) H + \mu_0 M_0 \\ &= \mu_{rev} H + B_r \end{aligned} \tag{3.11}$$

여기서 μ_{rev}는 영구자석의 투자율로 진공의 투자율과 매우 유사하며, $B_r = \mu_0 M_0$은 잔류자속밀도라 부른다.

영구자석의 자기적인 특징을 BH 커브로 나타내면 통상 2사분면에 나타내게 되는데, 1사분면의 특징은 영구자석의 재료가 외부 자계에 의해 영구자석이 되어가는 과정인 착자 과정을 설명하며, 2사분면은 이미 영구자석이 된 강자성체가 어떠한 동작을 하는지 나타내기 때문이다. 3, 4사분면은 1, 2사분면과 대칭이다. 영구자석의 BH 커브를 모든 사분면에 대해 그려보면 그림 3.7과 같다.

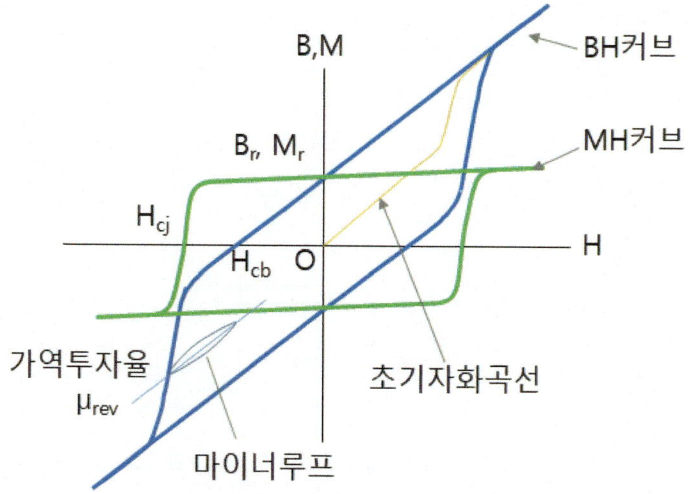

[그림 3.7] 영구자석의 자화특성 곡선 -BH커브/MH커브

영구자석의 성능을 평가하기 위해서는 보자력(H_{cb})과 잔류 자속밀도(B_r) 두 가지를 살펴보아야 하는데, 둘 다 크면 클수록 성능이 좋다고 할 수 있다. 또한 간략하게 영구자석의 성능을 평가하기 위해 $(BH)_{max}$를 보기도 하는데, 영구자석이 동작하는 점(BH 커브의 임의점)에서 B값과, H값의 곱을 구하고 이가 최대가 되는 점을 $(BH)_{max}$라 부른다. $(BH)_{max}$가 크면 클수록 B_r값과 H_c값이 커질 확률이 높으므로 이 값이 영구자석을 구분하는 지표로 삼기에 적당하다고 할 수 있다. 그래서 영구자석의 등급을 $(BH)_{max}$ 값을 기준으로 하여 주로 구분하는데, 35, 38, 40, … 등으로 나눈다. 여기서 35, 40의 숫자의 단위는 $10[kJ/m^3]$이다.

그림 3.8에서 보인 것과 같이 영구자석 발전의 역사는 영구자석 재질의 역사라 할 수 있으며, 현재의 영구자석 전동기 응용에서는, 성능은 떨어지지만 저렴한 Ferrite 재질과, 성능도 좋고 가격도 비싼 Nd 계열의 영구자석이 많이 쓰이며, 강력한 성능과 열정인 안정성이 요구되는 경우에는 SmCo 계열의 영구자석이 많이 쓰이고 있다.

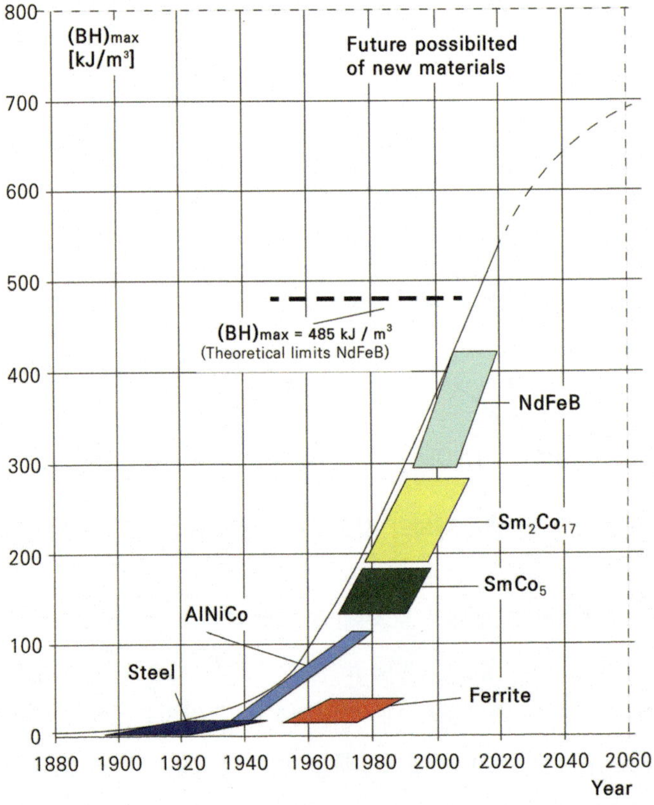

[그림 3.8] 영구자석의 발전사

Design of
Permanent Magnet Synchronous Machines

4 권선법

4.1 권선의 목표 및 기본가정

권선이란 전자기 유도에 의한 자속을 사용하기 위해 전선으로 감은 것을 말한다. 권선의 목적은 한 상을 구성하는 다수의 코일 조합, 즉 레이아웃을 만드는 것인데, 최종 구성된 권선의 쇄교자속량(혹은 기자력)을 가장 크게 하여 전동기의 성능을 최대화시키는 것이 목표이다. 권선을 하는 방법에는 여러 가지가 있는데, 여기서는 가장 일반적으로 사용되는 3상 2층권 권선을 대상으로만 하며, 3상 대칭 권선에 대해서만 다룬다. 3상 대칭 권선이란 각 상의 공간적인 배치가 전기적으로 120도씩 차이나고 턴수가 동일한 권선을 말한다.

그림 4.1은 12슬롯 전동기의 권선 레이아웃을 보여주고 있다. 통상 제작상의 이유로 코일은 일정한 피치(모양)로 슬롯에 감기게 되는데, 그림과 같이 코일 1을 감은 다음 한 슬롯 피치만큼 틀어 동일하게 코일 2를 감는 형태로 작업이 진행된다. 이 때문에 한 슬롯에는 서로 다른 2개의 코일 변이 들어가게 되는데 이러한 형태의 권선을 2층권이라 부른다. 여기서 슬롯 피치라 함은 슬롯과 슬롯 사이의 간격을 말하며 아래 그림에서는 슬롯이 12개 존재하므로 360/12=30도가 된다. 코일을 감는 방향은 중심에서 코일을 바라보았을 때 좌측이 코일이 나오는 방향 우측, 코일이 들어가는 방향이며 중심에서 코일 중앙을 지나는 선을 코일의 축이라고 정의하겠다. 코일의 축은 코일 전류가 흐를 때 만들어지는 자속의 방향과 일치한다.

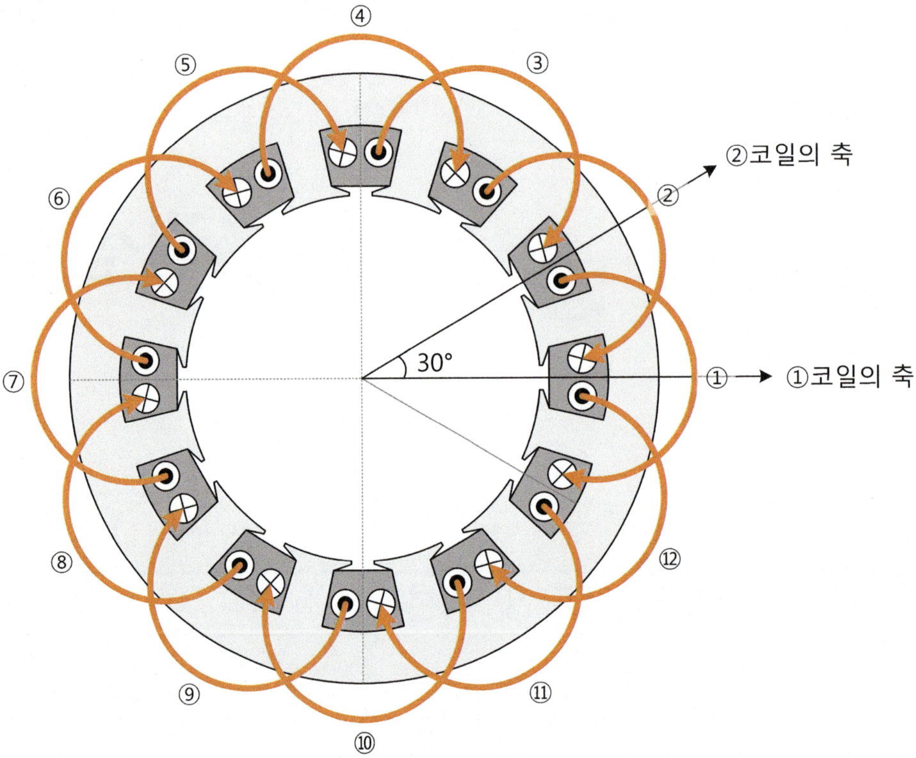

[그림 4.1] 12슬롯 전동기 2층권 권선의 예

생각해 보기

2층권 권선 외 1층권, 3층권, 4층권 등의 권선은 존재하지 않을까 생각해 보자. 존재한다면 어떤 식으로 구현될까?

권선법을 이해하기 위해서는 그림 4.1의 각 코일에 쇄교하는 자속의 위상 관계가 어떻게 되는지 먼저 알아볼 필요가 있다. 즉, 회전자가 회전할 때 코일 ①~⑫에 쇄교하는 자속 혹은 유기되는 기전력의 위상 관계가 매우 중요한 부분이다. 이를 위해 코일 ①을 기준으로 하여 코일 ②에 쇄교되는 자속의 위상을 유추해보고 이를 코일 ⑫까지 확장해 보도록 한다. 개념 확장을 위해 1장에서와는 다르게 그림 4.2와 같이 4극 전동기를 이용하도록 하며 12개의 모든 코일에 대해 살펴보려면 복잡하므로 ①~③ 세 개의 코일에 대해서만 살펴보자.

그림에서 자극 ⓐ의 자속의 방향을 회전자 기준축으로 삼았고, 코일 축을 기준으로 한 회전자 기준 축의 각도를 로 정의하여 회전자의 위치를 나타내었다. $\theta_r = 0$일 때 영구자석에서 발생한 자속의 방향과 코일의 축 방향이 일치하므로 코일 ①에는 최대 자속이 쇄교하고 있다. 코일에 있어 쇄교자속의 정방향은 오른손 법칙에 따라 중심에서 반경 방향으로 나가는 방향이므로 정방향 최대 자속이 쇄교하고 있는 것이다.

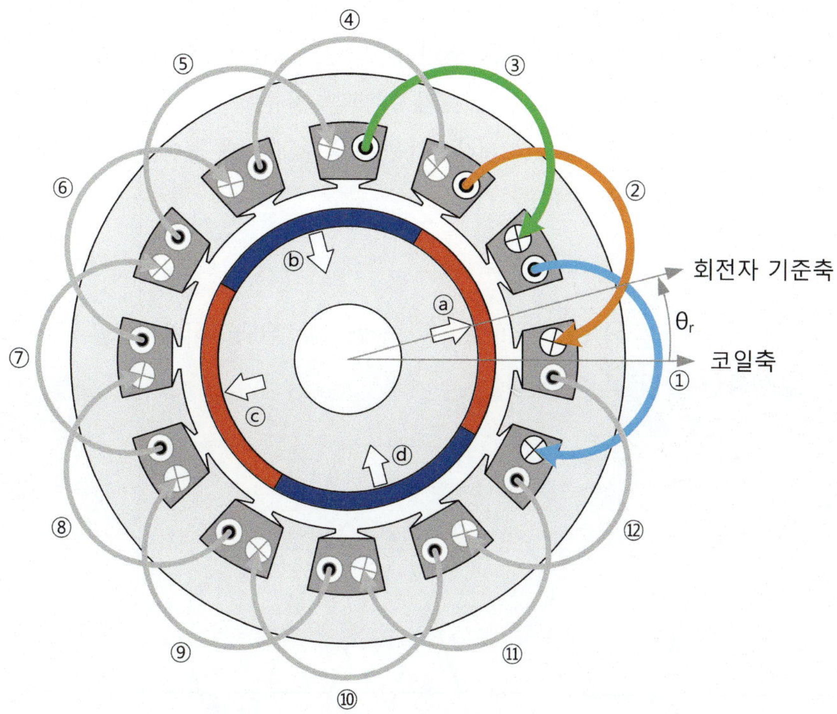

[그림 4.2] 4극 12슬롯 영구자석 전동기

이제 회전자가 반시계 방향으로 회전하게 되면 회전에 따라 코일 ①에는 쇄교자속량이 줄고, 코일 ②쇄교자속량이 점점늘어 회전자가 30도만큼 이동하면 코일 ②에 자속이 최대로 쇄교할 것이다. 회전자가 더 회전하여 60도 회전하게 되면 코일 ③에 자속이 최대로 쇄교할 것이다. 이를 그래프로 그려보면 그림 4.3과 같다. 여기서 회전자 위치에 따른 자속의 변화를 편의상 정현적이라고 가정하였다[11].

11) 일반적으로는 삼각파 혹은 사다리꼴 형태로 바뀌는 경우가 많다.

그래프에서 눈여겨볼 항목은 ①번 파형과 ②번 파형의 위상관계이다. 기계적으로 보면 코일 ①과 코일 ②의 간격은 30도이다. 하지만 중요한 것은 그래프를 전기적으로 살펴보면 조금 달라진다. 그림에서 쇄교자속의 파형은 회전자가 한 바퀴 도는 동안 2주기가 발생함을 알 수 있다. 이는 코일의 입장에서 볼 때 하나의 극쌍이 2번 지나감으로써 발생되는 현상으로 이해할 수 있다.

2장에서 살펴본 것과 같이 전동기의 정상적인 동작시에는 자속, 전압, 전류는 같은 주기를 가진다. 전동기의 전압(쇄교자속), 전류는 주기함수이므로 이들의 특성을 파악하기 위해서는 1주기 파형이면 족하다. 이 때문에 전압(쇄교자속) 혹은 전류의 1주기를 전기적으로 360도로 두어 해석을 편리하게 하며, 전기각과 기계각이라는 개념을 정의해 두 각도를 구분한다. 전기각과 기계각의 관계식은 다음과 같다.

$$\theta_e = p\theta_m \tag{4.1}$$

여기서 θ_e는 전기각, θ_m은 기계각 그리고 p는 극쌍(Pole-Pair)수이다. 그림 4.3의 그래프를 전기각으로 표현하면 그림 4.4와 같다.

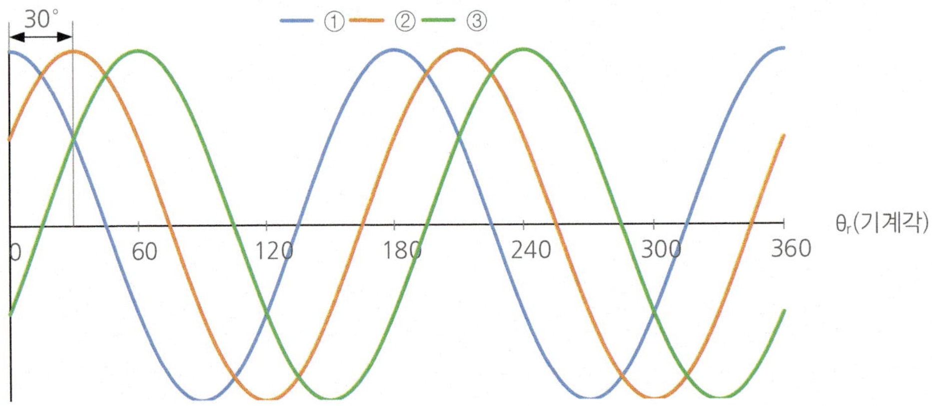

[그림 4.3] 회전자 위치에 따른 코일에 쇄교하는 자속의 파형 (기계각 기준)

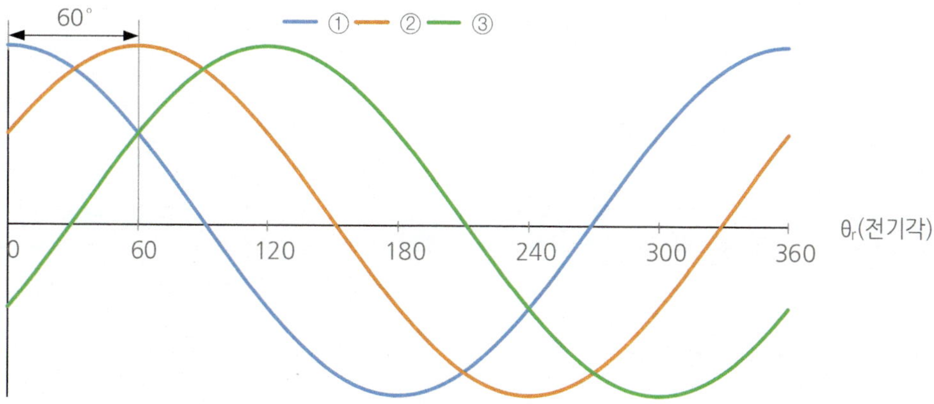

[그림 4.4] 회전자 위치에 따른 코일에 쇄교하는 자속의 파형 (전기각 기준)

앞으로 전압(쇄교자속) 및 전류 그래프를 설명할 때 특별한 언급이 없으면 전기각으로 이해하기 바라며, 기계각과 전기각의 단위를 deg$M$과 deg$E$로 구분하여 서술할 것이다.

4.2 용어의 정리

권선법에 대해 살펴보기 이전에 권선법에 등장하는 용어에 대해 먼저 정리를 하도록 하자. 그림 4.5는 4극 12슬롯 회전기를 선형기(Linear Machines)로 표현한 것이다. 권선이 위치하는 고정자는 권선이 삽입되는 슬롯과 권선을 지탱하는 치로 나뉘어져 있다. 영구자석이 부착된 이동자의 경우, 앞서 살펴본 것과 같이 하나의 자극은 180deg$E$의 전기각을 가지며 이를 **극 피치**(각)라 한다. 또한 고정자 슬롯과 슬롯 사이의 간격을 **슬롯 피치**(각)라 하며 극피치를 기준으로 계산하게 된다.

코일은 하나의 치를 기준으로 인접한 슬롯에 감길 수도 있지만 그림처럼 2슬롯 간격 혹은 더 넓은 슬롯 간격으로도 감길 수도 있다. 여기서 코일의 양 끝단 사이의 간격을 **코일 피치**라 한다. 코일 피치는 슬롯 피치의 정수배로 나타낼 수 있는데, 이 정수배를 **코일 스팬**(Coil Span) 혹은 **코일 쓰로우**(Coil Throw)이라 부른다. 코일 스팬을 조금 쉽게 설명하면 코일 변 사이에 들어가 있는 치의 개수로 이해하면 되겠다. 그림 4.5에서 슬롯 피치는 $360/12\times2=60$deg$E$로 계산되며, 코일 스팬은 2, 따라서 코일피치는 120deg$E$로 계산된다. 다시 언급하지만 여기서 모든 각은 전기각이다.

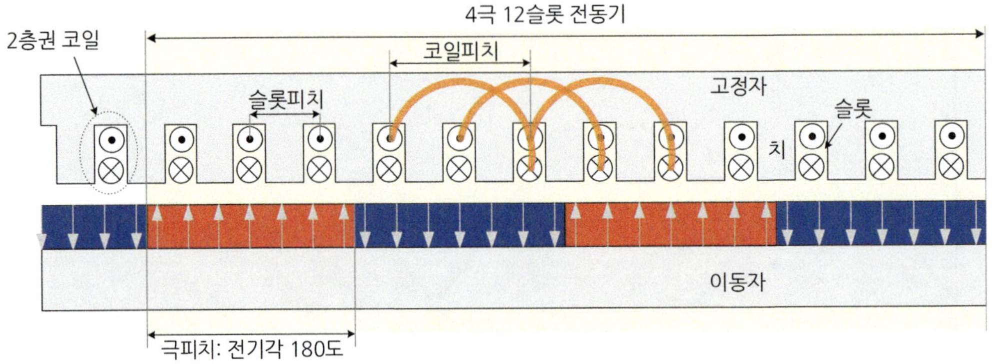

[그림 4.5] 권선용어

여기서 잠깐 고민을 해 보아야 하는 것이 있다. 극피치는 항상 전기각 180deg$E$를 가지지만 코일 피치는 설계자가 임의로 설정이 가능한 것이다. 임의라고는 하지만 아무렇게나 설정하면 안되는 것이고 최적의 코일 피치가 존재할텐데 코일 피치의 선정 기준은 무엇이 될까? 그림 4.6의 4극 12슬롯 전동기 예를 보고 생각해 보자. 그림에서 네 가지의 코일이 존재하고 있다. 각각의 코일은 스팬이 1~4로 다른데 어떤 코일 스팬를 갖는 코일을 선택해야 할까? 선택의 기준은 권선법의 처음에 설명하였다. 권선에 쇄교하는 자속량을 최대로 하는 것이 선택의 기준이다. 그렇다면 자속이 통과하는 경로의 면적이 넓은 것이 좋은데 그렇게 하기 위해서는 코일 피치가 큰 것이 좋다. 하지만 코일 피치가 지나치게 크면, 하나의 코일에 N극과 S극의 자속이 동시에 쇄교하게 되며 실질적인 자속은 줄어들 수 있다. 결국 코일 피치가 극 피치에 가까울수록 쇄교자속량이 커진다.

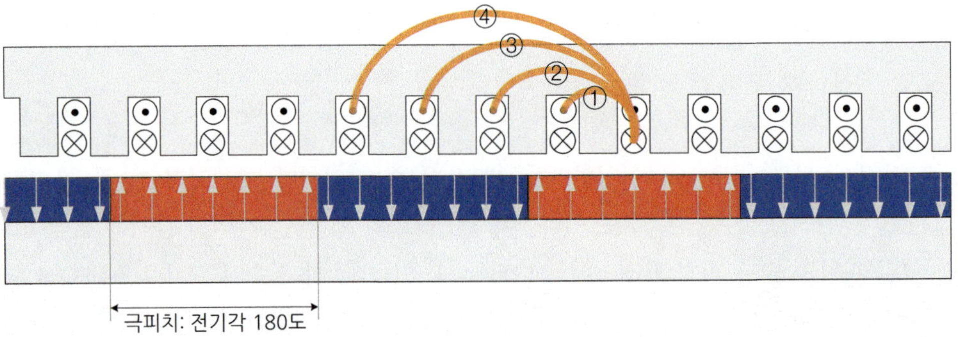

[그림 4.6] 코일피치의 선정 (@4극 12슬롯)

그림 4.6 코일 ①~④의 코일 피치를 구해보면,

①의 코일피치: 360deg$E$ / 12슬롯×2(극쌍수)×1(코일 스팬)=60deg$E$
②의 코일피치: 360deg$E$ / 12슬롯×2(극쌍수)×2(코일 스팬)=120deg$E$
③의 코일피치: 360deg$E$ / 12슬롯×2(극쌍수)×3(코일 스팬)=180deg$E$
④의 코일피치: 360deg$E$ / 12슬롯×2(극쌍수)×4(코일 스팬)=240deg$E$

따라서 그림 4.6에서 최대 자속량을 얻을 수 있는 코일은 ③이 된다. 이는 코일 피치가 전기각 180deg$E$로 극 피치와 동일한 경우이다. 이와 관련하여 코일피치가 180deg$E$가 되는 경우를 전절권이라 하며, 180deg$E$ 미만인 경우를 단절권, 180deg$E$를 초과한 경우를 장절권이라 한다. 전절권, 단절/장절권은 이후 4.5장에서 설명하는 권선계수 중 단절계수와 관련이 된다.

이제 그림 4.7과 같이 슬롯수가 그림 4.6 대비 절반으로 줄어든 경우를 살펴보자. 극수는 4극으로 변하지 않았다. 동일한 방법으로 최적의 슬롯 피치를 선택하면 코일 ①과 ②중 어떤 코일을 선택해야 할까? 코일 피치를 구해 보자.

①의 코일피치: 360deg$E$ / 6슬롯×2(극쌍수)×1(코일스팬)=120deg$E$
②의 코일피치: 360deg$E$ / 6슬롯×2(극쌍수)×2(코일스팬)=240deg$E$

코일 ①은 최적의 코일피치인 180deg$E$에 60deg$E$ 모자라고, 코일 ②는 60deg$E$ 넘친다. 이러한 경우에는 두 코일은 쇄교자속량이 같다. 하지만 코일 ②는 코일 ①대비 코일 피치가 길기에 더 많은 동선을 사용해야 하고 이는 권선 저항의 증가로 이어진다. 결국 전동기 효율을 떨어뜨리는 결과를 가져오기 때문에 코일 ①을 선택하는 것이 좋다.

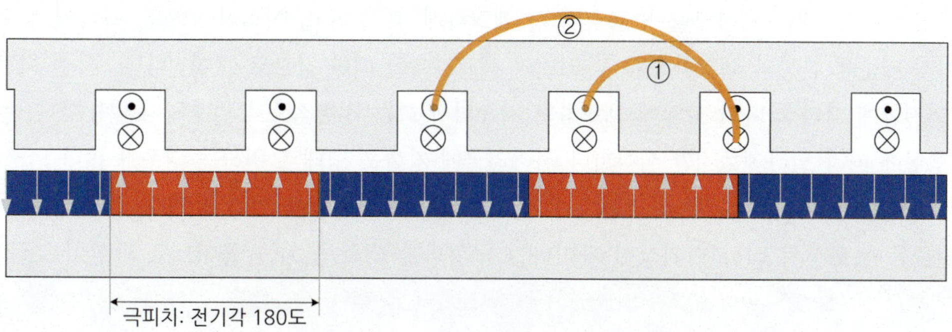

[그림 4.7] 코일피치의 선정 (@4극 6슬롯)

이제 그림 4.7의 4극 6슬롯 전동기 구조에 대해 살펴보자. 이 구조는 극수와 슬롯수의 비가 2:3인 경우로 3상 전동기 중 가장 쉽게 떠올릴 수 있는 구조이다. 2장의 영구자석 전동기 구동 원리를 설명할 때에도 2극 3슬롯 전동기를 기준으로 설명한 바 있다. 2극 3슬롯 전동기는 3상 전동기에 있어 극수의 최소 단위인 2극 전동기 중 가장 적은 슬롯수를 가지는 전동기이다. 이 때문에 2극 3슬롯 전동기는 전동기를 구분하는 하나의 기준이 된다. 2극 3슬롯 전동기보다 슬롯수가 많은 전동기를 말하라고 하면 2극 4슬롯이라고 생각할 수도 있지만 3상 전동기이기에 슬롯수는 3의 배수가 되어야 하므로 4슬롯 전동기는 있을 수 없다. 따라서 2극 3슬롯 전동기 다음으로 슬롯수가 많은 전동기는 2극 6슬롯 전동기가 된다.

이상의 내용은 극수가 정해진 경우 슬롯수는 아무 값으로 정해지는 것이 아니고 특정한 값만 가질 수 있음을 의미하는데, 이와 관련하여 '극당 상당 슬롯수'라는 개념이 중요해진다. 극당 상당 슬롯수 q는 다음과 같이 계산한다.

$$q = \frac{Q}{2mp} \tag{4.2}$$

여기서, m은 상수, p는 극 쌍수, Q는 슬롯수이다.

위 수식에 따라 2극 3슬롯 구조의 3상 전동기는 극당 상당 슬롯수가 0.5가 된다. 또한 2극 6슬롯 전동기는 $q=1$이 되는데, q가 0.5의 배수가 되는 슬롯수는 모두 설계에 적용 가능한 슬롯수이다. 그중 특별히 q가 1, 2, 3, …과 같이 정수로 나타나는 전동기를 정수형 슬롯, 12/21, 12/15 등과 같이 분수형으로 나타나는 경우를 분수형 슬롯으로 구분한다.

정수형 슬롯의 경우 한 상에 포함되는 코일의 수가 많으며 $q \geq 2$인 경우에는 하나의 상에 포함되는 코일이 여러 개이므로 코일을 공간적으로 분포시키게 된다. 회전자가 회전함에 따라 분포된 각 코일에는 위상차를 두고 자속이 쇄교하게 될 것이고, 이러한 코일은 하나의 상으로 묶이기 때문에 한상의 쇄교자속은 각 코일의 쇄교자속을 더한 값으로 보여진다[12]. 사실 회전자가 회전함에 따라 하나의 코일에 쇄교하는 자속의 변화는 정현적으로 발생하지 않는다. 전동기의 형상에 따라 달라지겠지만 삼각파나 사다리꼴에 가까운 형태로 변하는 경우가 많다. 삼각파의 미분은 구형파이므로, 결국 코일에 유기되는 전압은 구형파에 가깝게 된다. 그런데 이러한 코일들을 분포시켜 더하면 위상이 차이나는 구형파를 더하게 되는 꼴이므로 파형이 조금 더

12) 코일을 직렬 연결할 때를 가정했으며, 병렬 연결하면 아주 심각한 문제가 발생할 수 있다. 왜 그럴까? 꼭 고민해 보라!

정현파에 가깝게 된다. 예를 들어 그림 4.8와 같이 위상이 만큼 나는 구형파 쇄교자속을 합치게 되면 더욱 정현적으로 바뀜을 알 수 있다. 여기서 정현적으로 바뀜을 강조하는 이유는, 쇄교자속의 정현적 변화가 전동기 특성에 영향을 주기 때문이다.

앞서 살펴본 바와 같이 영구자석 동기전동기는 정현파 전류 구동을 할 때 일정한 토크가 발생한다. 정현파 전류 구동을 위해서는 유기 기전력도 정현파인 것이 유리하다. 또한 유기 기전력이 정현파이기 위해서는 쇄교자속의 변화가 정현적이어야 하며, 결국 권선을 분포시키면 이상적인 정현파 구동에 가까워질 수 있음이다. 이렇게 코일을 분포시켜 감는 권선을 분포권이라고 부르며 이는 정현적인 전압을 만들어내야 하는 발전기나, 토크 리플이 매우 작아야 하는 응용에 주로 적용된다.

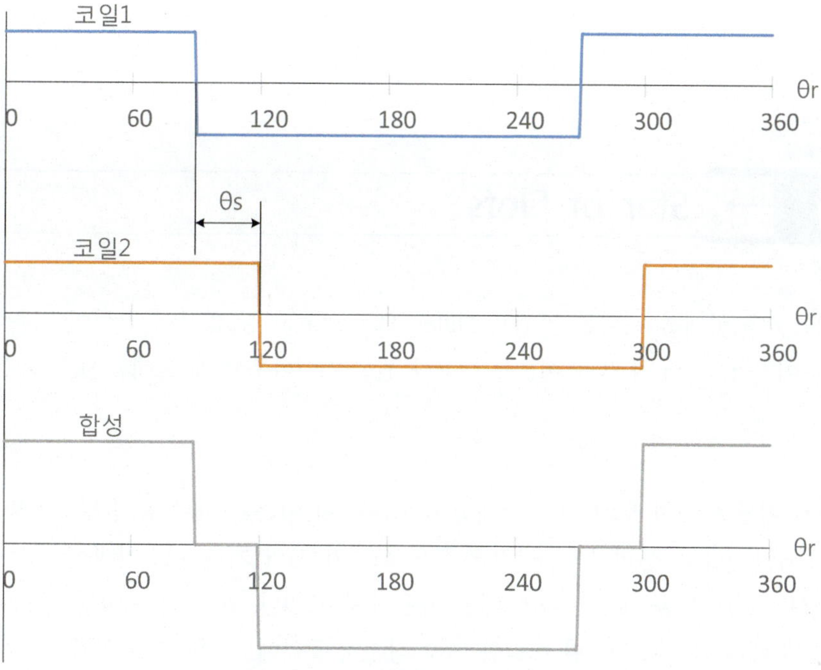

[그림 4.8] 구형파 쇄교자속의 합성

특수하게 $q<1$인 경우를 분수형 슬롯으로 분류하는데, $q<1$이 되면 슬롯 피치가 극피치에 가까운 경우가 많고 이 때문에 코일 스팬이 1이 된다. 코일 스팬이 1인 경우 권선은 치에 집중해 감기게 되는데 이를 치 집중권이라고 부른다. 치 집중권의 경우 서로 다른 코일들이 물리적으로 중첩되어 감기지 않기 때문에 엔드턴의 부피가 최소화 되고, 이로 인해 높은 출력밀

도가 요구되는 응용에서 주로 적용이 된다. 또한 서로 다른 상의 코일이 물리적으로 서로 중첩되지 않는 특징으로, 특수한 경우에는 서로 다른 상끼리 얼마나 많은 자속을 주고 받을 수 있는지를 나타내는 지표인 상호 인덕턴스가 0에 가까운 구조가 나올 수 있다. 상호 인덕턴스가 0이란 말은 하나의 상에 서 발생하는 전자기적인 현상이 다른 상에 영향을 주지 않는다는 것을 의미하고 이는 전동기의 권선 단락과 같은 고장 상황에서 상대적으로 덜 위험한 상황이 연출될 수 있음을 의미한다. 분수형 슬롯 전동기에서도 분포권 권선이 가능하나 분포 정도가 극수/슬롯수 조합에 따라 변하게 되어 설계 자유도는 낮은 편이다.

생각해 보기

분수 슬롯 전동기의 장단점을 조금더 자세히 찾아보자.

4.3 Star of Slots

권선 레이아웃을 설계하기 위한 기법은 Miller, Hanselman 등 많은 사람들이 기존에 연구한 바가 있다. 여기서는 Star of Slots 이론을 이용한 권선 레이아웃 설계에 대한 내용을 설명하도록 한다.

Star of Slots 이론은 이미 오래 전에 소개된 바 있다. 이 이론은 다극 동기 발전기를 설계하기 위해 소개 되었는데, 권선의 유기 기전력(혹은 쇄교자속)의 기본파를 최대로 가져가기 위한 알맞은 권선 레이아웃을 결정하는데 매우 유용하게 쓰인다. 이하에서 설명할 Star of Slots 이론은 3상에 대해 다루고 있지만 어떠한 홀수 상수 전동기에도 적용 가능하다. 또한 여기서는 이론의 범용성을 고려해 2층권에 대해서만 다루기로 한다.

공극 자속밀도를 정현적이라 가정하면 하나의 코일에 유기되는 역기전력은 그림 4.9와 같이 정현적인 파형으로 생각해 볼 수 있으며 정현파는 복소 평면에 페이저 표기법을 사용해 나타낼 수 있다. 모든 코일에 대해서 똑같은 방식으로 생각하면, 각코일에 유기되는 기전력은 그 파형은 동일하며 단지 위상차이만 나게 표현할 수 있다. 2층권을 가정하면 코일의 수는 슬롯수

Q와 동일하며 결국 코일의 유기 기전력을 복소 평면에 Q개의 페이저로 나타내거나 코일의 기자력을 2차원 공간상에 Q개의 벡터로 나타내볼 수 있다.

권선 레이아웃은 복소 평면에 나타낸 Q개의 페이저 혹은 벡터를 선택하는 법칙에 의해 결정된다. 이 법칙에 대해 알아보기 이전에 우선 필요한 개념에 대해 설명하도록 하겠다.

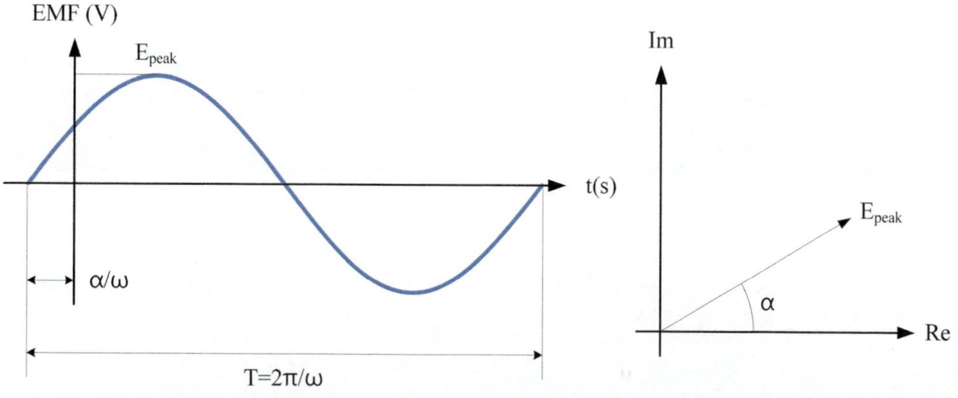

[그림 4.9] 정현적인 공극 자속밀도를 가정한 역기전력 파형

주기성

기기의 주기성은 슬롯수와 극쌍수의 최대 공약수를 이용하여 계산 가능하다.

$$t = GCD\{Q,\ p\} \tag{4.3}$$

여기서 t는 기기가 동일한 부분으로 나눠질 수 있는 수 즉, 주기 모델의 개수를 나타낸다.

권선 가능한 극수/슬롯수의 조합

권선은 한 주기 모델에 대해 상당 동일한 개수의 슬롯을 가져야 가능하다. 즉,

$$\frac{Q}{mt} \text{ must be an integer number} \tag{4.4}$$

여기서 m은 상수(# of phases)이다.

예컨대, 표 4.1과 같이 4극기에 있어 3, 6, 9, ⋯ 등의 슬롯수는 가능하지만, 4, 5, 7,⋯ 등의 슬롯수는 식(4.3)을 만족하지 않으므로 사용할 수 없는 조합이다.

이제 그림 4.10의 4극 24슬롯 전동기의 예제를 통해 페이저의 선택법에 대해 설명하도록 하겠다. 그림에서 코일 피치는 코일 스팬을 6으로 하여 180deg$E$로 선택하였고, 1번 슬롯에서 나오는 코일을 1번 2번 슬롯에서 나오는 코일을 2번과 같이 넘버링 하겠다. 이제 회전자가 화살표 방향으로 이동할 때 1번 코일에 쇄교하는 자속을 기준으로 2번~24번 코일에 쇄교하는 위상을 구해보자. 이는 간단하게 표 4.2과 같이 구해볼 수 있다. 식(4.3)에 의해 주기가 2이므로, 위상을 0~360deg$E$로 정규화하면 2주기가 나옴을 알 수 있다.

[표 4.1] 4극 전동기에 있어 슬롯수(Q) 변화에 따른 권선 가능한 극수/슬롯수 조합의 예

항목	슬롯수 (Q), 4극 고정									
	3	4	5	6	9	12	15	18	21	24
주기성	1	2	1	2	1	2	1	2	1	2
mt	3	6	3	6	3	6	3	6	3	6
Q/mt	1	0.67	1.67	1	3	2	5	3	7	4

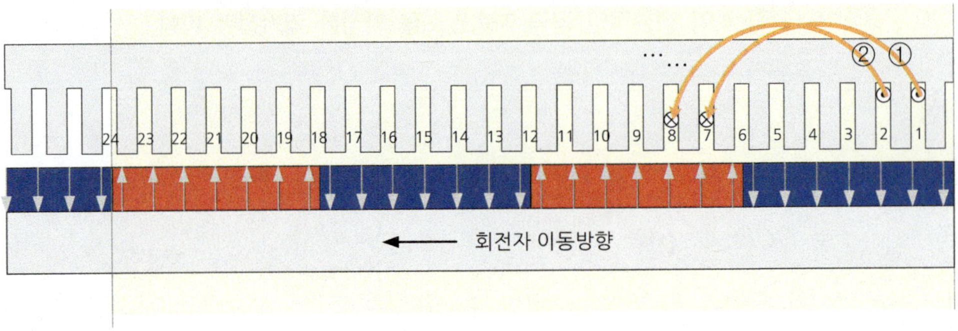

[그림 4.10] 4극 24슬롯 전동기

[표 4.2] 코일1번 쇄교자속 기준 나머지 코일의 위상각

	코일번호	위상(1번코일 기준, 뒤진각)	0~360 정규화
1주기	1	0	0
	2	30	30
	3	60	60
	4	90	90
	5	120	120
	6	150	150
	7	180	180
	8	210	210
	9	240	240
	10	270	270
	11	300	300
	12	330	330
2주기	13	360	0
	14	390	30
	15	420	60
	16	450	90
	17	480	120
	18	510	150
	19	540	180
	20	570	210
	21	600	240
	22	630	270
	23	660	300
	24	690	330

이제 표 4.2의 위상을 페이저도로 나타내면 그림 4.11와 같이 나타낼 수 있다. 1번~12번 코일의 위상은 13~24번 코일의 위상과 각각 같으므로 그림 4.11의 노란색 원 내의 1~12번 코일에 대해서만 고려하고 나머지 코일은 주기적으로 생각하면 편하다.

페이저도를 그린 목적은 권선 레이아웃을 결정하기 위한 기준 데이터로 사용하고자 함인데, 다시 말하지만 권선의 목적은 쇄교자속량을 가급적 키워 전동기의 출력 성능을 최대화 하고자 함이다. 결국 그림 4.11의 12개의 페이저를 3개의 그룹(3상이므로)으로 나누어야 하는데, 이때 동일한 그룹에 속한 페이저의 합이 최대가 되게 하는 것이 목적이다. 그렇게 하기 위해서는 가급적 방향이 같은 페이저를 합치는 것이 좋다.

예를 들어 설명을 하겠다. 만약 A상 권선에 코일 1이 포함된다면, 나머지 3개의 코일은 어떻게 선택해야 할까? 페이저 1의 방향과 가장 유사한 방향의 페이저를 찾아야 하므로 페이저 2 혹은 페이저 12를 선택하게 될 것이다. 만약 페이저 12를 선택했다면 페이저 1과 12를 합쳐 그림 4.12처럼 나타낼 수 있을 것이다. 그림으로 확인하니 최선의 선택으로 보인다.

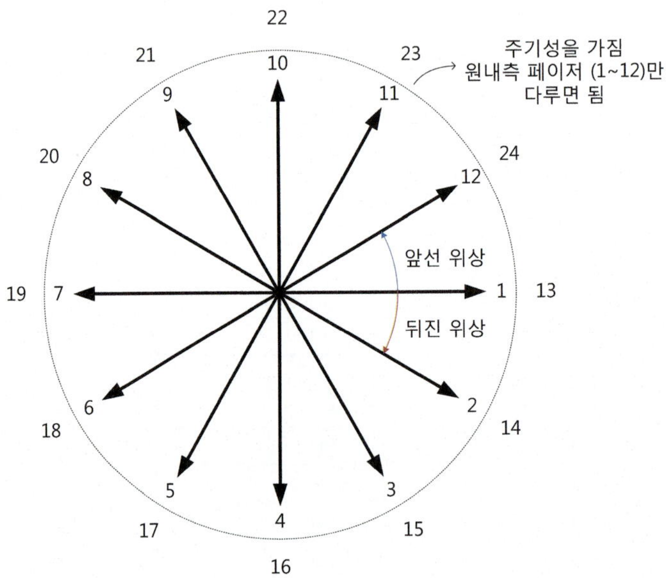

[그림 4.11] 코일에 의한 자속 페이저도 (벡터도)

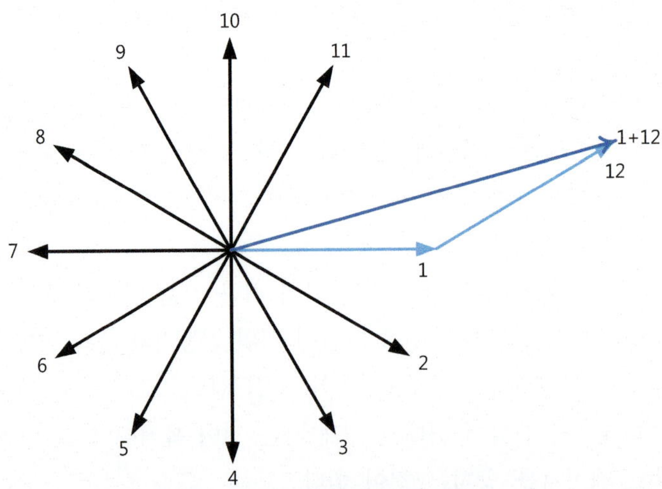

[그림 4.12] 1과 12 페이저의 합

하지만 페이저 1과 12를 합치는 것보다 더 좋은 수가 있다. 2장에서 오른손 법칙에 대해 설명할 때 권선의 감긴 방향이 자속의 방향을 바꿀 수 있다고 배웠다. 이는 코일 터미널의 극성을 반대로 설정하면 자속의 위상이 $180\deg E$ 달라지는 것으로 구조적인 변경없이 단순한 결선에 의해 위상을 바꿀 수 있음이다. 이러한 사실을 염두에 두고 다시 A상에 속하는 두 번째 코일을 선택해 보자. 그렇다 페이저 1과 $180\deg E$ 위상차가 나는 페이저 7이 존재하고 있다. 즉 7번 코일의 극성을 반대로 하면 1번 코일의 위상과 완전히 일치하기 때문에 A상에 속하는 두 번째 코일은 7번이 되어야 한다. 단, 추후 동일상에 속하는 코일들을 연결할 때 7번 코일은 극성을 반대로 연결해야 한다. 이러한 특징을 반영하여 극성이 반전된 코일에는 어퍼스트로피(')를 붙여 표현하겠다.

결국 페이저 1과 7'를 합친 것을 페이저도로 표현하면 그림 4.13와 같이 된다. 페이저가 12개이므로 이제 A상에는 세 번째와 네 번째 페이저가 추가되어야 하는데 세 번째는 무엇으로 선택하는 것이 좋을까? 이제는 2번 혹은 12에서 고르면 된다. 만약 페이저 12를 골랐다면 페이저 12와 동일한 페이저로 변환이 가능한 페이저 6이 네 번째 페이저가 될 것이다. 결국 A상에 속하는 코일은 1, 7, 12, 6번으로 선택이 가능하며 코일 결선 시 6번과 7번은 극성을 반대로 연결해 주어야 한다.

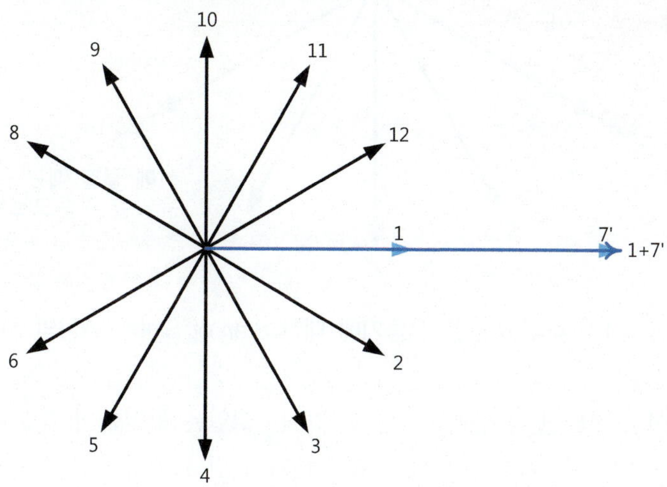

[그림 4.13] 1과 7' 페이저의 합

이상에서 설명한 것을 좀 더 눈에 보기 쉽게 직관적으로 할 수는 없을까? 할 수 있다. 그 방법이 Star of Slots이다. 우리는 3상 전동기의 각 상의 위상이 $120\deg E$씩 차이가 나야 함을 알고 있다. 또한 코일의 극성을 반대로 하여 위상을 180deg$E$ 뒤집을 수 있음도 알고 있다. 이를 토대로 각 상이 차지하는 공간을 120deg$E$씩 나누어 레이더를 쏘듯 영역을 비추어 볼 수 있는데, 이때 120deg$E$ 영역을 코일의 극성 반전을 고려하여 절반씩 대칭적으로 배치해 볼 수 있다.

예를 들면 그림 4.14처럼 그리는 것이다. 그러면 2개의 60deg$E$ 범위에 비친 코일들을 쉽게 선택할 수 있다. 이때 2개의 페이저가 영역의 경계에 걸친 경우가 발생할 수 있는데, 이러한 경우에는 둘 중 하나만 선택해야 하며 규칙을 두어 회전방향으로 앞서는 것만 선택하든지 혹은 뒤서는 것만 선택하는 것이 좋다.

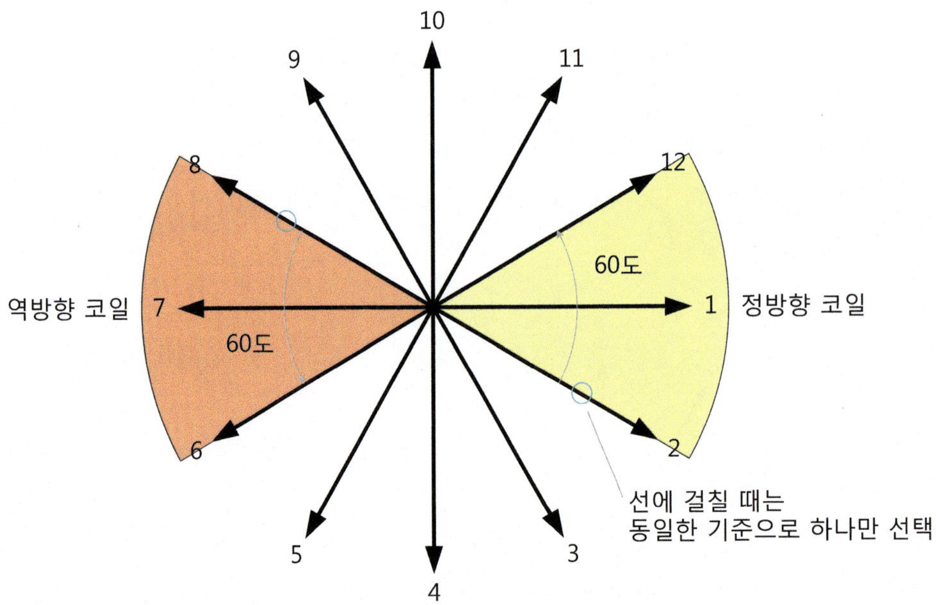

[그림 4.14] 4극 24슬롯 전동기에 대한 Star of Slot – A상의 선택

이렇게 A상 코일이 결정되면 나머지 B, C상에 속하는 코일은 동일한 방법으로 선택하면 되는데, 각상은 120deg$E$씩 위상차가 나므로 그림 4.15과 그림 4.16처럼 레이더가 비추는 영역을 120deg$E$씩 틀어가며 선택하는 것이다.

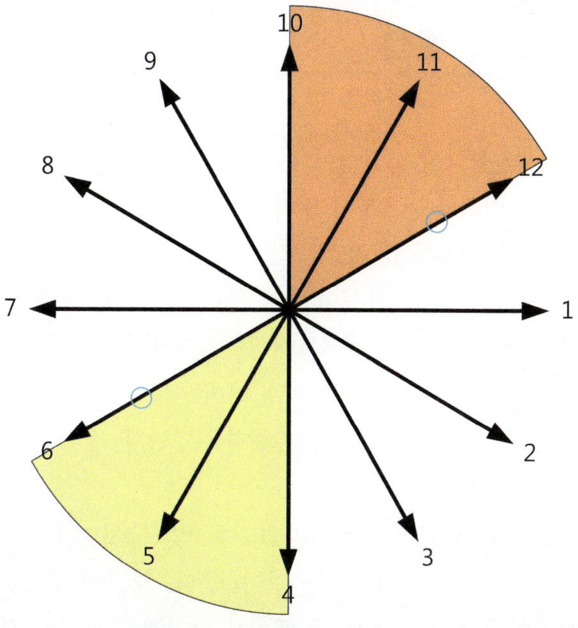

[그림 4.15] 4극 24슬롯 전동기에 대한 Star of Slot – B상의 선택

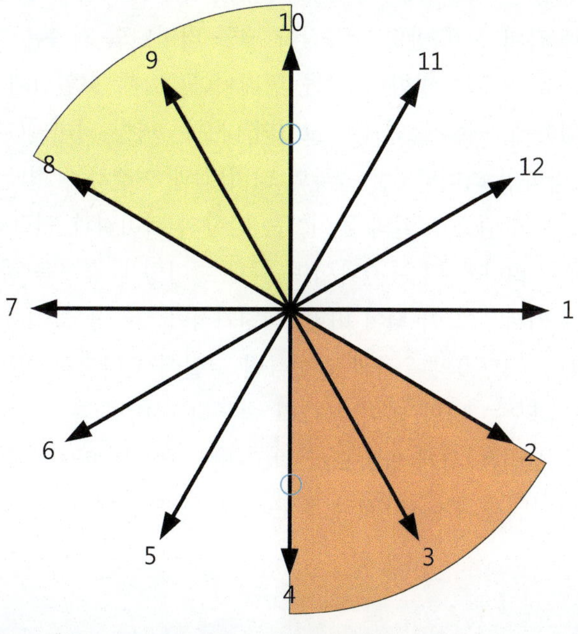

[그림 4.16] 4극 24슬롯 전동기에 대한 Star of Slot – C상의 선택

4.4 코일의 결선

Star of Slots에 의해 각 상에 할당될 코일들이 선정되면 코일들을 연결(결선)해야 한다. 결선을 위해서는 각 코일이 가지는 터미널 번호부터 정의해야 한다. 4극 24 슬롯 전동기의 경우 코일피치 결정에 있어 전절권(코일 피치가 180도가 되는 경우)을 고려하면 코일 스팬이 6이 되어야 한다. 즉, 1번 코일의 한쪽 터미널이 1번 슬롯에서 들어간다면, 반대쪽 터미널은 7번에서 나와야 한다는 뜻이다. 비슷하게 2번 코일의 한쪽 터미널은 2번 슬롯에서 들어가고 8번 슬롯에서 나올 것이다. 이때 들어가는 터미널을 ⊗ 나오는 터미널을 ⊙ 기호로 표현하여 슬롯 번호와 같이 쓰면 1번 코일은 그림 4.17(a)와 같이 표현할 수 있다.

이제 A상 코일이 1, 7', 12, 6'과 같이 정해졌다면(1주기만 고려) 이들을 연결하는 가장 쉬운 방법은 그림 4.17(b)와 같이 직렬로 연결하는 것이다. 단, 각각의 코일은 독립적인 전원으로 생각할 수 있으므로 코일의 극성을 유지한 채 배치를 달리해도 동일한 결과를 얻는다. 코일의 공간적인 배치를 고려하면 그림 4.17(c)와 같은 결선이 물리적인 경로상 최적이 된다. 이때 인접한 코일의 연결시에는 주의가 필요하다. 일반적으로 각 슬롯에 감긴 코일은 동일한 턴수를 가지고 기계적으로 동일한 방향성을 가지고 감겨있다. 예를 들면 코일1과 코일6은 그림 4.17(d)의 좌측 그림과 같이 시계 방향으로 감아 코일 터미널의 좌측은 기계적으로 들어가는 방향 우측은 기계적으로 나오는 방향이 되는 형태이다. 이때 코일 1과 6을 결선하는 경우 자칫 실수를 범할수 있는데, 예를 들면 1번 코일의 나오는 방향 터미널(7번 슬롯의 터미널)을 6번 코일의 들어가는 방향의 터미널(6번 슬롯의 터미널)과 연결하는 형태이다. 하나의 코일에서 나오는 방향의 터미널이 다른 코일의 들어가는 방향의 터미널과 연결되어야 할 것 같지만, 이는 전기적인 극성을 고려하지 않은 결과이며 실제로 이렇게 결선을 하는 경우에는 결선된 권선의 쇄교자속이 0에 가까운 값이 되어 버린다. 전기적인 극성을 고려하면 코일6은 전기적인 극성이 반대이므로 그림 4.17(d)의 우측과 같이 1번 코일에서 나오는 방향 터미널(7번 슬롯의 터미널)이 6번 코일의 나오는 방향 터미널(12번 슬롯의 터미널)과 연결되어야 한다. 권선을 한번에 한다 치면 1번 코일은 시계 방향으로 감고 6번 코일은 반시계 방향으로 감아 1번과 6번 슬롯에서 권선 터미널을 뽑아낸 것과 같은 결과를 얻는다.

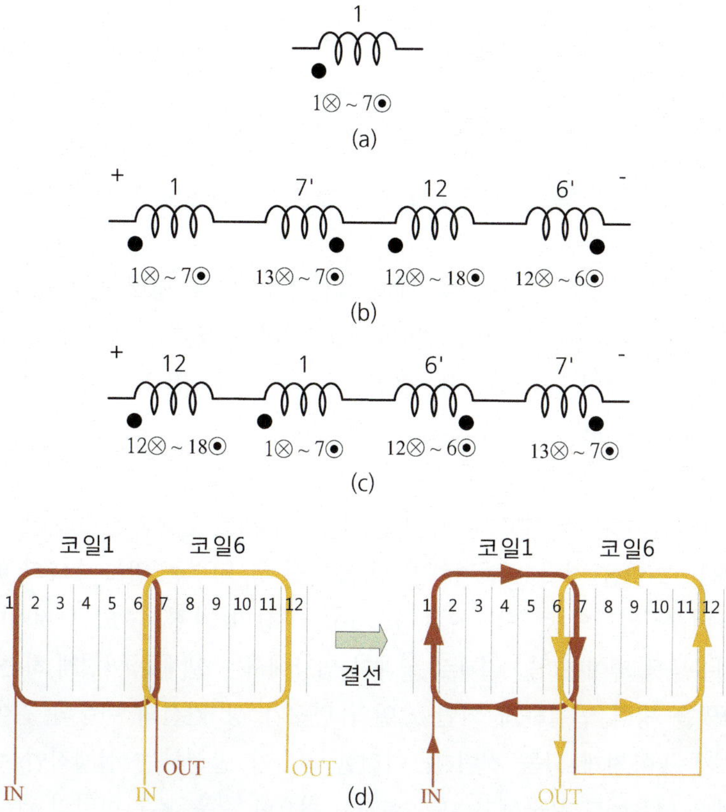

[그림 4.17] 4극 24슬롯 A상 권선 결선도 - 직렬 연결의 경우

이제 직렬 연결의 경우를 보았으니, 병렬 연결도 가능하지 않을까라는 생각을 할 수 있다. 물론 병렬 연결도 가능하다. 단, 주의해야 할 사항이 있는데, 앞서 언급한 바와 같이 각 코일은 전원으로 생각할 수 있는데 교류원이므로 위상 관계가 존재한다는 것이다. 위상이 다른 두 개의 전원을 병렬로 연결하면 전위차에 의해 전류가 흐르게 되는데, 이를 순환 전류라 한다. 순환 전류는 권선 내부적으로 결선된 폐회로에 흐르는 전류로 제어할 수 없는 전류이며 토크 발생에도 기여하지 않는 전류이므로 절대적으로 피해야 하는 전류이다. 이러한 사실을 고려하여 4극 24슬롯 전동기의 A상 코일에서 병렬 가능한 코일은 위상이 같은 1과 7 혹은 12와 6이며, 1과 2처럼 위상이 서로 다른 코일을 병렬 연결하면 절대 안되며 반드시 직렬 연결해야 한다. 결국 병렬 회로를 적용한 결선은 그림 4.18과 같다.

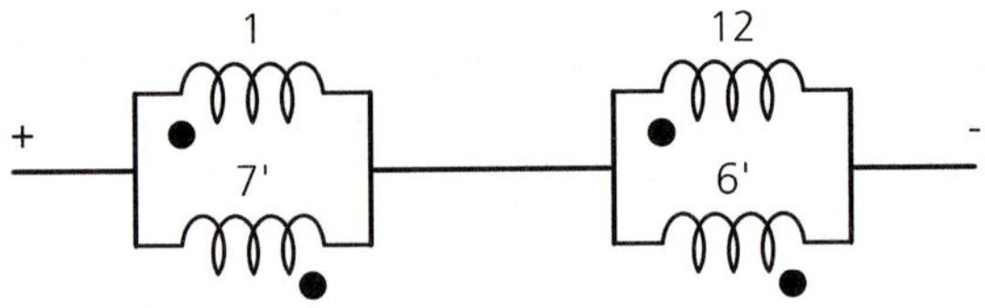

[그림 4.18] 4극 24슬롯 A상 권선 결선도 - 직/병렬 연결의 경우

코일의 직렬 연결과 병렬 연결의 차이점은 배터리의 직렬 연결과 병렬 연결의 특징과 유사하다. 즉, 직렬 연결의 경우에는 각 코일의 기전력이 합쳐지며 병렬 연결의 경우에는 그렇지 않다. 언뜻 보기에는 병렬 연결이 필요한 이유가 없는 듯 하다. 하지만 병렬 연결이 필요한 경우는 전동기의 턴수 설계 자유도를 높이고 싶을 때다.

예를 들어, 코일당 턴수가 N_c이고 상당 코일 개수가 n개인 전동기를 고려해 보자. 만약 한 상에 포함된 모든 코일을 직렬로 연결하면 상 코일의 총 턴수는 반드시 n의 배수가 되어야 한다. n이 4라면 상 권선의 턴수는 4, 8, 12, 16, … 등만 가질 수 있는 것이다. 이는 코일 턴수 설계의 자유도를 떨어뜨리는 결과로 설계자 입장에서는 설계를 어렵게 하는 요인이 된다. 반면, 모든 코일을 병렬 연결하게 되면 코일의 턴수가 상 권선의 턴수와 같아지므로 코일 설계의 자유도가 높아지게 되는 것이다. 이러한 경우가 발생하는 실제적인 예는 전동기의 입력 전압은 매우 낮음에도 불구하고 고속 회전이 필요한 경우 혹은 한턴의 권선 굵기가 너무 굵어 얇은 권선으로 많이 감고 싶을 때 등이다. 하지만, 병렬 회로 적용이 가능한 경우는 코일에서 발생한 자속의 위상이 같다는 조건을 만족할 때만 사용 가능하다는 점을 잊지 말아야 한다.

그림 4.19는 약간의 위창자가 존재하는 두 개의 권선을 동일 상으로 묶어 병렬 연결하는 경우 순환전류가 발생할 수 있음을 나타낸 그림이다. 약간의 위상 차이가 존재하는 경우 그림 4.19 (c)와 같이 임의의 시간에서는 상권선에서 발생한 유기기전력 크기가 동일하지 않으므로 순환 전류가 발생하게 된다. 순환전류가 발생하면 추가적인 동손 발생에 의해 전동기의 수명에도 큰 영향을 줄 수 있다.

이론적으로 위상이 다른 코일은 물론이거니와 이론적으로 동일한 위상을 갖는 권선일지라도 기계적인 오차에 의해 위상이 틀어질 수도 있으며, 극수가 많은 경우에는 작은 기계적가 큰 전기적 오차를 가져올 수 있으므로 병렬 연결을 더욱 조심할 필요가 있겠다.

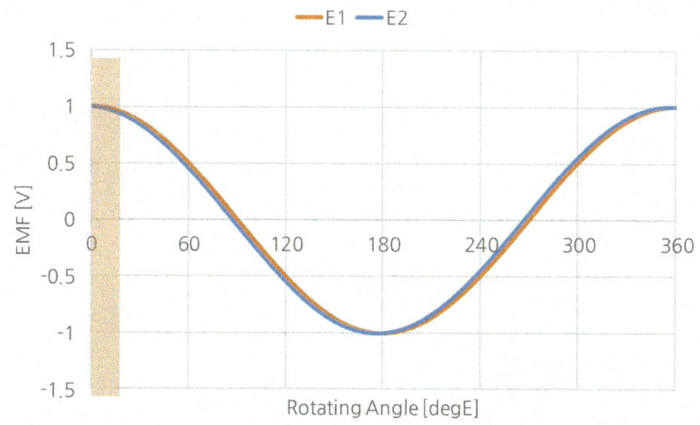

(a) 동일 상권선의 위상이 같지 않은 경우 (2개 권선)

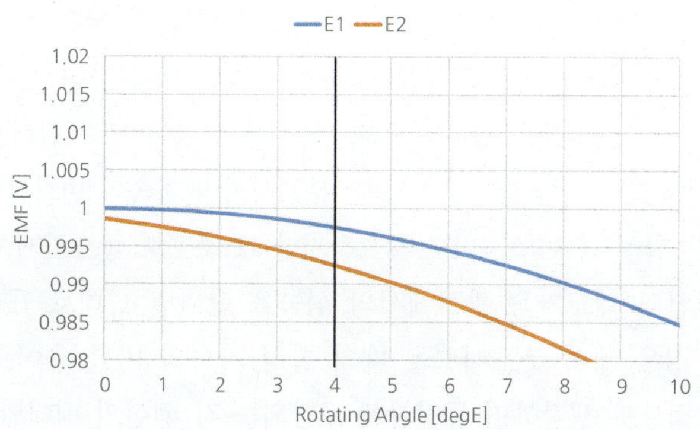

(b) 동일 상권선의 위상이 같지 않은 경우 (음역구역확대)

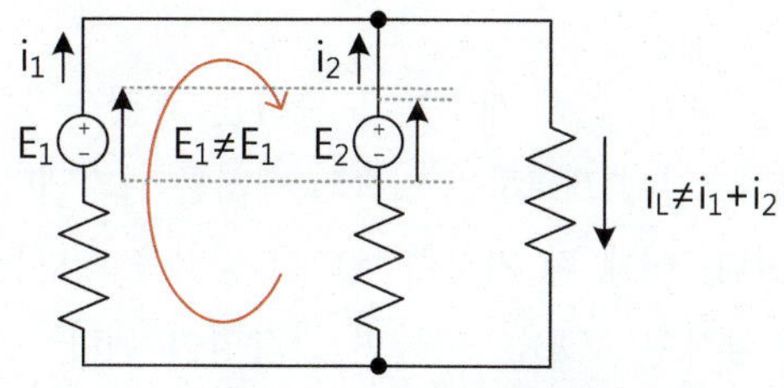

(c) 병렬 연결시 순환전류 발생

[그림 4.19] 동일 상권선의 위상이 다른 경우 - 순환전류 발생

참고로, 상 권선의 쇄교자속 입장에서 코일의 직렬 연결과 병렬 연결시를 비교해 보면, 직렬 연결시가 병렬 연결시보다 n배 커질 것으로 예상할 수 있다. 전동기의 성능을 동일하게 유지하려면 자속의 크기는 같아야 하므로 병렬 연결 시 코일당 턴수를 직렬 연결시 코일당 턴수의 n배 만큼 감아 쇄교자속을 동일하게 유지할 수 있다. 턴수가 많아지면 그만큼 공간도 많이 필요한 것 아닌가라는 생각이 들 수도 있는데, 병렬 코일에 흐르는 전류는 직렬 코일의 $1/n$배가 됨에 따라 코일의 **전류 밀도가 같다면 코일을 감기 위한 공간이 더 필요해지지는 않는다.** 즉, 코일의 직렬연결 혹은 병렬 연결에 따라 전동기의 성능이 바뀌는 것은 아니다[13]. 따라서 이 책에서는 따로 언급이 없으면 코일의 직렬 연결을 기본으로 하여 설명할 것이다.

4.5 권선 계수

권선법에 대해 조금 더 고찰을 해 보자. 그림 4.13에서 보인 것과 같이, 다수의 코일을 하나의 상으로 묶어 합칠 때 쇄교자속의 크기가 가장 커질 수 있는 경우는 모든 코일에 쇄교하는 자속의 위상이 같을 때이다. 앞선 예에서는 네 개의 코일의 위상이 모두 같지는 않았으나, 특수한 경우에는 위상이 모두 같은 경우도 있다. 하지만 위상이 모두 같다고 항상 좋은 측면만 있는 것은 아니다. 앞서 잠시 언급했지만 권선을 분포시키면 자속의 변화를 조금 더 정현적으로 받아낼 수 있게 된다. 합성 자속의 크기도 중요하지만 그 분포도 중요하게 여겨질 수 있음이다. 이러한 관점에서 권선의 쇄교자속 관점에서의 성능을 단위법 형태로 표현하기 위해 권선을 분포시키지 않았을 경우 대비 분포시켰을 때의 합성 자속의 비를 용어로 정의했는데, 바로 **분포 계수**이다. 수학적으로 생각하면 동일상에 포함되는 각 권선의 벡터합과 스칼라합의 비가 분포계수가 된다. 특히 정수형 슬롯의 경우 한 상에 포함된 기자력 벡터가 서로 인접해 있기 때문에 분포 계수를 공식으로 유도해 볼 수 있다.

그림 4.20는 $q=5$인 경우에 대해 분포 계수를 도출하는 과정을 그린 그림이다. AC, CD, DE, EF, FB는 한 극에 할당된 코일에 쇄교하는 자속의 벡터를 나타낸다. 이들은 크기는 같지만 위상은 슬롯 피치만큼 차이난다. 이제 각 기자력 벡터의 중앙을 지나는 수선을 그으면 공통점 O에서 만나게 되는데 이때 삼각형 AOB는 이등변 삼각형이 된다. 이등변 삼각형의 밑변과 빗변의 길이는 다음과 같은 관계를 가진다.

$$AC = 2OA\sin\left(\frac{\alpha}{2}\right) \tag{4.5}$$

벡터의 합인 AB의 길이는 다음과 같이 계산된다.

---

13) 자세한 내용은 12장 출력식 참고

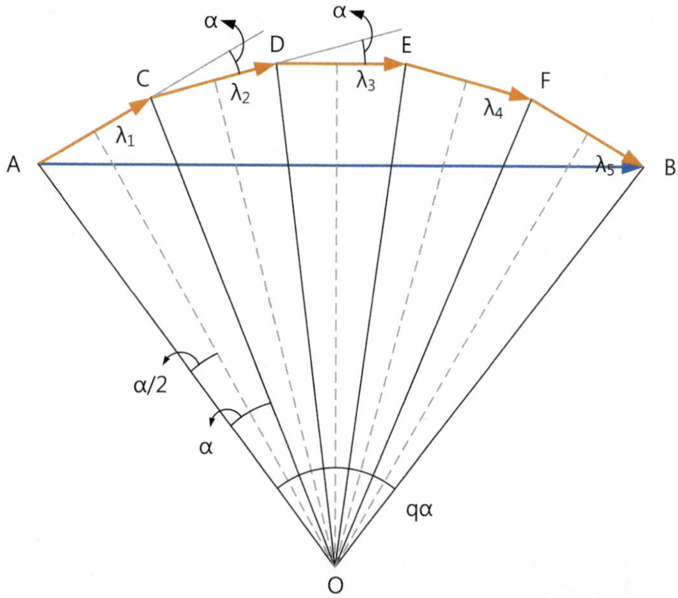

[그림 4.20] 정수 슬롯의 경우 분포계수의 도식적 설명

$$AB = 2 \times OA \times \sin\left(\frac{\angle AOB}{2}\right) = 2 \times OA \times \sin\left(\frac{q\alpha}{2}\right) \tag{4.6}$$

또한 자속 벡터의 스칼라 합은 다음과 같이 계산된다.

$$qAC = q2OA\sin\left(\frac{\alpha}{2}\right) \tag{4.7}$$

결국 분포계수는 식(4.8)와 같이 써 볼 수 있다.

$$K_{wd} = \frac{\sin\left(\frac{q\alpha}{2}\right)}{q\sin\left(\frac{\alpha}{2}\right)} \quad \text{when q is an integer} \tag{4.8}$$

그림 4.21은 4극 24슬롯 전동기의 분포 계수를 도식적으로 설명한 것으로 $\alpha = 30\deg E$이며 $q = 2$로 식(4.8)에 대입해 분포 계수를 구해보면 (4.9)와 같이 약 0.966이 된다.

$$K_{wd} = \frac{\sin\left(\frac{\pi}{6}\right)}{q\sin\left(\frac{\pi}{12}\right)} \approx 0.966 \tag{4.9}$$

그림 4.21은 4극 24슬롯 전동기의 분포 계수를 도식적으로 표현한 것으로 극당 상당 슬롯수 q가 2개 밖에 되지 않아 식(4.8)을 쓰지 않고도 계산이 가능하다.

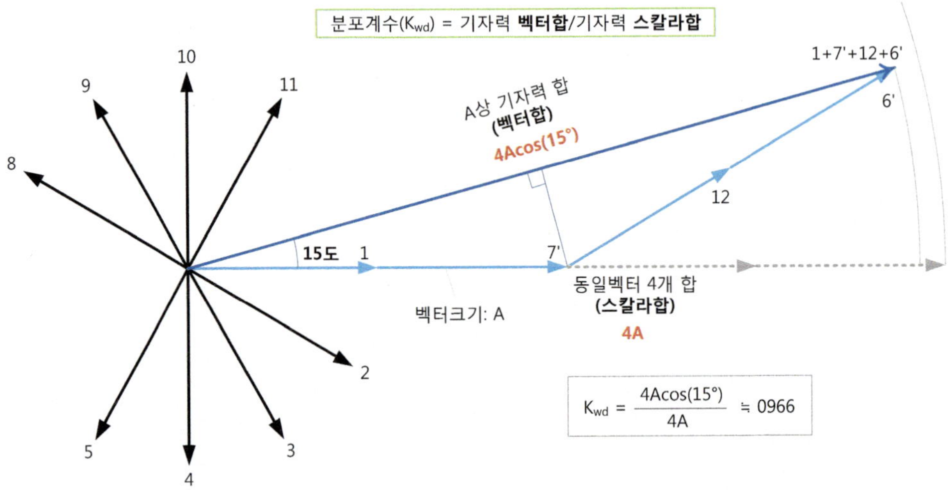

[그림 4.21] 4극 24슬롯 전동기 기준, 분포계수의 도식적인 설명

코일 피치를 선택함에 있어 쇄교자속량을 최대로 하는 코일 피치는 180deg$E$이지만 구조적인 문제 혹은 설계자의 선택에 따라 코일 피치를 180deg$E$가 아닌 다른 값으로 가져갈 수 있다. 여기서도 코일의 성능을 단위법 형태로 표현하기 위해 코일 피치가 180deg$E$인 경우 대비 그렇지 않은 경우 권선 쇄교자속량의 비를 **단절 계수**라 정의하게 된다. 단절 계수를 설명하기 위해서는 코일에 쇄교하는 자속을 하나의 코일을 이루는 두 개의 코일 변에 쇄교하는 자속의 합으로 생각해 보는 것이 좋다. 그림 4.22과 같이 코일 변(직선 도체)에 쇄교하는 자속은 코일 변을 한 바퀴 돌아가는 자속으로 생각해 볼 수 있다. 그림에서 좌측 음의 코일변과 우측 양의 코일변에 쇄교하는 자속을 더하면 코일을 통과하는 자속으로 생각해 볼 수 있는 것이다.

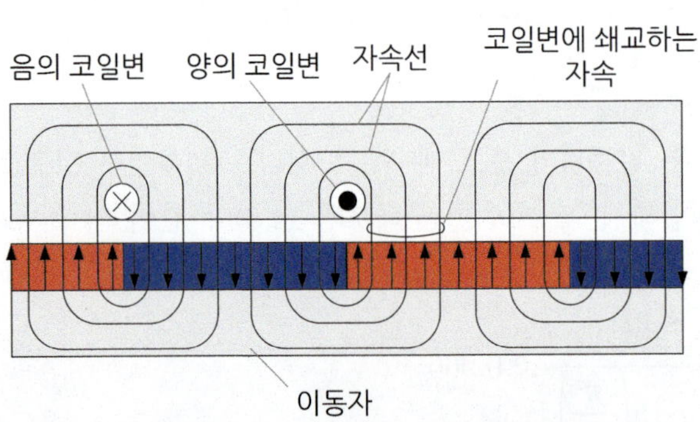

[그림 4.22] 코일변에 쇄교하는 자속

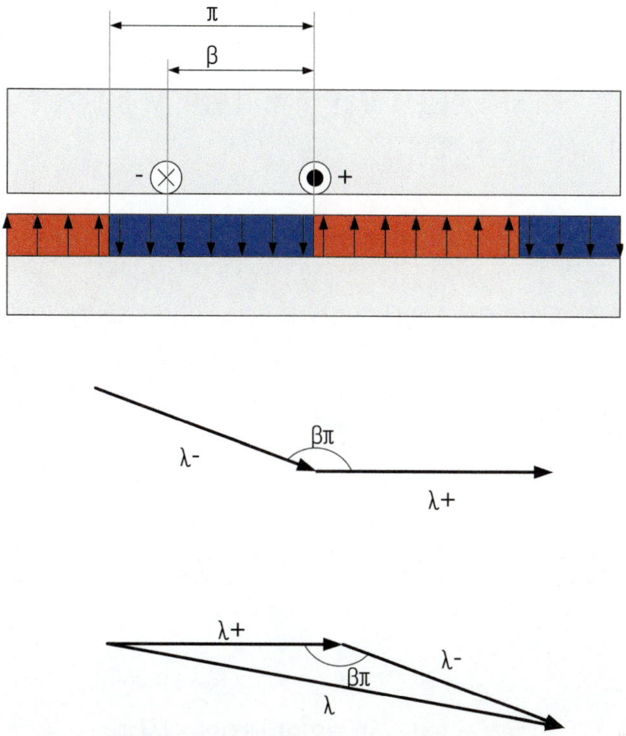

[그림 4.23] 단절계수의 도식적인 설명

코일 변에 쇄교하는 자속의 개념을 활용하면 코일 피치가 $\beta\pi$일 때 하나의 코일에 쇄교하는 자속을 벡터합으로 그려볼 수 있다. 이동자가 좌측으로 이동하는 경우 양의 코일변 기준 음의 코일변에 쇄교하는 자속은 위상이 $\beta\pi$만큼 뒤지므로 코일변에 쇄교하는 자속의 벡터도를 그림 4.23와 같이 나타낼 수 있다. 그림에서 λ^+는 우측 코일변에 쇄교하는 자속이고, λ^-는 좌측 코일변에 쇄교하는 자속이다. 단, 그림 4.23에서 벡터는 그 방향을 거꾸로 나타내었는데, 코일의 방향성이 서로 다르기 때문이다. 벡터도로부터 단절 계수를 구하면 식(4.10)과 같이 쓸 수 있다.

$$K_{wp} = \frac{\lambda}{\lambda^+ + \lambda^-} = \sin\left(\frac{\beta\pi}{2}\right) \tag{4.10}$$

결국 분포 계수와 단절 계수를 곱한 값을 권선계수라 정의하고 권선계수가 가질 수 있는 최대값은 1이 된다.

그림 4.24는 4극 24슬롯 전동기 기준 A상의 코일이 감긴 모습을 보여주고 있다. 코일 스팬을 6으로 하여 코일 피치는 180deg$E$가 되며 이때 분포계수는 벡터합과 스칼라합의 비로 구하면 $\cos(15°) = 0.966$로 식(4.8)을 이용해 구한 것과 같으며, 단절계수는 식(4.10)에 의해 1로 권선계수는 0.966이 됨을 알 수 있다.

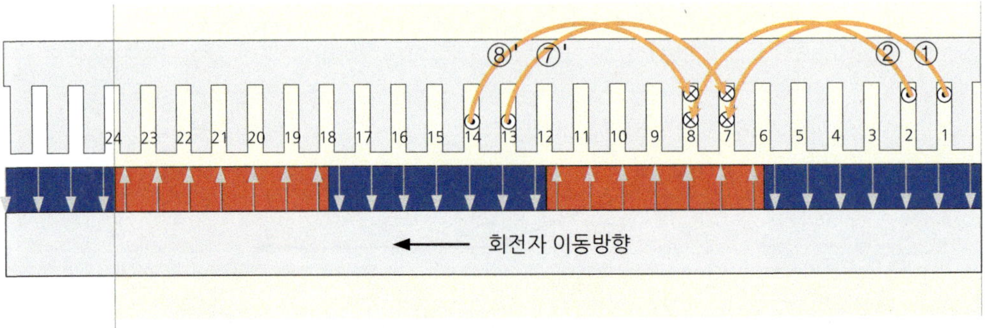

단절계수(K_{wp}) = sin(180°/2) = 1

분포계수(K_{wd}) = cos(15°) = 0.966

권선계수(K_w) = K_{wp} x K_{wd} = 0.966

[그림 4.24] A상 코일의 배치와 권선계수

참고로 성능이 우수한 전동기를 설계하려면 권선계수가 1에 가까운 것이 좋고 동시에 쇄교자속은 정현적으로 변하는 것이 좋은데, 이를 만족하는 것이 쉽지가 않다. 성능을 조금 포기하고 쇄교자속을 정현적으로 변하게 하는 방법은 두 가지가 있는데, 하나는 코일을 분포시키는 것이고, 두 번째는 공극 자속밀도의 분포를 정현적으로 만드는 것이다. 이는 자속은 공극 자속밀도를 공간적으로 적분한 것인데 정현파를 적분해도 정현파인 것과 같은 이치이다. 코일을 분포시키는 것은 권선계수를 떨어뜨리므로 코일을 분포시키지 않고 성능을 끌어올리기 위해서는 공극 자속밀도를 정현적으로 만들어 주는 설계가 중요해질 수 있다. 공극 자속밀도를 정현적으로 분포시키는 방법은 영구자석의 착자를 이용한 방법, 자극의 형상 설계에 의한 방법 등이 있을 수 있다. 단, 이러한 방법을 적용하기 위해서는 정확한 자계 분포를 해석할 수 있어야 하며 결국 유한 요소 해석과 같은 수치 해석적인 방법을 동원해야 한다.

생각해 보기

공극 자속밀도를 정현적으로 분포시킬 수 있는 구체적인 방법에 대해 조사해 보자.

5 IPMSM의 구동원리

5.1 마그네틱 토크와 릴럭턴스 토크

2장에서 영구자석 전동기 구동원리에 대해 살펴보았지만, 이번 장에서는 토크 발생 원리에 대해 조금 더 자세히 다루고자 한다. 대부분의 전동기의 토크 발생 원리는 가상일의 원리 하나로 설명할 수 있지만 조금 더 직관적인 설명을 위해 여기서는 토크 발생 원리를 두 가지로 구분하여 설명할 것이다. 첫 번째는 자석과 자석 사이의 힘으로 앞서 2장에서 본 것과 같이 자석끼리의 인력과 척력에 의한 힘이다. 이러한 힘에 의해 발생하는 토크를 **마그네틱 토크**라 한다. 두 번째는 자석과 철 사이의 힘으로 자석이 철에 붙으려고 하는 힘을 말한다. 이러한 힘에 의해 발생하는 토크를 **릴럭턴스 토크**라 하는데 모든 영구자석 전동기는 마그네틱 토크 성분을 갖고 있지만, 릴럭턴스 토크 성분은 전동기 형상에 따라 존재하기도 하고 존재하지 않기도 한다. 이를 조금 더 구체적으로 이해하기 위해 그림 5.1의 돌극형 회전자 구조를 가지는 간략화된 전동기를 살펴보자.

그림 5.1에서 고정자와 회전자 코일에 그림에서 표시한 방향으로 전류가 흐르면 두 코일에 의해 발생한 자속이 서로 수직이므로 토크가 발생한다. 이를 마그네틱 토크라 부르며 특히 회전자가 그림 5.1에 위치한 경우 최대 토크가 발생한다. 이는 2장에서 살펴본 내용과 동일하다. 이제 회전자 코일을 제거하고 고정자에만 전류를 인가한다고 생각해 보자. 회전자는 가만히 있을까? 아니면 움직일까? 생각하기가 어려운가? 그렇다면 그림 5.2를 보고 다시 생각해 보자. 좌측과 우측은 회전자의 위치가 다른데, 고정자 권선에 전류가 흐를 경우 두 경우 모두 회전자가 그대로 있을까? 아니면 움직이게 될까?

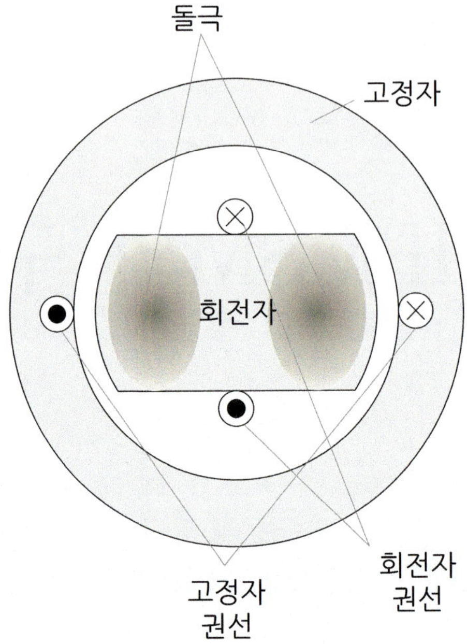

[그림 5.1] 돌극형 회전자 구조를 가진 전동기

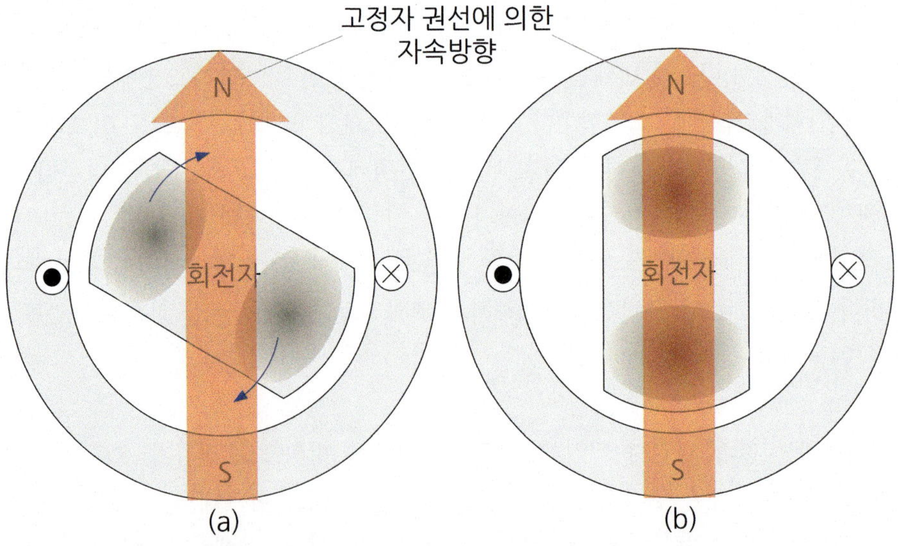

[그림 5.2] 돌극형 회전자 위치에 따른 발생 토크

아마도 (a)의 경우 회전자가 움직이게 될 것이고 (b)의 위치에서 멈출 것이다. 회전자가 돌극 구조를 갖게 되면 고정자의 자극을 기준으로 회전자를 바라보았을 때 회전자 위치에 따라 자극과 회전자가 가까운 경우가 있고 먼 경우가 있다. 자석에 철이 가까이 있을 때 흡입력이 크게 발생하는 것처럼 위 경우에도 회전자가 가능한 고정자 자극에 가깝게 위치하려고 하는데, 바로 그림 5.2(b)처럼 회전자가 위치하려고 하는 것이다. 그림 5.2(a) 위치의 회전자가 (b)의 위치로 이동하려고 하는 힘, 이것이 바로 릴럭턴스토크이다.

2장에서는 전동기 형상을 아주 간략하게 묘사했지만 실제 영구자석 동기 전동기는 대표적으로 그림 5.3과 같은 구조를 갖는다. 그림에서는 두 가지 형태의 영구자석형 동기 전동기를 나타내었는데, 좌측 (a)는 영구자석이 회전자 표면에 부착이 되어 있는 형태로 이러한 구조를 가지는 동기 전동기를 영구자석 표면 부착형 동기 전동기(Surface-mounted Permanent Magnet Synchronous Machine; SPMSM)라 부른다. 반면 (b)는 영구자석이 회전자 내부에 삽입이 되어 있으며 이러한 구조를 가지는 동기전동기를 매입형 영구자석 동기 전동기(Interior Permanent Magnet Synchronous Machine; IPMSM)라 부른다. 두 가지 전동기 모두 철심으로 구성된 고정자와 회전자 코어를 가지며, 고정자는 코일을 감기 위한 치와 슬롯-치 구조를 가지며 회전자에는 영구자석이 존재하게 된다. 두 가지 전동기 모두 회전자 자속과 고정자 자속을 가지므로 마그네틱 토크는 발생한다. 그렇다면 릴럭턴스 토크는 어떠할까? 회전자 구조를 보며 파악해 보자.

그림 5.3(a)에 보인 것과 같이 SPMSM의 회전자 구조를 살펴보면 그림 5.1과는 달리 완벽한 원형으로 돌극 구조를 가지지 않는다. 즉, 릴럭턴스 토크가 발생될 수 없다. 그렇다면 IPMSM은 어떨까? 그림 5.3(b)에 보인 것과 같이 IPMSM의 회전자를 살펴보면 이 또한 완벽히 둥글다. 돌극 구조를 가지지 않은 것으로 보인다. 하지만 여기서 조금 더 깊게 생각할 것이, 회전자에 박힌 영구자석의 영향이다. 영구자석은 통상 비투자율이 공기의 투자율과 비슷하여 자기적으로는 공극과 같이 취급될 수 있다. 물론 자속을 만들어낸다는 관점에서는 공기와 다르지만 그 외의 특징은 공기와 흡사하다. 만약 회전자의 자석을 제거해 버린다면, 영구자석이 위치한 곳은 공기가 되고, 영구자석 사이의 철이 돌극이 될 수 있다. 릴럭턴스 토크가 발생할 수 있음이다. 물론 SPMSM의 회전자에 붙은 영구자석도 공기처럼 취급해 볼 수 있지만, 그래도 여전히 회전자는 둥글기 때문에 릴럭턴스 토크는 존재하지 않는다. 그렇다면 그림 5.3 (b)의 IPMSM을 기준으로 마그네틱 토크와 릴럭턴스 토크가 어떻게 발생하게 되는지 알아보도록 하자.

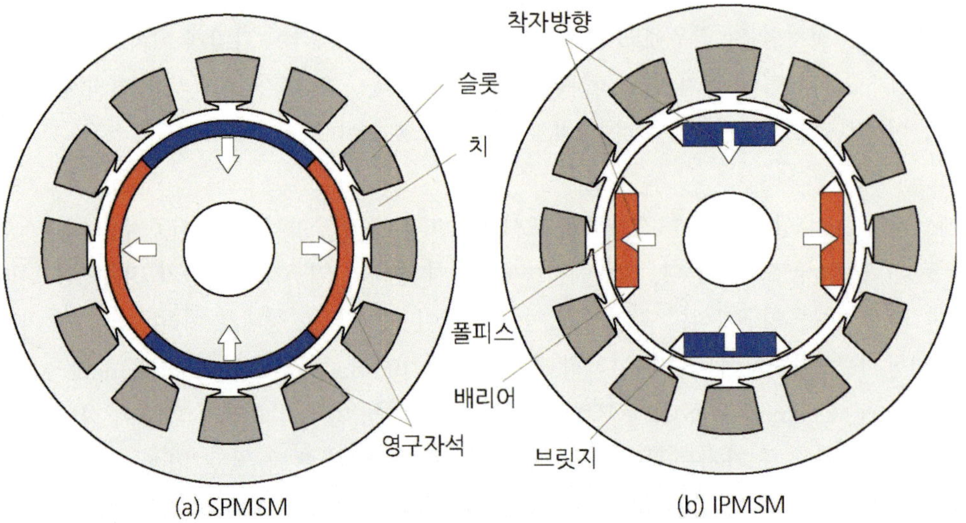

[그림 5.3] 영구자석 동기전동기 대표 형상

5.2 d축, q축, 전류위상각의 관계

IPMSM의 토크 발생 원리를 살펴보기 전에 설명을 위해 필요한 용어 몇 가지를 정의하고자 하는데 그림 5.4를 통해 살펴보자. 그림에서 전동기는 4극 12슬롯 구조이며, 회전자는 그림과 같은 위치에 있으며 영구자석 ①에서 나가는 자속의 방향을 기준축으로 삼았다. 이때 기준축의 이름을 **d축**이라 정의하고 d축에 $90\deg E$ 앞서는 축을 **q축**이라 정의한다. 고정자 슬롯에는 앞서 살펴본 권선법을 기반으로 적당히 코일을 감아 4극을 만들어낸다고 가정하자. 이때 코일에 의해 만들어진 자속의 방향을 고정자에 큰 화살표로 표현하였고 권선에 의한 자극 ⓐ의 방향을 **전류축**이라 하겠다. 또한 전류축과 q축 사이각을 **전류위상각** β 라 한다. d축 및 q축은 회전자 자속방향에 의해 결정됨을 다시 한번 상기하자. 또한 d축과 전류축 사이각을 **마그네틱 토크각** γ 로 정의했는데, 이는 일반적으로 사용되는 용어는 아니나 본 책에서는 마그네틱 토크 설명을 위해 정의된 값이다. 마그네틱 토크각은 전류위상각과 항상 $90\deg E$ 차이가 난다.

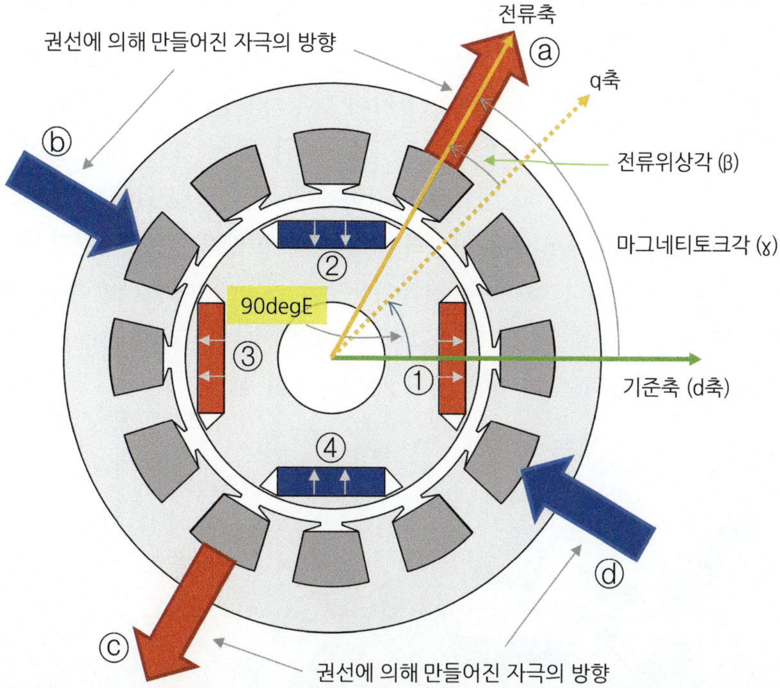

[그림 5.4] 용어의 정의

5.3 전류위상각에 따른 마그네틱 토크

그림 5.5~그림 5.7을 통해 회전자가 받는 마그네틱 토크에 대해 살펴보자. 먼저 그림 5.5와 같이 전류위상각이 0deg$E$인 경우 d축에는 영구자석에 의한 자속이, q축에는 고정자 전류에 의한 자속이 위치하는 경우에 대해 살펴보자. 이 경우 회전자 영구자석에 의한 자속 및 고정자 권선에 의한 자속의 상호 작용에 의해 흡입력과 반발력에 의해 토크가 발생할 것이다. 대칭성을 고려해 하나의 자극에서 발생하는 현상만 고려해 볼 수 있는데 여기서는 고정자 자속 ⓐ를 중심으로 하나의 자극 내에서 발생하는 현상을 파악해 보자. 해당하는 영역은 노란색 음영으로 표시하였다. 해당 영역 내에 고정자 권선에 의한 자극은 유일하게 하나만 존재하고 있고 회전자 자극은 ①과 ②가 존재하는데, 회전자 자극의 절반씩만 해당 영역에 포함된다. 이제 영역 내에서 발생하는 자속들 간의 힘을 살펴보면, ⓐ와 ①에 의해 흡입력이 발생하고, ⓐ와 ②에 의해 반발력이 발생해 회전자는 반시계 방향의 토크를 발생하게 된다.

만약 그림 5.6과 같이 전류축이 움직이게 되면 회전력에는 어떠한 변화가 생길지 살펴보자. 그림에서 전류축은 q축대비 30deg$E$ 앞서는 경우이다. 그림 5.5에서와 동일하게 ⓐ와 ①에 의해 흡입력이 발생하고, ⓐ와 ②에 의해 반발력이 발생하지만, 흡입력에 영향을 주는 자극 ①의 범위가 현저히 줄었고, 반발력에 영향을 주는 자극 ②은 그 범위가 많이 늘었다. 이 때문에 전체적인 흡입력은 약해지고 반발력은 강해진다. 결국 전류위상각 β가 점점 커짐에 따라 토크 발생에 주로 관여하는 성분은 반발력이 될 텐데, 반발력 성분 중 반경 방향에 수직인 성분만이 토크에 기여하게 된다. 하지만, 전류위상각이 커짐에 따라 반발력의 성분 중 반경 방향에 수직한 성분은 줄어들게 되고, 결국 그림 5.7처럼 전류위상각이 90deg$E$가 되는 순간 수직 성분은 0이되고, 흡입력 또한 0이 되어 토크는 0이 된다.

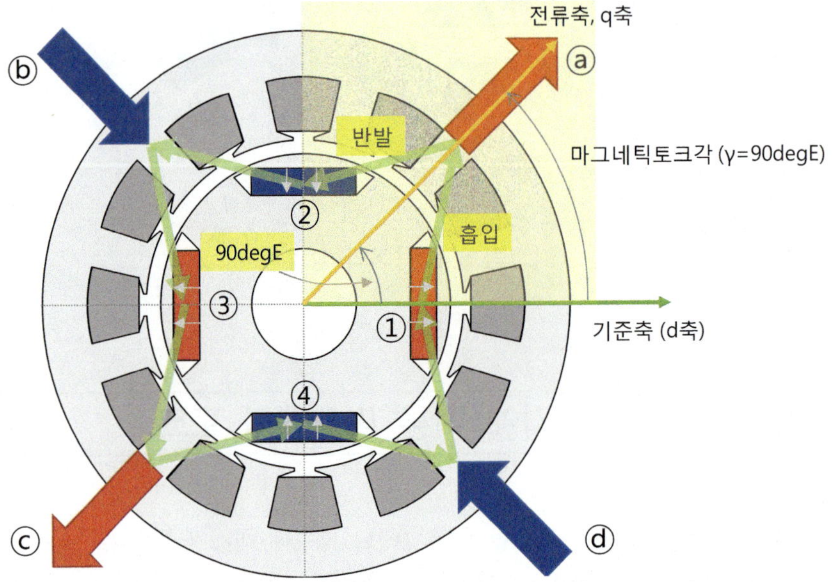

[그림 5.5] IPMSM에 있어 마그네틱토크 발생 원리

비슷하게 전류위상각 β가 음의 값으로 증가하면 토크 발생에 기여하는 힘은 흡입력이 주가 될 것이고, 마찬가지로 흡입력 중 토크에 영향을 미치는 반경에 수직한 성분은 점점 줄어들어 $\beta = -90\text{deg}E$에서 $0\,\text{deg}E$이 될 것이다.

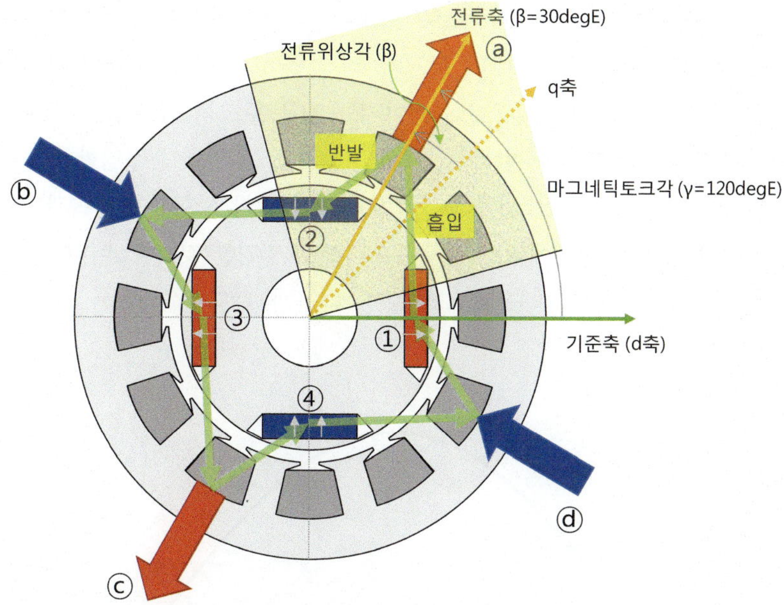

[그림 5.6] 마그네틱 토크 @ 전류위상각 $0 < \beta < 90\mathrm{deg}E$

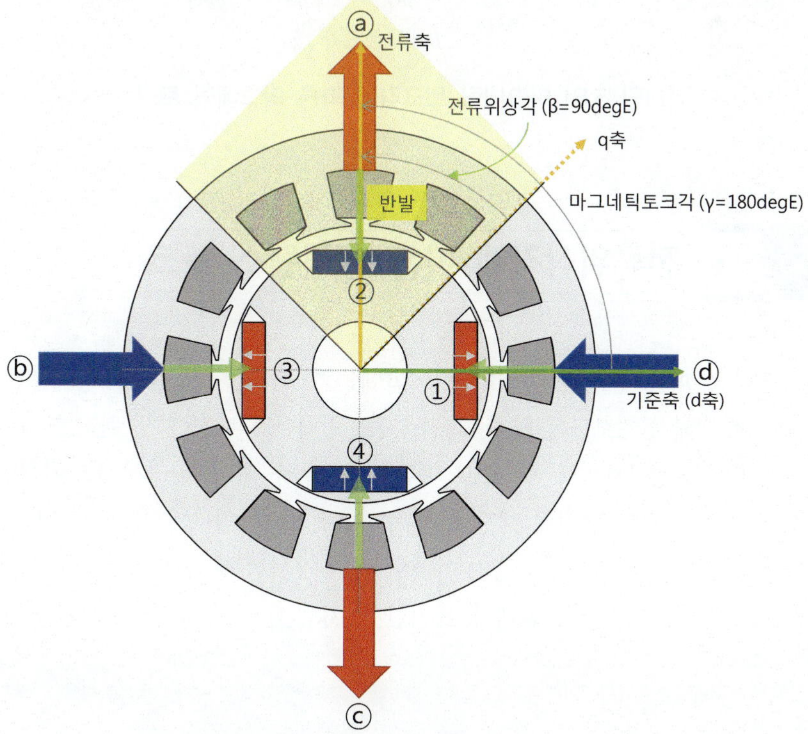

[그림 5.7] 마그네틱 토크 @ 전류위상각 $\beta = 90\,\mathrm{deg}\,E$

이상의 내용을 마그네틱 토크각 γ을 기준으로 설명하면, γ가 90deg$E$일 때 최대 토크가 발생하며, γ가 90deg$E$보다 커지면 마그네틱 토크가 점점 줄고, γ가 180deg$E$가 될 때 토크가 0이 됨을 의미한다. 또한 γ가 90deg$E$보다 작아지는 경우 토크는 점점 줄 것이고 γ가 0deg$E$인 순간 마그네틱 토크는 0이 된다. 앞서 2장에서 전동기 구동 원리를 설명할 때 자속이 수직일 때 최대 토크가 발생한다고 언급을 했었다. γ가 90deg$E$라 함은 회전자 자속과 고정자 자속이 서로 수직함을 의미하며, 이 때문에 마그네틱 토크각으로 명명한 것이다. 이러한 현상을 마그네틱 토크각에 대한 발생 토크 그래프로 그려보면 다음과 같다.

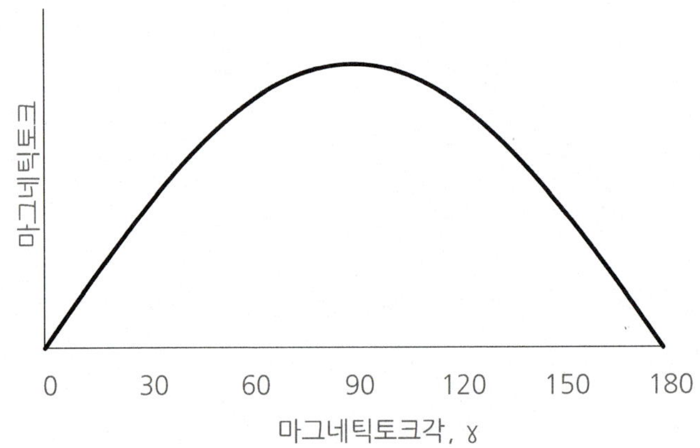

[그림 5.8] 마그네틱 토크각에 따른 마그네틱 토크

5.4 전류위상각에 따른 릴럭턴스 토크

마그네틱 토크를 살펴본 방식과 동일하게 이번에는 그림 5.9~그림 5.11을 통해 릴럭턴스 토크 발생 원리에 대해 살펴보도록 하자. 그림 5.9는 릴럭턴스 토크 발생 원리를 위한 그림으로 회전자를 자세히 보면 영구자석이 공극으로 바뀐 것을 알 수 있다. 따라서 영구자석이 위치하던 곳이 기계적으로 움푹 패인 것처럼 생각해 볼 수 있다. 물론 영구자석이 위치한 곳의 상단에 철심이 여전히 존재하지만, 싱크홀이 생겨 아래로 꺼진 것처럼 생각해보라. 그렇게 되면 회전자는 돌극 구조를 갖게 되는데, 그림에서 표기한 것처럼 ①~④가 돌극이 된다.

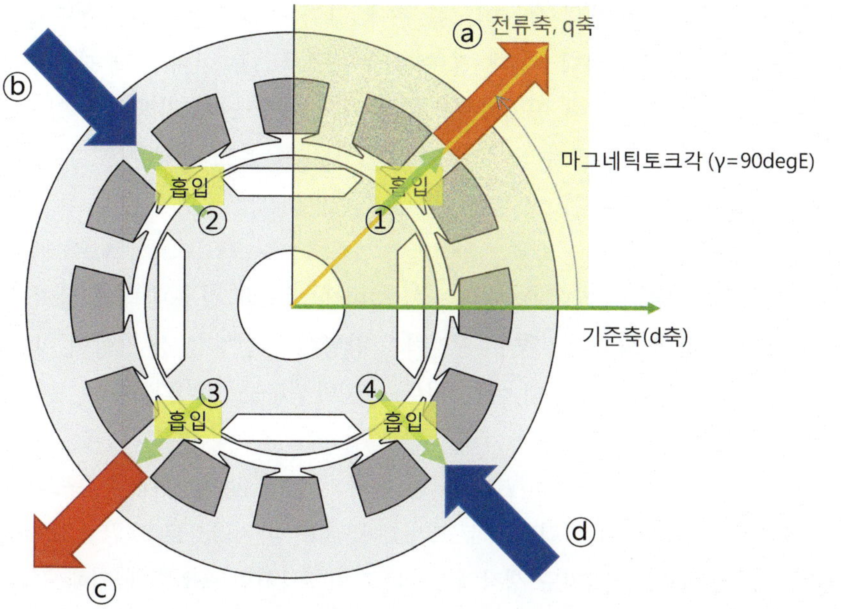

[그림 5.9] 릴럭턴스 토크 발생 원리

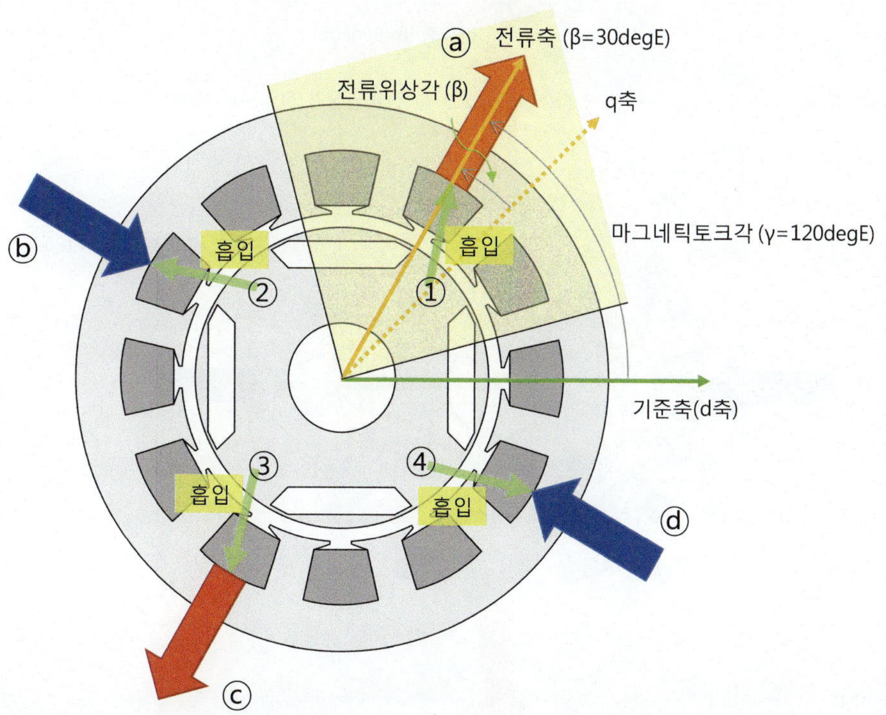

[그림 5.10] 릴럭턴스 토크 @ 전류위상각 $0 < \beta < 90\,\deg E$

마그네틱 토크와 동일한 상황에서의 비교를 위해 그림 5.5와 같이 전류축은 q축에 위치해 있고, 회전자의 위치도 동일하다. 이때 전류축 ⓐ와 돌극 ①사이의 힘에 대해 고찰해 보자. 전류축의 방향과 돌극의 방향이 일치하므로 흡입력은 가장 크게 발생하고 있을 것이나, 그 방향이 반경 방향이므로 반경에 수직인 원주 방향 성분, 즉 토크 성분은 포함하고 있지 않다. 따라서 릴럭턴스 토크는 0이다.

이제 그림 5.10처럼 전류위상각이 0~90deg$E$ 사이에 위치한 경우에 대해 살펴보자. 그림과 같이 흡입력이 발생하게 되고, 이 경우 흡입력의 방향이 완전한 반경 방향이 아니고, 반시계 방향의 원주 방향의 성분을 갖는다. 즉, 정토크가 발생하는 것이다.

전류위상각이 그림 5.11처럼 90deg$E$가 되면 돌극과 돌극 정 중앙에 전류축이 만들어지고 이 때문에 흡입력이 상쇄되어 릴럭턴스 토크가 0이 된다. 마지막으로 그림 5.12처럼 전류위상각이 음으로 커지면 어떻게 될지도 생각해 보자. 그림에서처럼 흡입력에 의해 시계 방향(역방향) 토크가 발생할 것임을 알 수 있다.

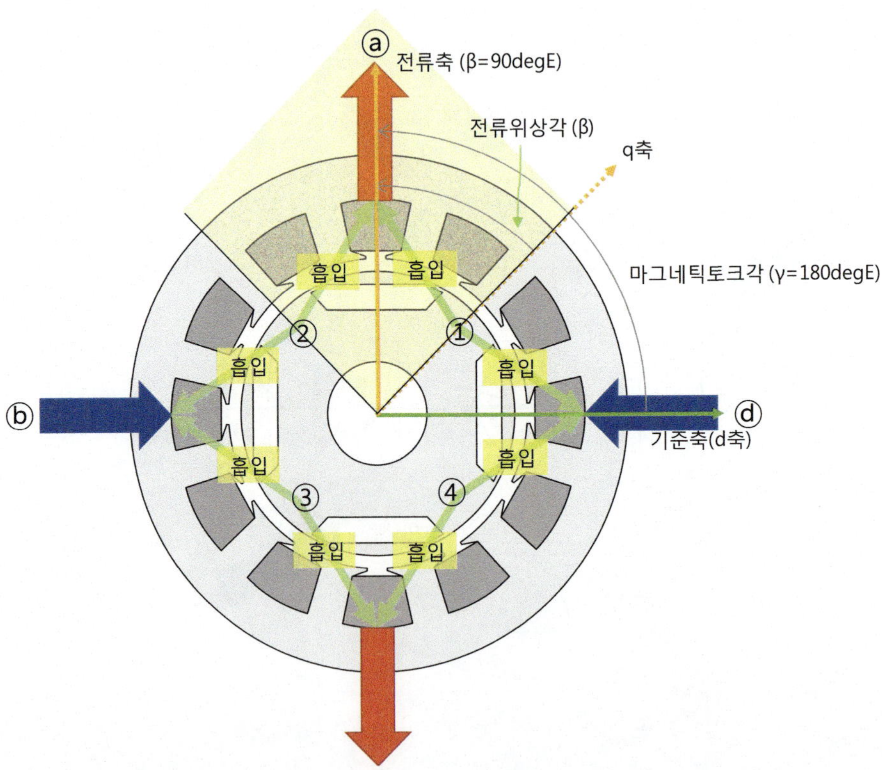

[그림 5.11] 릴럭턴스 토크 @ 전류위상각 $\beta = 90\text{deg}E$

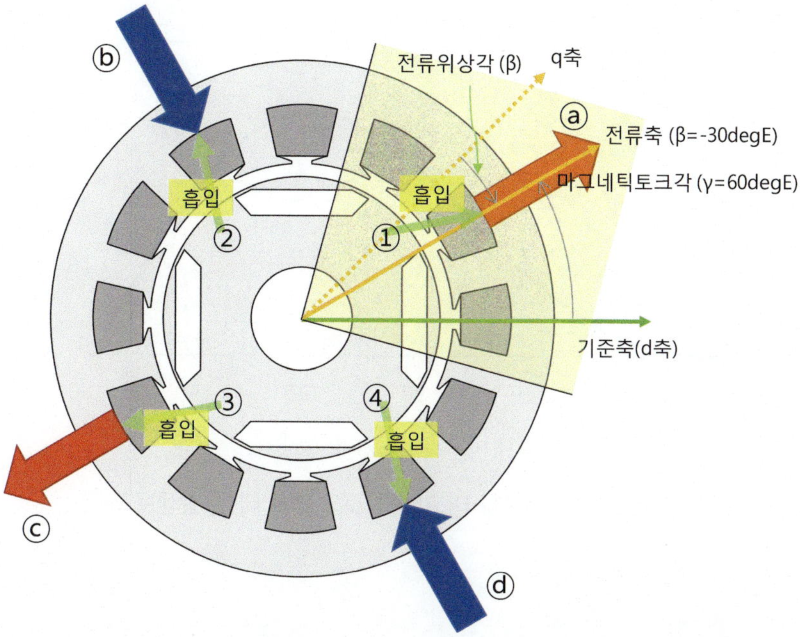

[그림 5.12] 릴럭턴스 토크 @ 전류위상각 $\beta = -30\text{deg}E$

요약해 보면, 전류위상각이 0deg$E$일 때 릴럭턴스 토크는 0이고, 전류위상각이 커지면 릴럭턴스 토크도 커지는데 대략 45deg$E$까지 증가하다가 그 이후로는 점점 감소하여 전류위상각이 90deg$E$가 되면 릴럭턴스 토크가 0이 된다. 전류위상각이 음으로 커지면 역방향 토크가 발생하고 전류위상각이 -90deg$E$에서 0이 된다.

이상의 릴럭턴스 토크와 마그네틱 토크 그리고 이 둘의 합성 토크를 그래프로 그려보면 그림 5.13과 같다. 마그네틱 토크각이 90deg$E$에서 최대 토크가 발생하는 것이 아니고, 더 벌어진 각에서 최대 토크가 발생함을 알 수 있다. 그림 5.14와 같이 전류위상각에 대한 발생 토크로 표현하면 대략 β가 30deg$E$ 전후에서 최대 토크가 발생하는 것이다.

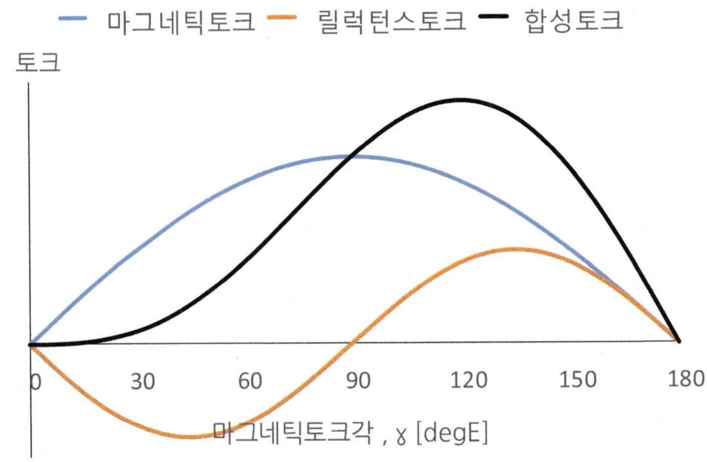

[그림 5.13] IPMSM의 마그네틱 토크각에 따른 발생토크

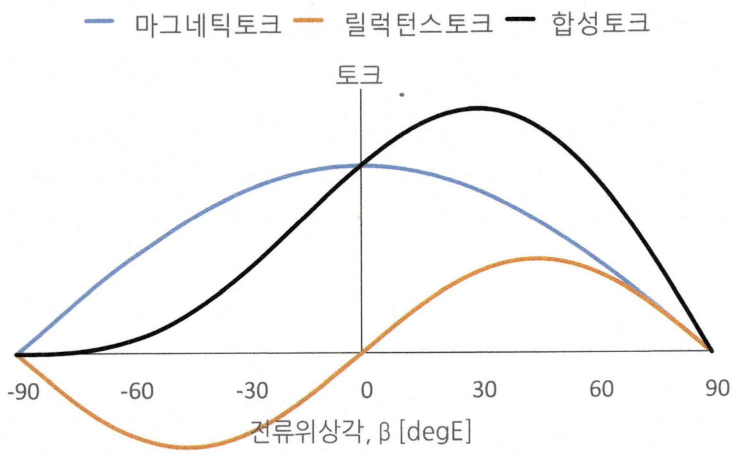

[그림 5.14] 전류위상각에 따른 발생토크

5.5 전류위상각에 따른 합성 자속

이번 절에서는 고정자 권선의 합성 자속에 대해 살펴볼 것이다. 합성 자속이라 함은 회전자 영구자석에 의한 자속과, 고정자 권선에 의한 자속이 합쳐진 자속으로 실제 구동시의 자속을 말한다. **합성 자속을 고찰하는 이유는 자속이 곧 전압으로 나타나기 때문에 구동에 필요한 전압을 알아보기 위함**이다. 합성 자속을 고찰할 때 그 자속의 기준을 고정자 자속 혹은 회전자자속 어느 것으로든 할 수 있지만 여기서는 회전자 자속을 기준으로 합성 자속을 살펴볼 것이다. 참고로 합성 자속의 크기는 토크와 무관하며 입력 전압과 관련됨을 다시 강조한다.

그림 5.15에서와 같이 전류위상각이 $0\deg E$일 때를 먼저 살펴보자. 회전자 자속을 기준으로 했으므로, 회전자 자속량은 항상 동일할 것이고, 여기에 고정자 자속이 더해질 것이다. 그림에서는 고정자 전류에 의해 발생한 자속중 ⓐ와 ⓓ 절반씩 영향을 미치고 있다. ⓐ와 ⓓ는 방향이 서로 다르므로 그 합은 0이 된다. 즉, 전류위상각이 $0\deg E$일 때 합성 자속의 크기는 회전자 자속만 고려하면 된다.

이제 그림 5.16처럼 전류위상각이 커질 때 합성 자속이 어떻게 되는지 살펴보자. 전류위상각이 커짐에 따라 고정자 자속 중 ⓐ에 의한 영향은 줄고, ⓓ에 의한 영향은 커진다. ⓓ의 자속 방향은 회전자 자속 방향과 반대이므로 결국 합성 자속량은 줄어들게 된다.

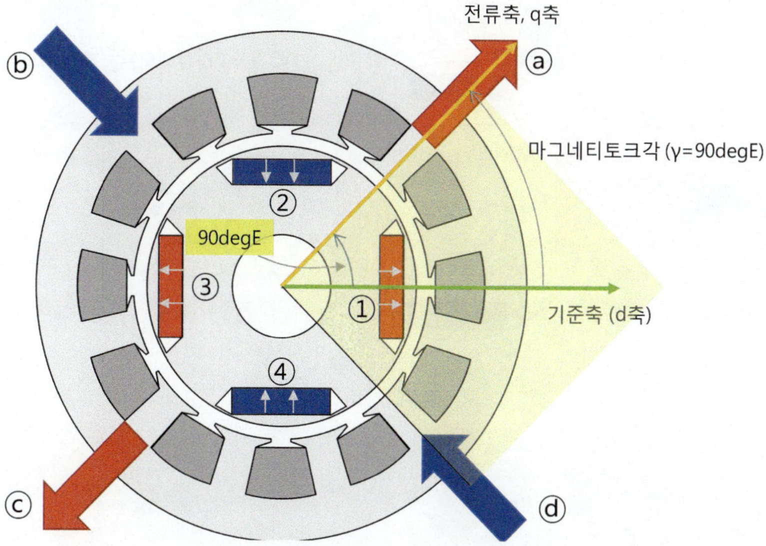

[그림 5.15] 계자기준 합성 자속 @ $\beta = 0\,\deg E$

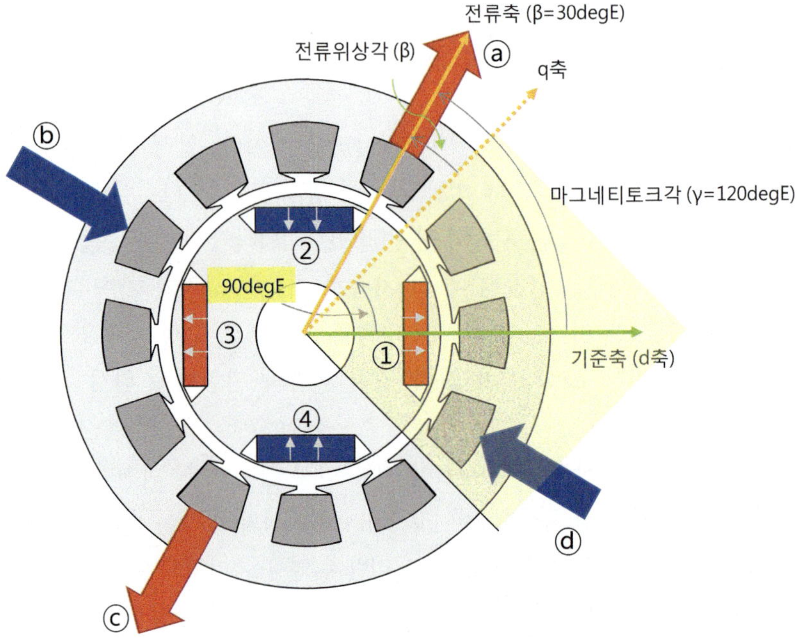

[그림 5.16] 회전자 기준 합성자속 @ $\beta = 30\text{deg}E$

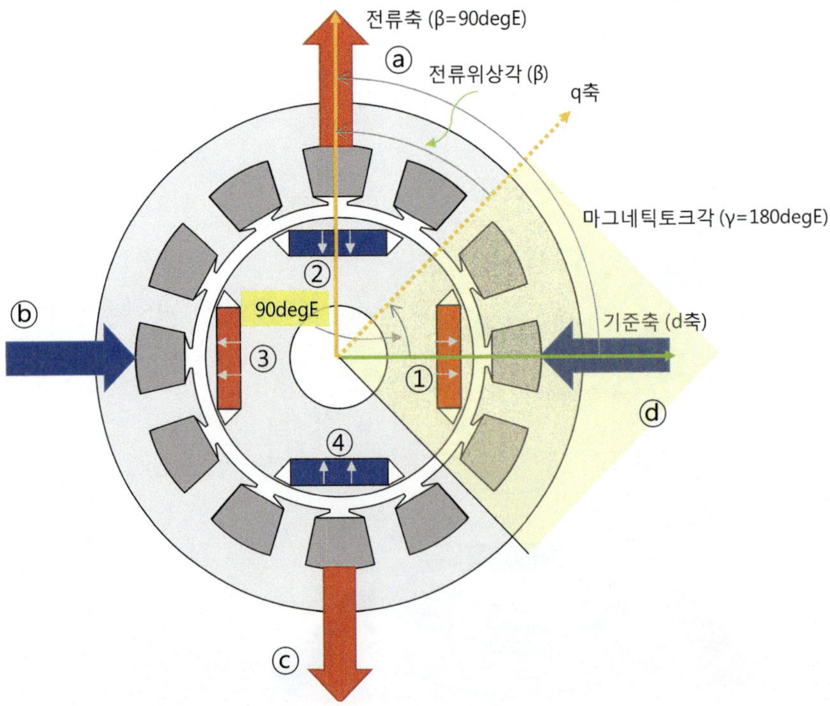

[그림 5.17] 회전자 기준 합성자속 @ $\beta = 90\text{deg}E$

그림 5.17처럼 전류위상각이 90deg$E$가 되면 ⓓ의 영향만 남게 되고 합성 자속량이 가장 적어질 것이다. 경우에 따라서는 음의 값을 가질 수도 있다. 만약 그림 5.18처럼 전류위상각이 음의 값을 가지면 어떻게 될까? 그림에서 보이는 것처럼 회전자 자속과 고정자 자속이 합쳐져 합성 자속의 크기가 커진다. 그림 5.15의 전류위상각이 0deg$E$일 때와 비교해 보면 마그네틱 토크각이 90deg$E$보다 작아졌으므로 마그네틱 토크는 줄어들었으며 릴럭턴스 토크 또한 음의 값을 가진다. 따라서 음의 전류위상각은 전동기 구동에 필요한 입력 전압의 증가만 증가시키고 출력 토크는 감소시키는 결과를 나타내게 되는데, 이러한 운전은 매우 비효율적이므로 **음의 전류위상각으로 전동기를 구동하지는 않는다**. 단, 이상의 설명은 IPMSM에 대한 설명이며 계자 권선형 돌극 구조를 가지는 동기 전동기에서는 전류위상각에 따른 릴럭턴스 토크의 출력 특성이 다르게 나타난다.

회전자 자속의 크기가 줄어든다는 것은 회전수가 일정한 경우 유기 기전력이 줄어든다는 것을 의미하는데, 반대로 전압이 일정하다면 고속으로 회전을 시킬 수 있음을 의미한다. 패러데이법칙에 의해 전압은 속도에 비례하기 때문이다. 이를 요약하자면 전류위상각 조절을 통해 총 자속을 약하게 만들어 고속 회전을 가능하게 하는 것인데 이러한 방법을 전동기 제어에서는 **약자속 제어** 혹은 **약계자 제어**라 한다.

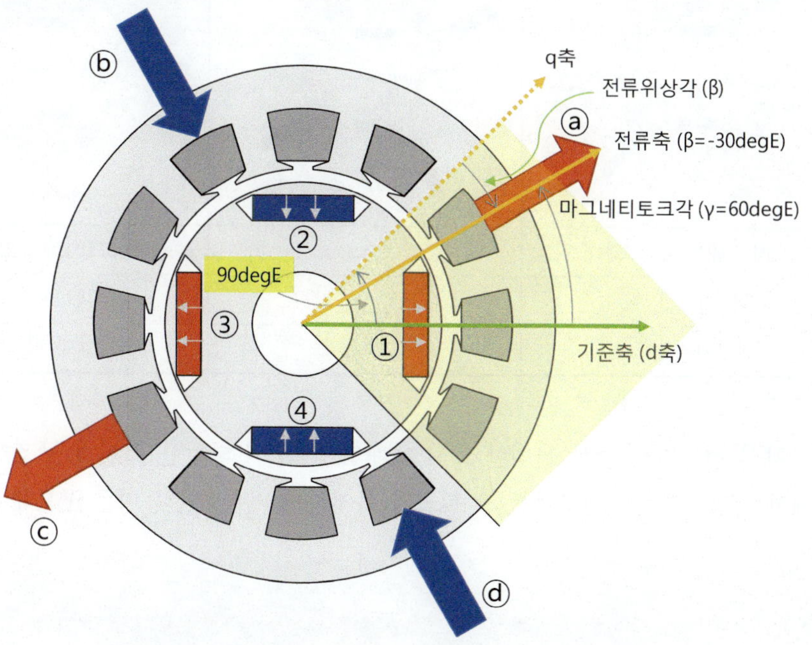

[그림 5.18] 회전자 기준 합성자속 @ $\beta = -30\text{deg}E$

지금까지 내용을 요약해 보면 다음과 같다.

① 회전자 자속의 방향을 기준축인 d축으로 정의하고 이 상황에서 마그네틱 토크가 최대가 되는 전류축의 방향을 q축으로 삼아 기본 모델을 정함(q축은 d축에 $90\deg E$ 앞선 위상을 가짐)

② q축과 전류축 사이각을 전류위상각으로 정의하고, 전류위상각에 따른 발생 토크, 합성 자속량을 살펴봄

③ IPMSM의 경우 전류위상각 $30\deg E$ 전후에서 최대 토크 발생하고, 전류위상각이 커질수록 합성 자속량은 줄어 약계자 제어가 가능해짐

④ 음의 전류위상각은 합성 자속의 크기를 증가시키고 발생 토크는 감소시키므로 전동기 제어에 음의 전류위상각은 사용되지 않음

⑤ 합성 자속은 전동기의 입력 전압과 관련되며 발생 토크와는 직접적인 관련이 없음

[표 5.1] 전류위상각에 따른 토크 및 합성자속 비교(@ $0 \leq \beta \leq 90\deg E$)

구분	$\beta = 0\deg E$	$0 < \beta < 90\deg E$	$\beta = 90\deg E$
형상	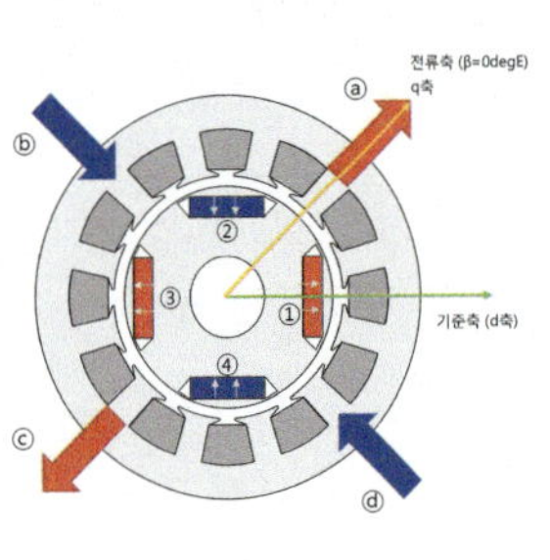	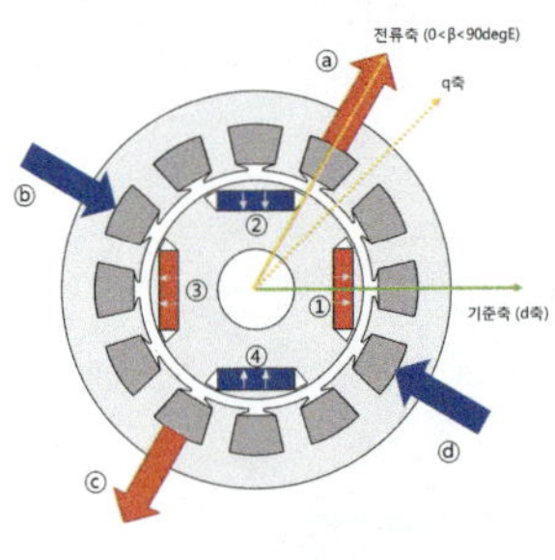	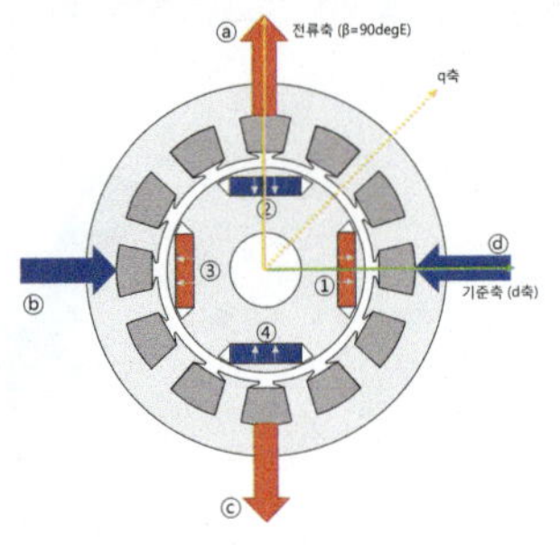
특징	마그네틱토크 최대	↘	마그네틱토크 0
	릴럭턴스토크 0	↗↘	릴럭턴스토크 0
	쇄교자속량 최대	↘	쇄교자속량 최소

끝으로 영구자석 전동기는 앞서 설명한 SPMSM과 IPMSM 외 다양한 회전자 구조가 있는데, 전체 토크에서 마그네틱 토크와 릴럭턴스 토크가 차지하는 비율로 전동기를 구분해 그림 5.19과 같이 나타낼 수 있다.

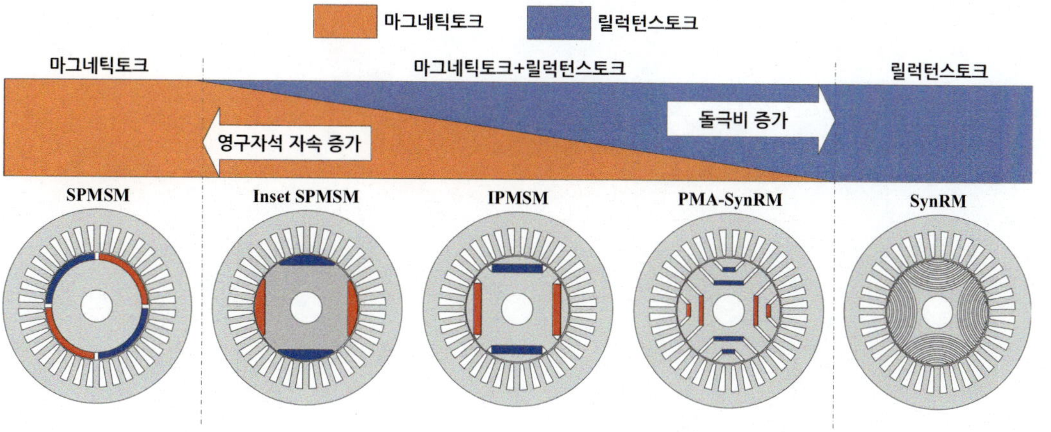

[그림 5.19] 토크 발생 원리에 따른 영구자석 전동기의 분류

6 지배 방정식과 dq모델

이번 장에서는 지금까지 알아본 전동기의 구동 원리를 수학적으로 고찰해 보고자 한다. 전동기의 구동 원리에서 핵심이 되는 물리량은 영구자석에 의한 자속과 권선에 의한 자속임을 알아보았다. 여기서 권선에 흐르는 전류는 전동기의 전압 방정식에 의해 결정되는데 이 전압 방정식에는 영구자석에 의한 자속분과 코일 전류에 의한 자속분을 고려하기 위한 파라미터들이 들어가게 된다. 결국 전동기의 전압 방정식은 전동기의 구동을 설명하는 지배 방정식이 되는데 이제부터 지배 방정식에 대해 자세히 살펴보자.

6.1 3상 전압 방정식

그림 6.1은 3상 영구자석 동기전동기를 전기 회로적인 관점에서 상들의 위상 관계를 고려해 그려본 것이다. 앞서 언급한 바와 같이 각상은 공간적으로 120deg$E$씩 위상차를 가지며, 전기적으로 120deg$E$씩 위상차이가 나는 전원에 연결된다. 권선은 저항률을 가진 도체이므로 저항성분을 갖게 되고, 권선에 쇄교하는 자속이 시간에 따라 변하게 되면 유기 기전력이 발생하게 된다. 여기서 권선에 쇄교하는 자속은 권선 전류에 의한 자속과 영구자석에 의한 자속으로 구분되고, 권선에 쇄교하는 자속은 다상(Multi-Phase) 구조에 의해 자기 자신의 상권선에 의해 발생된 자속과, 다른 상 권선에서 발생된 자속이 자신의 권선에 쇄교하는 자속으로 구분된다. 결국 그림에서 나타낸 고정자의 전압 방정식은 식(6.1)과 같이 쓸 수 있으며 단위는 [V]이다.

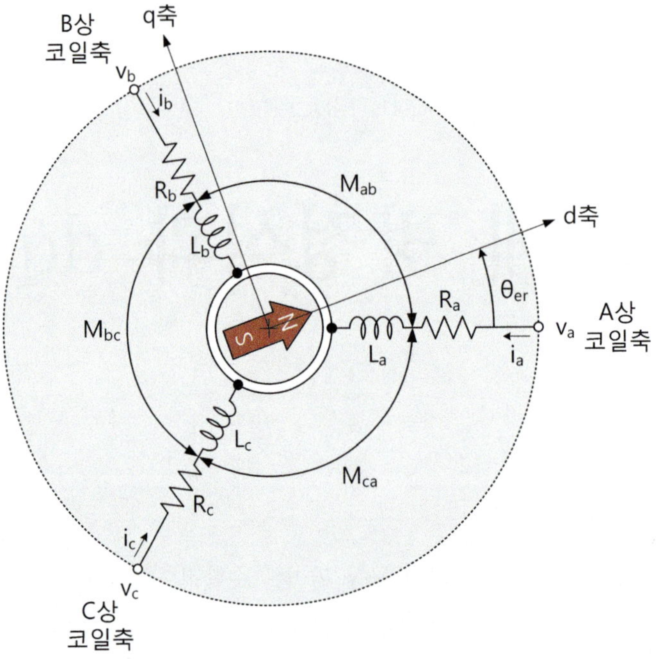

[그림 6.1] 이상적인 PMSM의 해석모델

$$\begin{cases} v_a = i_a R_a + \dfrac{d}{dt}(L_a i_a + M_{ab} i_b + M_{ac} i_c) + \dfrac{d}{dt}\lambda_a^{pm}\,[\mathrm{V}] \\ \mathrm{v_b = i_b R_b + \dfrac{d}{dt}(L_b i_b + M_{ba} i_a + M_{bc} i_c) + \dfrac{d}{dt}\lambda_b^{pm}\,[V]} \\ \mathrm{v_c = i_b R_c + \dfrac{d}{dt}(L_c i_c + M_{ca} i_a + M_{cb} i_b) + \dfrac{d}{dt}\lambda_c^{pm}\,[V]} \end{cases} \tag{6.1}$$

여기서 v_a, v_b, v_c는 각 상의 전압, i_a, i_b, i_c는 각 상의 전류, λ_a^{pm}, λ_b^{pm}, λ_c^{pm}는 영구자석에 의해 각 상에 쇄교하는 자속, L_a, L_b, L_c는 각 상의 자기(Self) 인덕턴스, M_{ab}, M_{bc}, M_{ca}, … 는 상호(Mutual) 인덕턴스이다. 자기 인덕턴스는 특정 상 권선에 흐른 전류에 의해 발생된 자속이 동일 상 권선에 얼마나 쇄교하는가를 나타내는 지표이고, 상호 인덕턴스는 특정 상 권선에 흐른 전류에 의해 발생된 자속이 다른 상 권선에 얼마나 쇄교하는가를 나타내는 지표이다. 예를 들면 A상 권선에 전류 i_a가 흐르는 경우 A상 쇄교자속은 $L_a i_a$로 계산되고, A상 권선에 흐르는 전류에 의해 만들어진 자속이 B상 권선에 쇄교하는 자속량은 $M_{ba} i_a$로 계산된다. 또한 영구자석에 의해 쇄교하는 자속은 회전자 위치에 따라 달라지며 회전자의 위치를 A상 코일축을 기준으로 하고 있다.

이제 그림 6.2의 2극 영구자석 전동기에 대해 식(6.1)의 영구자석에 의한 쇄교자속 λ_a^{pm}, λ_a^{pm}, λ_a^{pm}이 전기각으로 표현한 회전자 위치 θ_{er}에 따라 어떻게 변하는지 살펴보자. 이 경우 2극이므로 전기각과 기계각이 같고 그림 6.2의 회전자 위치를 표현한 θ_{mr}은 θ_{er}와 동일하다.

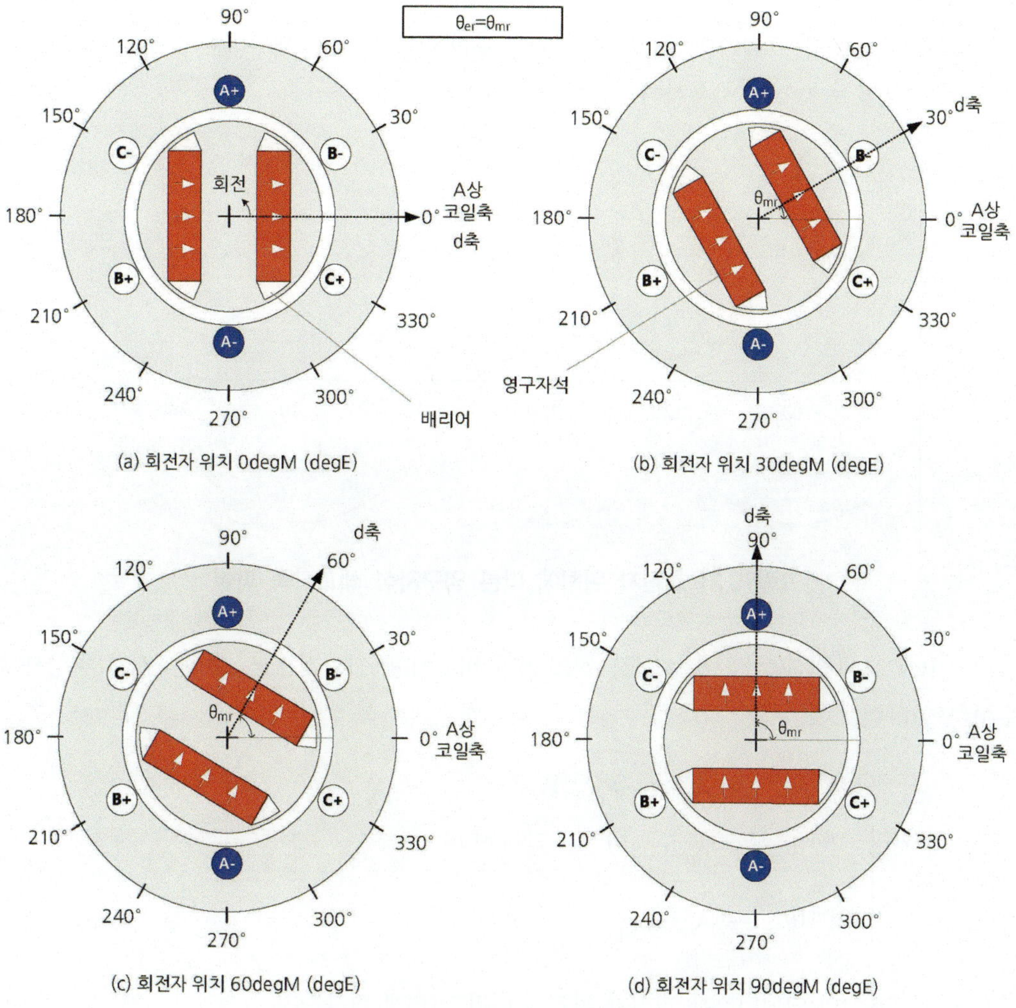

[그림 6.2] 영구자석에 의한 쇄교자속 변화

영구자석에 의한 A상 쇄교자속은 그림 6.2 (a)와 같이 A상 코일축과 d축이 일치할 때 가장 크고 회전자가 정방향(반시계방향)으로 회전함에 따라 그 크기는 점점 줄어 그림 6.2 (d)와 같이 A상 코일축과 d축이 전기적으로 90deg$E$ 차이날 때 영구자석에 의한 쇄교자속량은 0이 된다. 회전자가 더 회전하면 반대극성의 영구자석이 영향을 미치게 되며 180deg$E$ 회전하면 반대극성의 자속이 최대로 쇄교된다. 이러한 특징을 수식으로 써 보면 식(6.2)와 같이 쓸 수 있는데, 수식 전개를 간편하게 하기 위해 회전자 위치에 따른 영구자석 쇄교자속량이 정현적으로 변한다고 가정하였다.

$$\lambda^{pm}(\theta_{er}) = \lambda_{pm}\cos(\theta_{er})\,[\mathrm{Wb}] \tag{6.2}$$

여기서 자속의 단위는 웨버(Weber)로 독일의 물리학자 빌헬름 에두아르트 베버의 이름을 딴 것이며 기호는 Wb를 사용한다.

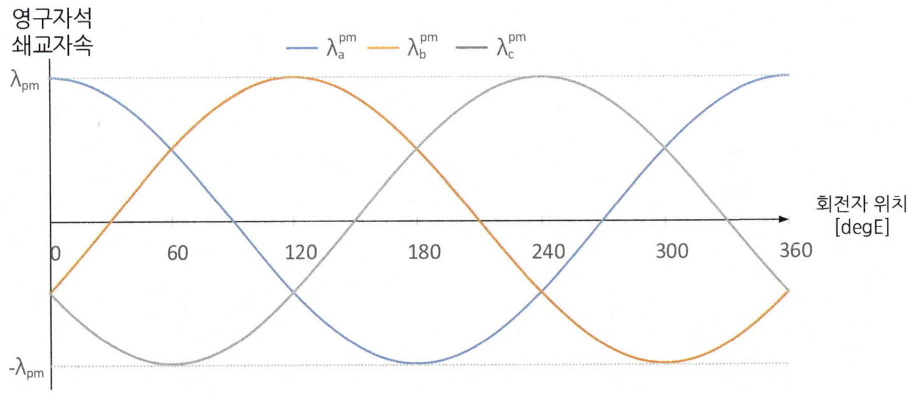

[그림 6.3] 회전자 위치에 따른 영구자석 쇄교자속 파형

나머지 B, C상에 쇄교하는 자속 또한 식(6.2)과 비슷하게 전기적으로 120deg$E$씩 위상차를 두어 표현하면,

$$\begin{cases} \lambda_a^{pm}(\theta_{er}) = \lambda_{pm}\cos(\theta_{er})\,[\mathrm{Wb}] \\ \lambda_b^{pm}(\theta_{er}) = \lambda_{pm}\cos\left(\theta_{er} - \dfrac{2\pi}{3}\right)[\mathrm{Wb}] \\ \lambda_c^{pm}(\theta_{er}) = \lambda_{pm}\cos\left(\theta_{er} + \dfrac{2\pi}{3}\right)[\mathrm{Wb}] \end{cases} \tag{6.3}$$

다음으로 식(6.1)의 인덕턴스가 회전자 위치에 따라 어떻게 변하는지 살펴보자. IPMSM과 같이 회전자가 자기적인 돌극을 갖게 되면 고정자 인덕턴스는 회전자의 위치에 따라 그 크기가 변하는데, 인덕턴스는 코일에 의해 발생된 자속을 코일에 흐르는 전류로 나누어 준 값이므로 회전자 위치에 따른 자속의 크기가 어떻게 될지 생각해 보자. 그림 6.4는 2극 전동기를 기준으로 A상 권선에 일정한 전류가 흐르고 있을 때 회전자 위치에 따른 자속의 크기를 나타낸 것이다. 이해를 돕기 위해 자속을 상, 중, 하에 위치한 화살표 세 개로 표현하였으며 ①, ②, ③의 번호를 붙여 구분하였다. 또한, 화살표의 굵기가 굵어질수록 많은 자속이 발생한 것으로

표현하였다. 그림 6.4 (a)는 회전자 위치(d축)가 코일축과 같은 지점으로 이때를 회전자 위치 0deg$E$라고 생각한다. 그림에서 A상 권선에 의해 발생된 자속은 회전자 브릿지를 지나는 자속을 무시하면 회전자 내부의 배리어를 반드시 지나가야 하므로 큰 자속이 발생할 수 없다. 따라서 이 지점이 인덕턴스가 최소가 되는 지점이다. 그림 6.4 (b)~(c)와 같이 회전자가 회전하게 되면 회전자를 지나는 자속중 ①, ③ 자속은 그 크기가 점점 늘어날 것이고, ②를 지나는 자속은 점점 줄어들 것이다. 그림 6.4 (d)와 같이 회전자가 90deg$E$ 만큼 이동한 지점에서는 ①, ③ 자속이 가장 커지는 지점으로 인덕턴스가 최대가 되는 지점이다. 회전자가 더 회전하면 자속은 역으로 점점 줄 것이며 회전자가 180deg$E$만큼 회전하면 회전자가 0deg$E$에 있는 것과 동일한 형상이 되므로 인덕턴스 최소지점이 된다.

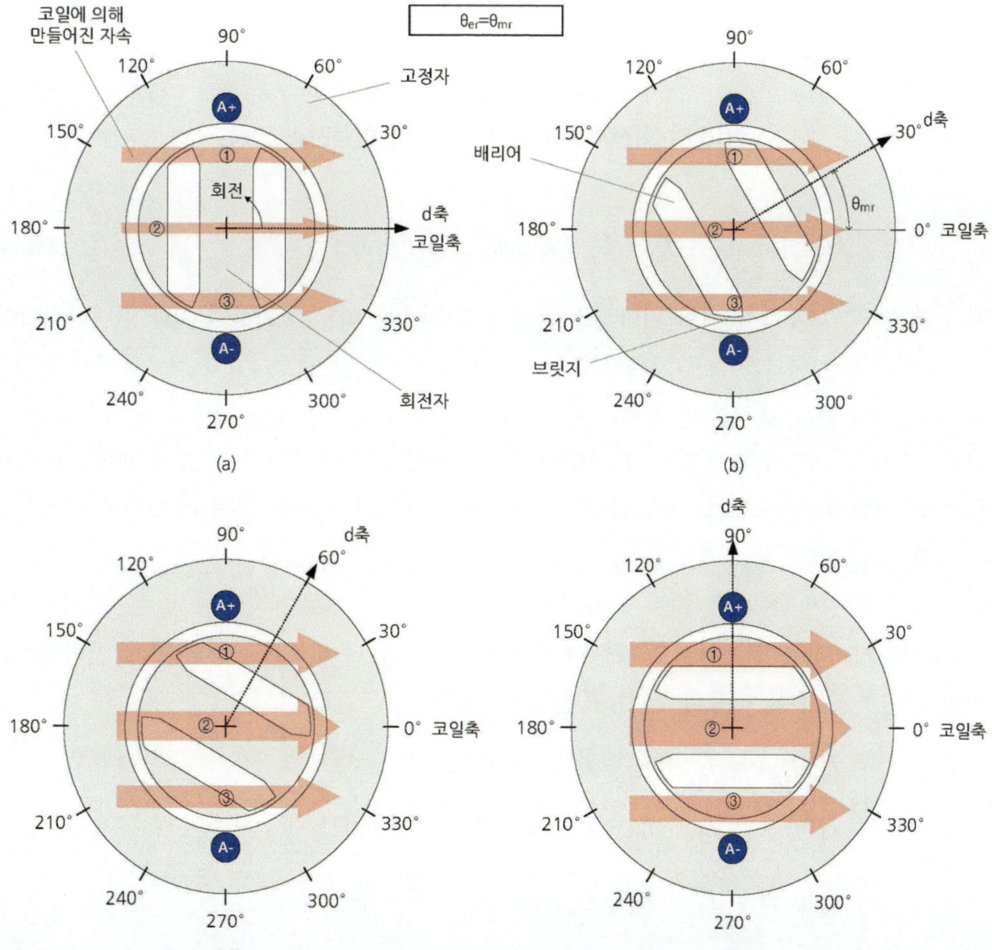

[그림 6.4] 전기자 권선의 자기 쇄교자속의 변화

이러한 인덕턴스의 변화를 수식 전개의 편의성을 위해 정현적으로 변한다고 가정하면 A상 자기 인덕턴스는 그림 6.5과 같이 그릴 수 있으며 식(6.4)와 같이 쓸 수 있다.

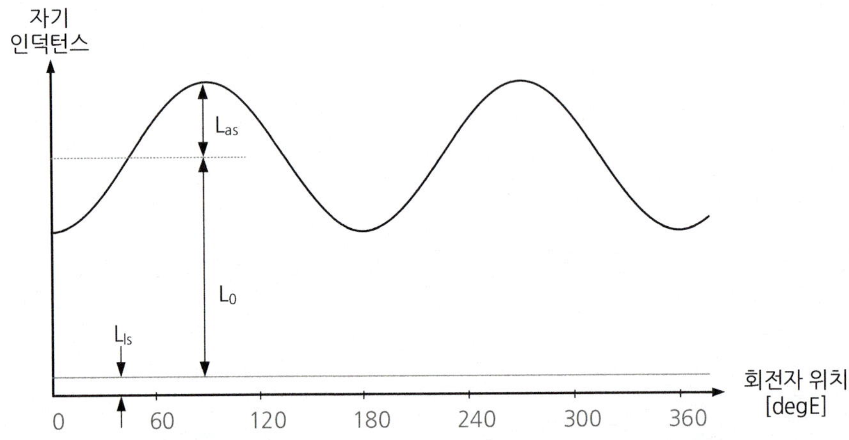

[그림 6.5] 회전자 위치에 따른 자기 인덕턴스 변화

$$L_a(\theta_{mr}) = L_{ls} + L_0 - L_{as}\cos(2p\theta_{mr})\,[\mathrm{H}] \tag{6.4}$$

여기서 L_{ls}는 추후 수식 전개의 편의성을 위해 누설 자속을 따로 고려하기 위한 인덕턴스이며, L_0은 누설 자속을 제외한 평균 자속량을 고려하기 위한 인덕턴스 그리고 L_{as}는 회전자 위치에 따른 자속 변화분을 표현하기 위한 인덕턴스이다. 또한 θ_{mr}은 A상 코일축을 기준으로 한 회전자 위치로 기계각이며, $\cos(\cdot)$ 내부에 $2p$가 곱해진 이유는 극수만큼의 주기가 나타나기 때문이다. 인덕턴스의 단위는 물리학자 조지프 헨리에서 이름을 딴 헨리(Henry)이며 기호로 H를 사용한다.

식(6.4)에서 기계각을 전기각으로 표현하고 A상을 비롯한 나머지 B, C상의 자기 인덕턴스는 단순히 위상차를 두어 다음과 같이 표현할 수 있다.

$$\begin{cases} L_a(\theta_{er}) = L_{ls} + L_0 - L_{as}\cos(2\theta_{er})\,[\mathrm{H}] \\ L_b(\theta_{er}) = L_{ls} + L_0 - L_{as}\cos\left(2\left(\theta_{er} - \dfrac{2\pi}{3}\right)\right)[\mathrm{H}] \\ L_c(\theta_{er}) = L_{ls} + L_0 - L_{as}\cos\left(2\left(\theta_{er} + \dfrac{2\pi}{3}\right)\right)[\mathrm{H}] \end{cases} \tag{6.5}$$

여기서 θ_{er}은 전기각으로 표현한 회전자 위치각이다.

비슷하게 그림 6.6과 같이 상호 인덕턴스에 대한 영향도 볼 수 있다. 그림은 A상에 의해 만들어진 자속이 B상에 쇄교하는 자속을 나타낸 것이다.

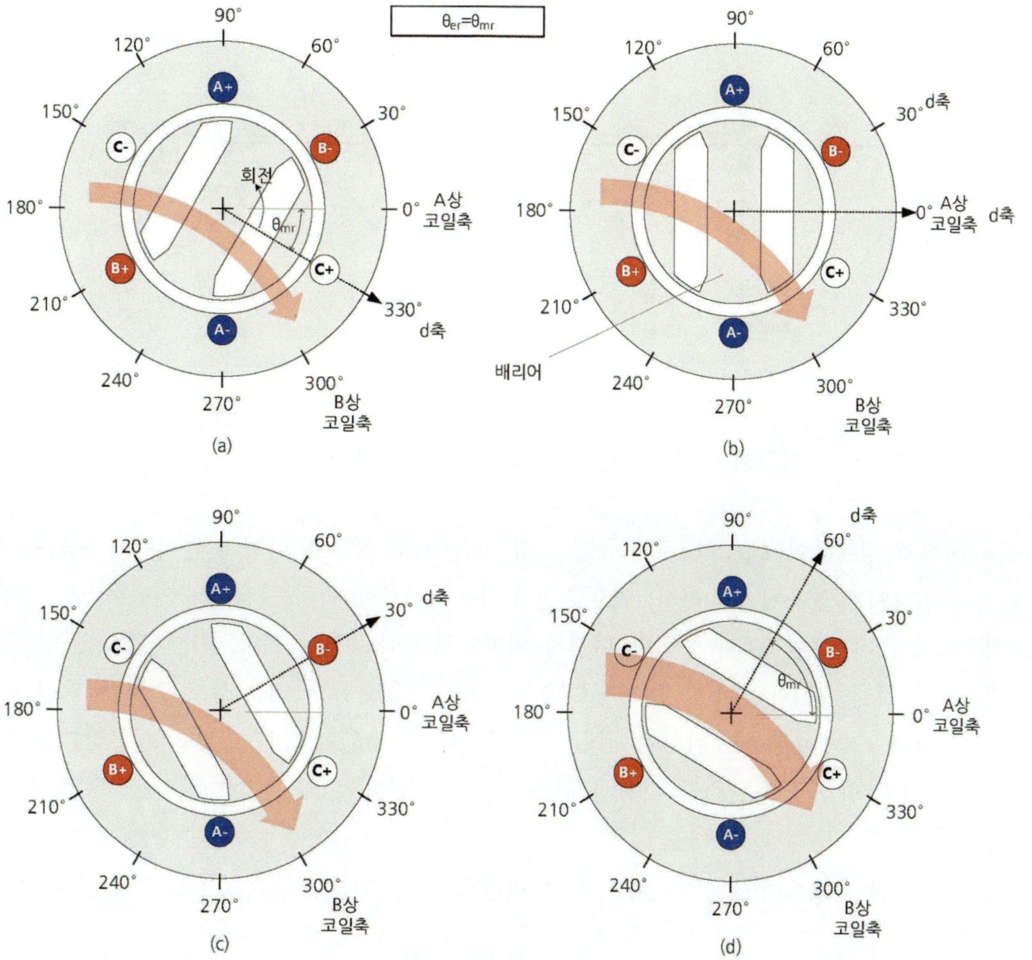

[그림 6.6] 전기자 권선의 상호 쇄교자속 변화

A상에 의해 만들어진 자속은 일부 누설되고 남은 자속이 B상에 쇄교하게 되는데, 그림 6.6(a)와 같이 θ_{mr}이 $-30\deg E$되는 지점에서 회전자 배리어에 막혀 B상 권선으로 넘어가기 가장 힘들어진다. A상에 의해 만들어진 자속이 B상에 쇄교하기 가장 좋은 회전자 위치는 그림 6.6(d)로 $60\deg E$이다. 단, 이때 쇄교자속은 B상권선에 역방향으로 쇄교하고 있으므로 부호는 음이다. 따라서 A상 전류에 의한 B상 쇄교자속을 나타내는 상호 인덕턴스는 그림 6.7과 같이 그려지며 식으로 표현하면 식(6.6)과 같다.

$$M_{ab}(\theta_{er}) = -\frac{L_0}{2} - L_{as}\cos\left(2\left(\theta_{er} - \frac{\pi}{3}\right)\right) \qquad (6.6)$$
$$= -\frac{L_0}{2} - L_{as}\cos\left(2\theta_{er} - \frac{2\pi}{3}\right)[\mathrm{H}]$$

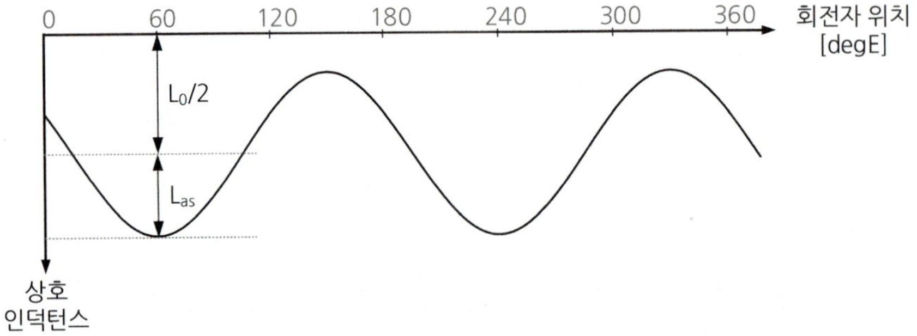

[그림 6.7] 회전자 위치에 따른 상호 인덕턴스 변화

식(6.6)에서 평균값이 $L_0/2$가 된 이유는, A상 자속이 두 상으로 나뉘어 들어가기 때문이며 진폭은 변하지 않았음에 유의하라. 역으로 B상 자속이 A상에 미치는 영향을 인덕턴스로 구해 볼 수도 있는데, 그림 6.6과 동일한 회전자 위치에서 최대값을 가진다. 이는 상호 인덕턴스 $M_{ab} = M_{ba}$임을 의미한다. B상 자속이 C상에 미치는 영향을 나타내는 상호 인덕턴스 M_{bc}는 M_{ab}에 비해 120deg$E$만큼 위상이 뒤질 것이며, M_{ca}는 M_{bc}에 또다시 120deg$E$만큼 뒤질 것이다. 결국 상호 인덕턴스는 다음과 같이 써볼 수 있다.

$$\begin{cases} M_{ab} = M_{ba} = -\dfrac{L_0}{2} - L_{as}\cos\left(2\theta_{er} - \dfrac{2\pi}{3}\right)[\mathrm{H}] \\ M_{bc} = M_{ca} = -\dfrac{L_0}{2} - L_{as}\cos(2\theta_{er})[\mathrm{H}] \\ M_{ca} = M_{ac} = -\dfrac{L_0}{2} - L_{as}\cos\left(2\theta_{er} + \dfrac{2\pi}{3}\right)[\mathrm{H}] \end{cases} \qquad (6.7)$$

이제 식(6.5), 식(6.7), 식(6.3)을 이용해 식(6.1)을 행렬 형태로 다시 표현하면,

$$\mathbf{v}_{abc} = \mathbf{R}_s \mathbf{i}_{abc} + \frac{d}{dt}(\boldsymbol{\lambda}_{abc}^{ss} + \boldsymbol{\lambda}_{abc}^{pm})$$

$$\because \ \mathbf{v}_{abc} = \begin{bmatrix} v_a \\ v_b \\ v_c \end{bmatrix}, \quad \mathbf{i}_{abc} = \begin{bmatrix} i_a \\ i_b \\ i_c \end{bmatrix}$$

$$\boldsymbol{\lambda}_{abc}^{ss} = \mathbf{L}_{ss}\mathbf{i}_{abc}, \qquad \boldsymbol{\lambda}_{abc}^{pm} = \lambda_{pm} \begin{bmatrix} \cos(\theta_{er}) \\ \cos\left(\theta_{er} + \frac{2\pi}{3}\right) \\ \cos\left(\theta_{er} - \frac{2\pi}{3}\right) \end{bmatrix},$$

$$\mathbf{R}_s = \begin{bmatrix} R_a & 0 & 0 \\ 0 & R_b & 0 \\ 0 & 0 & R_c \end{bmatrix}, \quad \mathbf{L}_{ss} = \begin{bmatrix} L_a & M_{ab} & M_{ac} \\ M_{ba} & L_b & M_{bc} \\ M_{ca} & M_{cb} & L_c \end{bmatrix} \tag{6.8}$$

$$L_a(\theta_{er}) = L_{ls} + L_0 - L_{as}\cos(2\theta_{er})$$

$$L_b(\theta_{er}) = L_{ls} + L_0 - L_{as}\cos\left(2\theta_{er} + \frac{2\pi}{3}\right)$$

$$L_c(\theta_{er}) = L_{ls} + L_0 - L_{as}\cos\left(2\theta_{er} - \frac{2\pi}{3}\right)$$

$$M_{ab} = M_{ba} = -\frac{L_0}{2} - L_{as}\cos\left(2\theta_{er} - \frac{2\pi}{3}\right)$$

$$M_{bc} = M_{cb} = -\frac{L_0}{2} - L_{as}\cos(2\theta_{er})$$

$$M_{ca} = M_{ac} = -\frac{L_0}{2} - L_{as}\cos\left(2\theta_{er} + \frac{2\pi}{3}\right)$$

식(6.8)에서 쇄교자속을 크게 두 가지로 구분하여 정리하였는데, $\boldsymbol{\lambda}_{abc}^{ss}$는 고정자 권선 전류에 의해 발생된 자속이 각 상 권선에 쇄교하는 자속이며, $\boldsymbol{\lambda}_{abc}^{pm}$는 회전자 영구자석에 의한 자속이 각 상 권선에 쇄교하는 자속이다.

6.2 dq 변환

식(6.8)은 고정자 권선을 기준으로 작성된 전압 방정식인데, 자속들이 모두 회전자 위치에 따라 변하다 보니 특성 해석을 하는데 어려움이 있다. 앞서 언급했지만 동기기는 고정자 자속과 회전자 자속이 동기화되어, 즉 같은 속도로 움직이는 것이다. 이를 달리 말하면, 회전자에서 고정자 자속을 바라보면 자속이 변하지 않고 항상 일정한 값을 가지는 것이다. 그래서 여기서는 **회전자 기준으로 자속식**을 써 보고자 한다. 헌데, 회전자에는 3상 권선에 존재하지 않아 코일축을 정의하기 어렵고 대신 자속이 나가는 방향을 나타내는 d축과 d축에 $90\deg E$ 앞선 q축으로 나타내면 편리해진다. 고정자 기준 3상 전압 방정식을 회전자 기준 dq축 방정식으로 바꾸는 것을 dq 변환이라 한다. dq 변환을 하게 되면, 우리는 3상 동기 전동기를 직류전동기처럼 이해할 수 있게 된다.

그림 6.8과 같이 dq 변환은 크게 두 가지 단계로 나뉘는데, 고정자 기준 3상을 2상으로 바꾸는 과정과, 변환된 고정자 기준 2상을 회전자 기준 2상으로 바꾸는 과정을 거치게 된다. 그림에서 a_s, b_s, c_s는 A, B, C상의 임의의 각상 물리량(전압, 전류, 자속 등)을 의미한다. 먼저 고정자 기준 3상을 2상으로 바꾸는 과정은 A상을 기준축 d_s로 하여 이보다 $90\deg E$ 앞서는 축을 q_s축으로 둔다. 그리고 a, b, c 축 각각의 성분을 d_s와 q_s성분으로 나누어 합친다. 이를 수식으로 써 보면 식(6.9)와 같다. 참고로 d_s와 q_s의 아래첨자 s는 고정자 기준 좌표계를 사용한 물리량임을 의미하며 아래 첨자가 없는 경우는 회전 변환까지 적용된 회전자 기준 좌표계를 사용한 물리량임을 의미한다.

$$\begin{bmatrix} d_s \\ q_s \end{bmatrix} = \begin{bmatrix} 1 & \cos\left(\frac{2\pi}{3}\right) & \cos\left(-\frac{2\pi}{3}\right) \\ 0 & \sin\left(\frac{2\pi}{3}\right) & \sin\left(-\frac{2\pi}{3}\right) \end{bmatrix} \begin{bmatrix} a_s \\ b_s \\ c_s \end{bmatrix} \tag{6.9}$$

$$= \begin{bmatrix} 1 & -\frac{1}{2} & -\frac{1}{2} \\ 0 & \frac{\sqrt{3}}{2} & -\frac{\sqrt{3}}{2} \end{bmatrix} \begin{bmatrix} a_s \\ b_s \\ c_s \end{bmatrix}$$

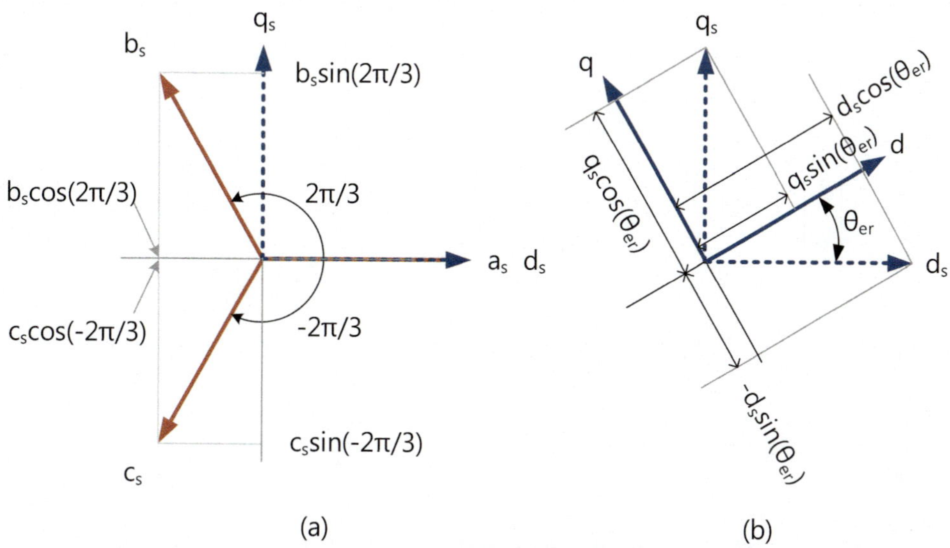

[그림 6.8] dq변환 개념도

실제적인 물리량을 변환해 보기 위해 a_s, b_s, c_s대신 전류 i_a, i_b, i_c를 사용해 보자. 각 상의 전류는 120deg$E$의 위상차를 갖고 있으므로 다음과 같이 표현할 수 있다.

$$\begin{cases} i_a = I_m\cos(\theta_{er}) \\ i_b = I_m\cos\left(\theta_{er} - \dfrac{2\pi}{3}\right) \\ i_c = I_m\cos\left(\theta_{er} + \dfrac{2\pi}{3}\right) \end{cases} \tag{6.10}$$

여기서 I_m은 상전류의 크기이다.

식(6.10)을 식(6.9)에 대입하여 전개하면,

$$\begin{bmatrix} I_{ds} \\ I_{qs} \end{bmatrix} = I_m \begin{bmatrix} 1 & -1/2 & -1/2 \\ 0 & \sqrt{3}/2 & -\sqrt{3}/2 \end{bmatrix} \begin{bmatrix} \cos(\theta_{er}) \\ \cos\left(\theta_{er} - \dfrac{2\pi}{3}\right) \\ \cos\left(\theta_{er} + \dfrac{2\pi}{3}\right) \end{bmatrix} \tag{6.11}$$

$$= I_m \begin{bmatrix} \dfrac{3}{2}\cos(\theta_{er}) \\ \dfrac{3}{2}\sin(\theta_{er}) \end{bmatrix}$$

3상 대칭 물리량을 변환하니 그 크기가 3/2배 커졌다. 많은 경우에 있어 해석상의 편의를 위해 변환된 물리량의 최대 크기를 변환전과 동일하게 하기 위해 변환시 2/3을 곱하여 변환을 하게 된다. 즉,

$$\begin{bmatrix} d_s \\ q_s \end{bmatrix} = \frac{2}{3}\begin{bmatrix} 1 & -1/2 & -1/2 \\ 0 & \sqrt{3}/2 & -\sqrt{3}/2 \end{bmatrix}\begin{bmatrix} a_s \\ b_s \\ c_s \end{bmatrix} \tag{6.12}$$

경우에 따라서는 변환에 2/3을 곱하는 대신 $\sqrt{\frac{2}{3}}$ 을 곱하는 경우도 있는데, 이러한 방법을 적용하면 에너지 관점에서 변환 전후의 크기가 같아진다. 자세한 내용은 유니터리(Unitary) 변환을 찾아보라.

다음으로 회전 변환을 고려해 보자. 회전 변환은 식(6.13)과 같이 쓸 수 있다.

$$\begin{bmatrix} d \\ q \end{bmatrix} = \begin{bmatrix} \cos(\theta_{er}) & \sin(\theta_{er}) \\ -\sin(\theta_{er}) & \cos(\theta_{er}) \end{bmatrix}\begin{bmatrix} d_s \\ q_s \end{bmatrix} \tag{6.13}$$

결국 A, B, C 3상을 회전자 자속기준 d, q축으로 변환하는 식은 식(6.12)와 식(6.13)을 합쳐 다음과 같이 표현할 수 있으며 C_{dq}를 dq 변환 행렬이라 한다.

$$\begin{aligned}\begin{bmatrix} d \\ q \end{bmatrix} &= \frac{2}{3}\begin{bmatrix} \cos(\theta_{er}) & \sin(\theta_{er}) \\ -\sin(\theta_{er}) & \cos(\theta_{er}) \end{bmatrix}\begin{bmatrix} 1 & -1/2 & -1/2 \\ 0 & \sqrt{3}/2 & -\sqrt{3}/2 \end{bmatrix}\begin{bmatrix} a_s \\ b_s \\ c_s \end{bmatrix} \\ &= \frac{2}{3}\begin{bmatrix} \cos(\theta_{er}) & \cos\left(\theta_{er}-\frac{2\pi}{3}\right) & \cos\left(\theta_{er}+\frac{2\pi}{3}\right) \\ -\sin(\theta_{er}) & -\sin\left(\theta_{er}-\frac{2\pi}{3}\right) & -\sin\left(\theta_{er}+\frac{2\pi}{3}\right) \end{bmatrix}\begin{bmatrix} a_s \\ b_s \\ c_s \end{bmatrix}\end{aligned}$$

$$\because\ C_{dq} = \frac{2}{3}\begin{bmatrix} \cos(\theta_{er}) & \cos\left(\theta_{er}-\frac{2\pi}{3}\right) & \cos\left(\theta_{er}+\frac{2\pi}{3}\right) \\ -\sin(\theta_{er}) & -\sin\left(\theta_{er}-\frac{2\pi}{3}\right) & -\sin\left(\theta_{er}+\frac{2\pi}{3}\right) \end{bmatrix} \tag{6.14}$$

3상을 2상으로 변환하는 과정에서 변환 행렬 C_{dq}가 정방 행렬이면 이에 대한 역행렬을 정의할 수 있어 수식 전개가 더욱 편해지는데, 이를 위해 d, q축 외 0축(Zero-Sequence)을 정의해 볼 수 있다. 0축의 물리적인 의미는 그림 6.9와 같이 3상 물리량에 존재하는 DC 옵셋 값으로 이라 생각하면 되겠다.

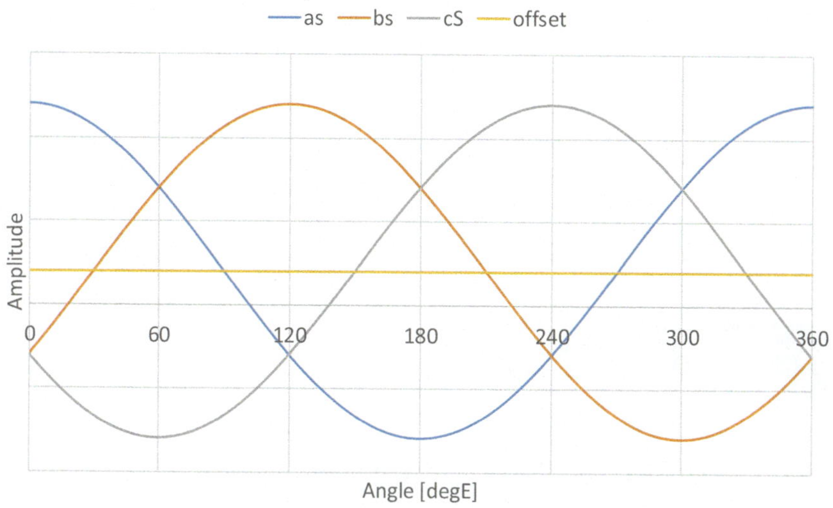

[그림 6.9] 0축의 존재 – 3상 물리량에 Offset이 존재하는 경우

예를 들면 영구자석의 N극과 S극의 사용량이 동일하지 않을 경우 회전자 위치에 따른 쇄교자속 파형은 원점 대칭 파형이 되지 않을 것이며 양의 쇄교자속이 더 크거나 혹은 반대의 경우가 될 것이다. 즉 파형에 옵셋이 존재하는 것이다. 3상 시스템에서 옵셋은 특정 시간(혹은 회전자 위치)에서 3상 물리량의 평균값으로 생각할 수도 있으므로 3상의 물리량을 각각 더하여 1/3 해주면 된다.

이를 반영하여 식(6.12)를 다시 쓰면,

$$\begin{bmatrix} d_s \\ q_q \\ 0 \end{bmatrix} = \frac{2}{3}\begin{bmatrix} 1 & -1/2 & -1/2 \\ 0 & \sqrt{3}/2 & -\sqrt{3}/2 \\ 1/2 & 1/2 & 1/2 \end{bmatrix}\begin{bmatrix} a_s \\ b_s \\ c_s \end{bmatrix} \tag{6.15}$$

이제 회전 변환까지 고려하면 회전자 기준 변환이 되는데, 0축 같은 경우 평균값이므로 회전 변환을 하더라도 아무런 변화가 없어야 한다. 따라서

$$\begin{bmatrix} d \\ q \\ 0 \end{bmatrix} = \begin{bmatrix} \cos(\theta_{er}) & \sin(\theta_{er}) & 0 \\ -\sin(\theta_{er}) & \cos(\theta_{er}) & 0 \\ 0 & 0 & 1 \end{bmatrix}\begin{bmatrix} d_s \\ q_s \\ 0 \end{bmatrix} \tag{6.16}$$

결국 0축을 고려한 변환식은 식(6.17)과 같아진다.

$$\mathbf{C}_{dq0} = \frac{2}{3}\begin{bmatrix} \cos\theta_{er} & \cos\left(\theta_{er} - \frac{2\pi}{3}\right) & \cos\left(\theta_{er} - \frac{4\pi}{3}\right) \\ -\sin\theta_{er} & -\sin\left(\theta_{er} - \frac{2\pi}{3}\right) & -\sin\left(\theta_{er} - \frac{4\pi}{3}\right) \\ 1/2 & 1/2 & 1/2 \end{bmatrix} \tag{6.17}$$

6.3 dq 전압 방정식

이제 식(6.17)과 이의 역변환을 이용해 식(6.8)을 dq0 좌표계로 변환하면,

$$\begin{aligned} \mathbf{v}_{abc} &= \mathbf{R}_s \mathbf{i}_{abc} + \frac{d}{dt}(\boldsymbol{\lambda}_{abc}^{ss} + \boldsymbol{\lambda}_{abc}^{pm}) \\ \rightarrow \mathbf{v}_{dq0} &= \mathbf{C}_{dq0}\mathbf{v}_{abc} = \mathbf{C}_{dq0}\mathbf{R}_s\mathbf{i}_{abc} + \mathbf{C}_{dq0}\frac{d}{dt}(\boldsymbol{\lambda}_{abc}^{ss} + \boldsymbol{\lambda}_{abc}^{pm}) \\ &= \mathbf{C}_{dq0}\mathbf{R}_s\mathbf{C}_{dq0}^{-1}\mathbf{i}_{dq0} + \mathbf{C}_{dq0}\frac{d}{dt}\mathbf{C}_{dq0}^{-1}\boldsymbol{\lambda}_{dq0}^{ss} + \mathbf{C}_{dq0}\frac{d}{dt}\mathbf{C}_{dq0}^{-1}\boldsymbol{\lambda}_{dq0}^{pm} \end{aligned} \tag{6.18}$$

식(6.18)의 최종 변환식에서 두 번째 항은 저항강하 성분을 나타내며 만약 $R_a = R_b = R_c = R_s$ 이면,

$$\mathbf{C}_{dq0}\mathbf{R}_s\mathbf{C}_{dq0}^{-1}\mathbf{i}_{dq0} = R_s\mathbf{i}_{qd0} \tag{6.19}$$

식(6.18)의 최종 변환식에서 두 번째 항은,

$$\mathbf{C}_{dq0}\frac{d}{dt}\mathbf{C}_{dq9}^{-1}\boldsymbol{\lambda}_{dq0}^{ss} = \mathbf{C}_{dq0}\left[\left(\frac{d}{dt}\mathbf{C}_{dq0}^{-1}\right)\boldsymbol{\lambda}_{dq0}^{ss} + \mathbf{C}_{dq0}^{-1}\frac{d}{dt}\boldsymbol{\lambda}_{dq0}^{ss}\right] \tag{6.20}$$

식(6.20) 우변 괄호 내 첫 번째 항은,

$$\frac{d}{dt}\mathbf{C}_{dq0}^{-1}\boldsymbol{\lambda}_{dq0}^{ss} = \omega_e\begin{bmatrix} -\sin\theta_{er} & -\cos\theta_{er} & 1 \\ -\sin\left(\theta_{er} - \frac{2\pi}{3}\right) & -\cos\left(\theta_{er} - \frac{2\pi}{3}\right) & 1 \\ -\sin\left(\theta_{er} + \frac{2\pi}{3}\right) & -\cos\left(\theta_{er} + \frac{2\pi}{3}\right) & 1 \end{bmatrix}\boldsymbol{\lambda}_{dq0}^{ss} \tag{6.21}$$

따라서

$$\mathbf{C}_{dq0}\left(\frac{d}{dt}\mathbf{C}_{dq0}^{-1}\right)\boldsymbol{\lambda}_{dq0}^{ss} = \omega_e \begin{bmatrix} 0 & -1 & 0 \\ 1 & 0 & 0 \\ 0 & 0 & 0 \end{bmatrix} \boldsymbol{\lambda}_{dq0}^{ss} \tag{6.22}$$

여기서 ω_e은 $d\theta_{er}/dt$를 나타낸다.

식(6.20)의 우변 괄호 내 두 번째 항은,

$$\mathbf{C}_{dq0}\mathbf{C}_{dq0}^{-1}\frac{d}{dt}\boldsymbol{\lambda}_{dq0}^{ss} = \frac{d}{dt}\boldsymbol{\lambda}_{dq0}^{ss} \tag{6.23}$$

따라서 식(6.20)은 다음과 같이 나타낼 수 있다.

$$\mathbf{C}_{dq0}\frac{d}{dt}\mathbf{C}_{dq0}^{-1}\boldsymbol{\lambda}_{dq0}^{ss} = \omega_e \begin{bmatrix} 0 & -1 & 0 \\ 1 & 0 & 0 \\ 0 & 0 & 0 \end{bmatrix} \boldsymbol{\lambda}_{dq0}^{ss} + \frac{d}{dt}\boldsymbol{\lambda}_{dq0}^{ss} \tag{6.24}$$

여기서

$$\boldsymbol{\lambda}_{dq0}^{ss} = \mathbf{C}_{dq0}\mathbf{L}_{ss}\mathbf{C}_{dq0}^{-1}\mathbf{i}_{dq0} \tag{6.25}$$

식을 풀면,

$$\boldsymbol{\lambda}_{dq0}^{ss} = \begin{bmatrix} \left(L_{ls} + \frac{3}{2}(L_0 - L_{as})\right)i_d \\ \left(L_{ls} + \frac{3}{2}(L_0 + L_{as})\right)i_q \\ L_{ls}i_0 \end{bmatrix} = \begin{bmatrix} L_d i_d \\ L_q i_q \\ L_{ls} i_0 \end{bmatrix} \tag{6.26}$$

식(6.26)로부터 dq축 인덕턴스를 다음과 같이 정의한다.

$$\begin{cases} L_d = L_{ls} + L_{md} = L_{ls} + \frac{3}{2}(L_0 - L_{as}) \\ L_q = L_{ls} + L_{mq} = L_{ls} + \frac{3}{2}(L_0 + L_{as}) \end{cases} \tag{6.27}$$

마지막으로 식(6.18) 우변의 세 번째 항은

$$\mathbf{C}_{dq0}\frac{d}{dt}\mathbf{C}_{dq0}^{-1}\boldsymbol{\lambda}_{abc}^{pm} = \omega_e \begin{bmatrix} 0 & -1 & 0 \\ 1 & 0 & 0 \\ 0 & 0 & 0 \end{bmatrix} \boldsymbol{\lambda}_{dq0}^{pm} + \frac{d}{dt}\boldsymbol{\lambda}_{dq0}^{pm} \tag{6.28}$$

여기서,

$$\boldsymbol{\lambda}_{dq0}^{pm} = \mathrm{C}_{dq0}\boldsymbol{\lambda}_{abc}^{pm} \tag{6.29}$$

식을 풀면,

$$\boldsymbol{\lambda}_{dq0}^{pm} = \begin{bmatrix} \lambda_{pm} \\ 0 \\ 0 \end{bmatrix} \tag{6.30}$$

결국 영구자석 전동기의 회전자 기준 dq0 좌표계에서의 전압 방정식은 다음과 같이 표현된다.

$$\begin{bmatrix} v_d \\ v_q \\ v_0 \end{bmatrix} = \begin{bmatrix} R_s + pL_d & -\omega_e L_q & 0 \\ \omega_e L_d & R_s + pL_q & 0 \\ 0 & 0 & R_s + pL_{ls} \end{bmatrix} \begin{bmatrix} i_d \\ i_q \\ i_0 \end{bmatrix} + \begin{bmatrix} 0 \\ \omega_e \lambda_{pm} \\ 0 \end{bmatrix} \tag{6.31}$$

여기서 p는 미분연산자 d/dt이다.

식(6.31)의 우측 제1항의 1행 1열과 2행 2열의 제1항은 권선 저항에 의한 전압 강하 성분이며, 제2항은 전류의 변화에 대한 인덕턴스의 전압 강하로 정상 상태에서는 d, q축 전류는 일정하므로 0이 된다. 1행 2열 및 2행 1열은 q축 및 d축 전기자 반작용을 나타내고 있다. 전기자 반작용이란 권선의 전류에 의한 자속이 영구자석이 만든 주자속에 영향을 주는 현상을 말하는데, 여기서는 권선 전류에 의한 자속이 회전함에 따라 만들어진 유기 기전력 정도로 이해하면 되겠다. 식(6.31)의 우측 제 2항은 영구자석 쇄교자속에 의한 유기 기전력으로서 q축에서만 발생한다.

식(6.31)의 전압 방정식을 이용해 전기 등가 회로를 그려보면 그림 6.10와 같다. 그림에서 v_{od}, v_{oq}는 권선 저항 성분을 무시한 전압으로 식(6.32)과 같다.

$$\begin{aligned} \begin{bmatrix} v_{od} \\ v_{oq} \\ v_0 \end{bmatrix} &= \begin{bmatrix} pL_d & -\omega_e L_q & 0 \\ \omega_e L_d & pL_q & 0 \\ 0 & 0 & pL_{ls} \end{bmatrix} \begin{bmatrix} i_d \\ i_q \\ i_0 \end{bmatrix} + \begin{bmatrix} 0 \\ \omega_e \lambda_{pm} \\ 0 \end{bmatrix} \\ &= \begin{bmatrix} pL_d & 0 & 0 \\ 0 & pL_q & 0 \\ 0 & 0 & pL_{ls} \end{bmatrix} \begin{bmatrix} i_d \\ i_q \\ i_0 \end{bmatrix} + \begin{bmatrix} 0 & -\omega_e L_q & 0 \\ \omega_e L_d & 0 & 0 \\ 0 & 0 & 0 \end{bmatrix} \begin{bmatrix} i_d \\ i_q \\ i_0 \end{bmatrix} + \begin{bmatrix} 0 \\ \omega_e \lambda_{pm} \\ 0 \end{bmatrix} \end{aligned} \tag{6.32}$$

우변 첫 번째 항은 과도 상태 혹은 자속 포화 현상에 의해서 발생하는 d 혹은 q축 자속의 변화에 의한 기전력으로 자속 포화를 무시한 정상 상태에서는 0이 값을 가진다. 두 번째 항은 정현적으로 변하는 코일 전류에 의한 변압기 기전력, 세 번째 항은 영구자석에 의한 속도 기전력이다.

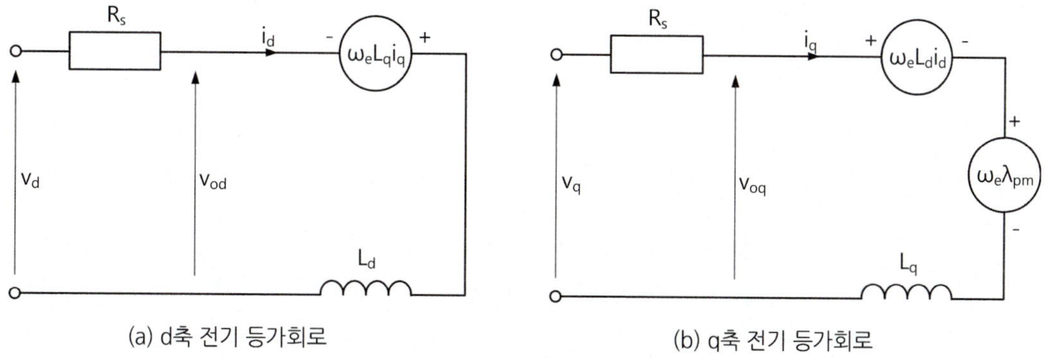

[그림 6.10] IPMSM의 dq축 전기 등가 회로

또한 정상 상태의 벡터도를 그리면 그림 6.11과 같다. 그림에서 파란색은 전압, 빨간색은 전류, 그리고 초록색은 자속에 대한 벡터이다.

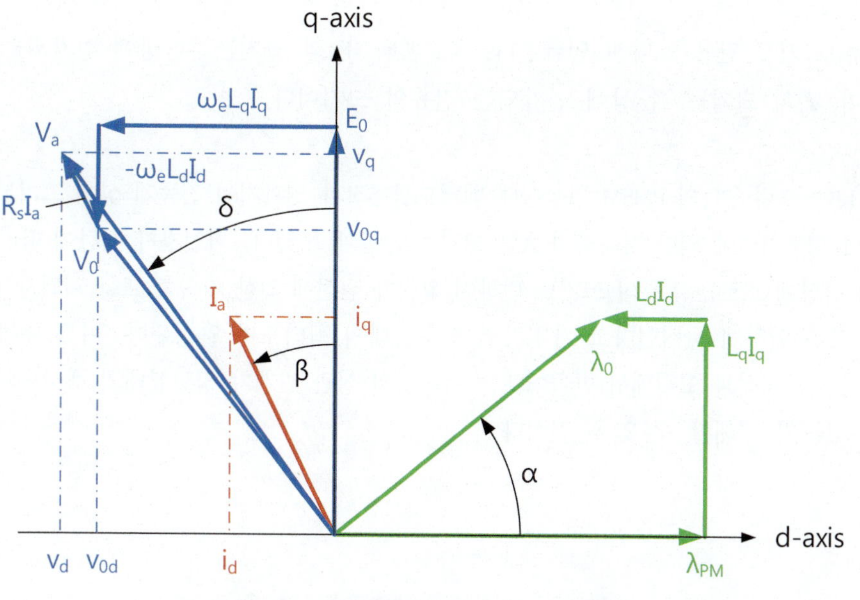

[그림 6.11] 정상상태의 PMSM 벡터도

그림 6.11에서 q축과 전류 벡터 사이각을 전류위상각 β라 정의하는데, 이는 5.2절에서 살펴본 전류위상각과 같은 개념이며, 전류벡터는 전류위상각을 이용해 다음과 같이 dq축 성분으로 나누어 볼 수 있다.

$$\begin{cases} i_d = -I_a \sin(\beta) \\ i_q = I_a \cos(\beta) \end{cases} \tag{6.33}$$

여기서 I_a는 전류 벡터의 크기이다.
기존 문헌에서는 식(6.34)와 같이 무부하 쇄교자속(혹은 영구자석에 의한 쇄교자속) λ_{pm}과 부하시 권선에 쇄교하는 총 쇄교자속 λ_0의 외적이 발생토크에 비례하게 되므로 두 자속의 사이각을 토크각 α라 부른다[14]. 만약 상저항 R_s를 무시하게 되면 토크각 α는 무부하 전압 E_0과 부하 전압 V_a의 사이각인 δ와 같은 값을 가지게 된다.

$$T = k\lambda_{pm}\lambda_0 \sin\alpha \approx k\lambda_{pm}\lambda_0 \sin\delta \tag{6.34}$$

또한 전압과 전류의 사이각인 역률각 ϕ는 $\delta - \beta$로 구해진다.

참고로 그림에서 V_a와 I_a는 3상 전압과 전류를 dq0 변환하여 표시한 물리량이나 변환 시 2/3의 스케일을 적용하여 변환했기 때문에 3상 권선의 전압 · 전류의 크기와 dq0 변환된 전압 · 전류 크기는 같음을 다시 언급한다. 즉, 벡터 V_a의 크기는 각 상에 인가되는 전압의 크기이며, I_a의 크기는 각 상에 인가되는 전류의 크기이다.

그림 6.12는 그림 6.11의 PMSM 정상상태 벡터도를 5장과 연관지어 전동기 상에 그려본 것으로 그림에서 영구자석에 의한 자속축과 A상 코일축을 같게 두었다. 회전자가 시간에 따라 회전함에 따라 각상에 흐르는 전류의 크기도 변하여 고정자 권선에 의한 자속축 또한 회전자가 움직이는 속도와 동일하게 움직인다고 가정하면 정상상태의 벡터도가 완성된다. 이를 통해 임의의 시간에서 영구자석과 코일에서 만들어내는 자속들의 상관 관계가 정상상태의 벡터도와 어떠한 연관이 있는지 이해할 수 있을 것이다.

14) 릴럭턴스 토크를 고려하지 않은 결과이다.

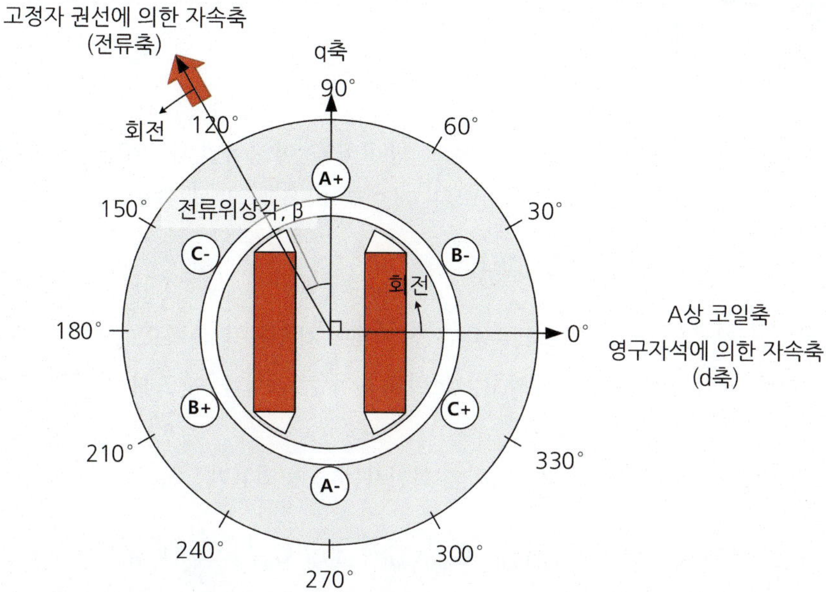

무부하쇄교자속

$$\lambda_a = \lambda_{pm}\cos(\omega_e t)$$
$$\lambda_b = \lambda_{pm}\cos\left(\omega_e t - \frac{2\pi}{3}\right)$$
$$\lambda_c = \lambda_{pm}\cos\left(\omega_e t + \frac{2\pi}{3}\right)$$

미분파형 ⇨

권선 전류

$$i_a = -I_a\sin(\omega_e t + \beta)$$
$$i_b = -I_a\sin\left(\omega_e t - \frac{2\pi}{3} + \beta\right)$$
$$i_c = -I_a\sin\left(\omega_e t + \frac{2\pi}{3} + \beta\right)$$

[그림 6.12] 전동기에 그려본 자속의 벡터도 (@time=0)

6.4 출력식

전압 방정식을 이용한 입력 식으로부터 토크 방정식을 이끌어낼 수 있다. 총 입력 전력은 각상의 전압과 전류를 곱한 것을 모두 더한 것으로 다음과 같이 표현 가능하다.

$$P_{in} = v_a i_a + v_b i_b + v_c i_c [\mathrm{W}] \tag{6.35}$$

전동기에 입력된 전력은 여러 종류의 손실로 소진되고 최종적인 출력으로 나가는데, 식(6.35)에 앞에서 구한 전압방정식을 대입하고, dq변환하여 토크식을 유도해 보겠다.

위의 고정자 기준 물리량을 $\omega_e = d\theta_{er}/dt$로 회전하는 dq0 좌표계 기준 물리량으로 변환하면,

$$\begin{aligned} P_{in} &= \mathbf{i}_{abc}^t \mathbf{v}_{abc} = (\mathbf{C}_{dq0}^{-1}\mathbf{i}_{dq0})^t \mathbf{C}_{dq0}^{-1}\mathbf{v}_{dq0} = \mathbf{i}_{dq0}(\mathbf{C}_{dq0}^{-1})^t \mathbf{C}_{dq0}^{-1}\mathbf{v}_{dq0} \\ &= \frac{3}{2}(v_d i_d + v_q i_q) + 3v_0 i_0 \\ &= \frac{3}{2}\left(R_s(i_d^2 + i_q^2) + i_d\frac{d\lambda_d}{dt} + i_q\frac{d\lambda_q}{dt} + \omega_e(\lambda_d i_q - \lambda_q i_d)\right) \\ &\quad + 3i_0^2 R_0 + 3i_0\frac{d\lambda_0}{dt} \end{aligned} \tag{6.36}$$

여기서

$$\begin{cases} \lambda_d = \lambda_{pm} + \lambda_d^{ss} \\ \lambda_q = \lambda_q^{ss} \\ \lambda_0 = \lambda_0^{pm} + \lambda_0^{ss} \end{cases} \tag{6.37}$$

식(6.36)에서 대괄호 안의 첫 번째 항은 동손이며, 두 번째와 세 번째 항은 자기 저장 에너지이다. 마찬가지로 0축 전류에 의한 항도 손실과 자기 저장 에너지에 해당하는 항만 존재한다. 전기적인 입력 전력에서 동손을 제외한 전력은 추가적인 손실이 존재하지 않는 경우 기계적인 출력으로 변환될 수 있는 전력의 최대치이다. 이를 변환 전력(Conversion Power, P_{conv})이라 한다.

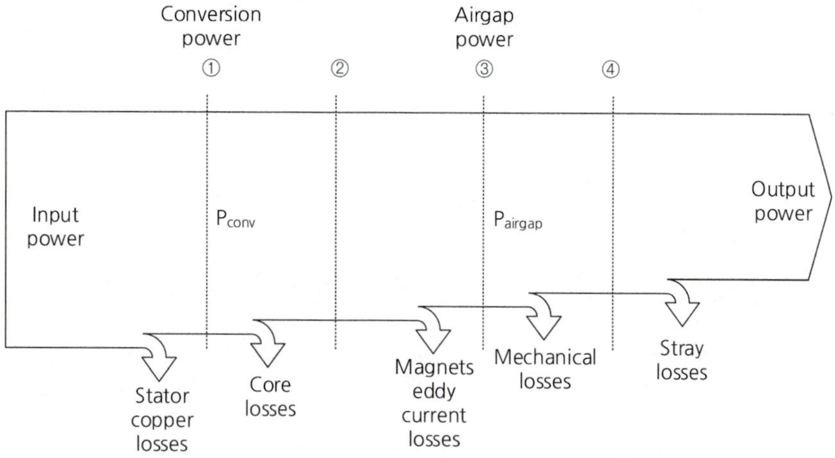

[그림 6.13] 영구자석 전동기의 전력 흐름

실질적으로 에너지 변환 과정에서 동손 외 영구자석 와류손(Magnets Eddy Current Losses), 철손(Iron Losses), 기계손(Mechanical Losses), 표류부하손(Stray Losses) 등이 존재하는데, 이를 고려한 에너지 흐름도는 그림 6.13와 같다.

결국 (6.36)에서 동손과 자기저장 에너지를 제외한 전력은 다음과 같이 쓸 수 있으며 이는 그림 6.13에서 변환 전력이 된다.

$$\begin{aligned} P_{conv} &= \frac{3}{2}\omega_e(\lambda_d i_q - \lambda_q i_d) \\ &= \frac{3}{2}\omega_e\{(L_d - L_q)i_q i_d + \lambda_{pm} i_q\} \end{aligned} \tag{6.38}$$

식(6.38)의 변환 전력은 토크 발생에 기여하는 최종적인 기계적 출력이 아니며, 철손, 영구자석 와류손, 기계손, 표류부하손을 빼준 나머지가 최종적인 출력이 될 것이다. 허나, 동손을 제외한 손실들은 간단한 수식으로 나타내기 어려우며 추후 따로 계산하거나 추산하여 최종 출력을 얻게 된다.

만약 철손과 영구자석 와류손을 무시하게 되면 변환 전력은 공극 전력(Airgpa Power, P_{airgap})과 같아지는데, 많은 책에서 식(6.38)을 공극 전력이라 설명하고 있다. 이는 앞서 언급한 것과 같이 철손과 영구자석 와류손을 무시한 결과로 해석된다. 본 책에서도 특별한 언급이 없으면 수식 전개의 편의를 위해 **철손과 영구자석 와류손을 무시한 공극 전력 기준으로 토크식을 도출하**도록 하겠다.

식(6.38)에서 전기 각속도 ω_e를 기계 각속도 ω_m으로 바꾸면,

$$P_{conv} = \frac{3}{2}p\omega_m\{(L_d - L_q)i_q i_d + \lambda_{pm} i_q\} \tag{6.39}$$

결국 토크는,

$$T = \frac{3}{2}p\{(L_d - L_q)i_q i_d + \lambda_{pm} i_q\} = T_{rel} + T_m [\mathrm{N \cdot m}]$$

$$\begin{aligned} \therefore\ T_{rel} &= \frac{3}{2}p(L_d - L_q)i_q i_d = \frac{3}{2}p(\lambda_d^{ss} i_q - \lambda_q^{ss} i_d) \\ &= \frac{3}{2}p\lambda_d^{ss} i_q - \frac{3}{2}p\lambda_q^{ss} i_d = T_{rel}^d - T_{rel}^q \end{aligned} \tag{6.40}$$

$$T_m = \frac{3}{2}p\lambda_{pm} i_q$$

식(6.40)에서 권선에 의한 d축 자속 λ_d과 q축 전류 i_q에 의한 토크 T_{rel}^d에서 권선에 의한 q축 자속 λ_q과 d축 전류 i_d에 의한 토크 T_{rel}^q를 뺀 것을 릴럭턴스 토크 T_{rel}이라 하고, 영구자석 쇄교자속(d축)과 q축 전류에 의해 발생하는 토크를 마그네틱 토크 T_m이라고 부른다.

마그네틱 토크 T_m은 영구자석에 의한 쇄교자속에 의해 발생하는 토크이고 릴럭턴스 토크 T_{rel}는 권선 전류에 의한 쇄교자속에 의해 발생하는 토크인데, T_{rel}에서 T_{rel}^d는 자속축보다 전류축의 위상이 앞서므로 정방향 토크이며, T_{rel}^q는 자속축보다 전류축의 위상이 느리므로 역방향 토크임을 생각한다면 릴럭턴스 토크가 왜 T_{rel}^d와 T_{rel}^q의 차이로 나타나는지 이해할 수 있을 것이다.

6.5 철손 고려 모델*

6.3~6.4절에서 살펴본 전압 방정식과 토크식은 철손을 비롯한 여러 가지 손실을 고려하지 않은 결과이다. 그림 6.13에 보인 것과 같이 출력식이 실제 출력과 가까워지기 위해서는 여러 가지 손실들을 고려해 주는 것이 좋은데, 영구자석 와류손, 기계손, 표류부하손은 산정하기 매우 어려워 전압 방정식과 토크식에 직접 반영하기 힘들지만 철손의 경우에는 개략적으로

전압 방정식 및 토크식에 고려해 볼 수 있다. 전기강판에 있어 철손은 식(6.41)와 같이 나타내는 경우가 많다.

$$P_c = P_h + P_e = K_h B^n f + K_e B^2 f^2 \tag{6.41}$$

여기서 P_h는 히스테리시스손이고 P_e는 와전류손이며 K_h와 K_e는 각각 히스테리시스 손실계수, 와전류 손실계수이다.

식을 보면 히스테리시스손의 경우 자속밀도 B의 n제곱에 비례하고 전원 주파수 f에 비례하는 것으로 나타난다. 이때 n은 1.5~2 사이 값이다. 또한 와전류손은 자속밀도 B와 주파수 f의 제곱에 비례하는 것으로 나타난다. 여기서 조금 무리가 되는 가정일 수 있지만, 히스테리시스손이 와전류손와 같이 자속과 주파수의 제곱에 비례한다고 가정하면 그림 6.10의 전기 등가회로를 그림 6.14과 같이 그려볼 수 있게 된다. 그림에서 철손 고려를 위해 철손 등가 저항 R_c를 도입했는데, R_c가 v_{od}, v_{oq}와 병렬 연결되어 있는 것이 핵심 포인트이다. 철손 저항에 발생하는 손실은 다음과 같이 쓸 수 있다.

$$P_c = R_c i_{od}^2 + R_c i_{oq}^2 \tag{6.42}$$

$$\because \; i_{od} = i_d - i_{cd}, \quad i_{oq} = i_q - i_{cq}$$

$$i_{cd} = \frac{-\omega_e L_q i_{oq} + pL_d i_{od}}{R_c}, \quad i_{cq} = \frac{\omega_e(\lambda_{pm} + L_d i_{od}) + pL_q i_{oq}}{R_c}$$

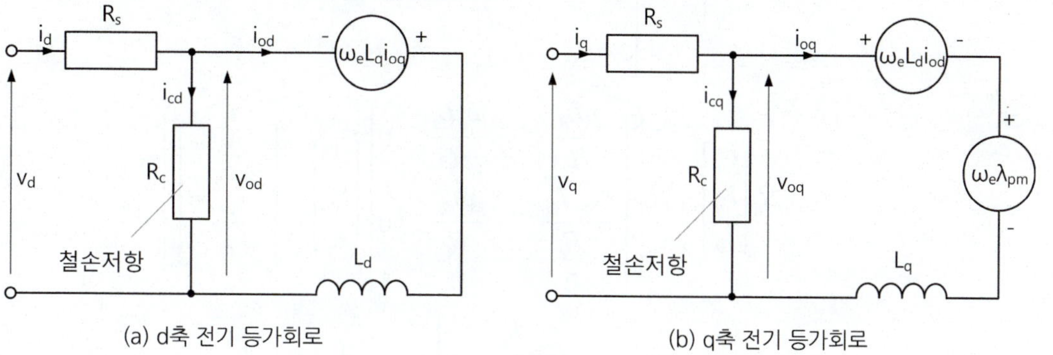

(a) d축 전기 등가회로 (b) q축 전기 등가회로

[그림 6.14] 철손을 고려한 IPMSM의 dq축 전기 등가 회로

식(6.42)을 잘 살펴보면 철손은 전류의 제곱에 비례하므로 결국 ω_e의 제곱에 비례함을 알 수 있다. 또한 $L_q i_{oq}$, $\lambda_{pm} + L_d i_{od}$는 자속이므로 자속(혹은 자속밀도)의 제곱에도 비례하는 값이 된다. 이는 식(6.41)에 나타낸 철손 중 와전류 손실을 나타내는 수식과 같은 꼴이며 전원 주파수와 쇄교자속에 따라 R_c를 가변한다면 히스테리시스손도 포함된 철손을 표현할 수도 있다. 예를 들면 히스테리시스손 계수 K_h가 상수가 아닌 주파수와 쇄교자속에 대한 함수이면 그림 6.14처럼 철손을 고려할 수 있는 것이다.

그림 6.14와 같이 철손이 고려된 전기 등가 회로를 이용해 전압 방정식을 써보면 다음과 같다.

$$\begin{bmatrix} v_d \\ v_q \\ v_0 \end{bmatrix} = R_s \begin{bmatrix} i_d \\ i_q \\ i_0 \end{bmatrix} + \begin{bmatrix} v_{od} \\ v_{oq} \\ v_0 \end{bmatrix} \tag{6.43}$$

$$\because \begin{bmatrix} v_{od} \\ v_{oq} \\ v_o \end{bmatrix} = \begin{bmatrix} pL_d & -\omega_e L_q & 0 \\ \omega_e L_d & pL_q & 0 \\ 0 & 0 & pL_{ls} \end{bmatrix} \begin{bmatrix} i_{od} \\ i_{oq} \\ i_0 \end{bmatrix} + \begin{bmatrix} 0 \\ \omega_e \lambda_{pm} \\ 0 \end{bmatrix}$$

식(6.43)에서 저항강하 성분을 나타내는 항에서 i_d, i_q를 i_{od}, i_{oq}로 바꾸어 써 보면

$$\begin{aligned} R_s \begin{bmatrix} i_d \\ i_q \\ i_0 \end{bmatrix} &= R_s \begin{bmatrix} i_{od} \\ i_{oq} \\ i_0 \end{bmatrix} + R_s \begin{bmatrix} i_{cd} \\ i_{cq} \\ i_0 \end{bmatrix} \\ &= R_s \begin{bmatrix} i_{od} \\ i_{oq} \\ i_0 \end{bmatrix} + R_s \begin{bmatrix} \dfrac{-\omega_e L_q i_{oq} + pL_d i_{od}}{R_c} \\ \dfrac{\omega_e (\lambda_{pm} + L_d i_{od}) + pL_q i_{oq}}{R_c} \\ i_0 \end{bmatrix} \\ &= R_s \begin{bmatrix} i_{od} \\ i_{oq} \\ i_0 \end{bmatrix} + R_s \left(\begin{bmatrix} \dfrac{pL_d}{R_c} & -\dfrac{\omega_e L_q}{R_c} & 0 \\ \dfrac{\omega_e L_d}{R_c} & \dfrac{pL_q}{R_c} & 0 \\ 0 & 0 & 1 \end{bmatrix} \begin{bmatrix} i_{od} \\ i_{oq} \\ i_0 \end{bmatrix} + \begin{bmatrix} 0 \\ \dfrac{\omega_e \lambda_{pm}}{R_c} \\ 0 \end{bmatrix} \right) \\ &= R_s \left(\begin{bmatrix} 1 + p\dfrac{L_d}{R_c} & -\dfrac{\omega_e L_q}{R_c} & 0 \\ \dfrac{\omega_e L_d}{R_c} & 1 + p\dfrac{L_q}{R_c} & 0 \\ 0 & 0 & 1 \end{bmatrix} \begin{bmatrix} i_{od} \\ i_{oq} \\ i_0 \end{bmatrix} + \begin{bmatrix} 0 \\ \dfrac{\omega_e \lambda_{pm}}{R_c} \\ 0 \end{bmatrix} \right) \end{aligned} \tag{6.44}$$

식(6.44)을 식(6.43)에 대입하여 정리하면,

$$\begin{bmatrix} v_d \\ v_q \\ v_0 \end{bmatrix} = \begin{bmatrix} R_s + pL_d\left(1+\dfrac{R_s}{R_c}\right) & -\omega_e L_q\left(1+\dfrac{R_s}{R_c}\right) & 0 \\ \omega_e L_d\left(1+\dfrac{R_s}{R_c}\right) & R_s + pL_q\left(1+\dfrac{R_s}{R_c}\right) & 0 \\ 0 & 0 & R_s + pL_{ls} \end{bmatrix} \begin{bmatrix} i_{od} \\ i_{oq} \\ i_0 \end{bmatrix} + \begin{bmatrix} 0 \\ \omega_e \lambda_{pm}\left(1+\dfrac{R_s}{R_c}\right) \\ 0 \end{bmatrix} \tag{6.45}$$

또한 토크는 i_{od}와 i_{oq}에 의해 발생하므로

$$T = \frac{3}{2}p\left[(L_d - L_q)i_{oq}i_{od} + \left\{\lambda_{pm}\left(1+\frac{R_s}{R_c}\right)\right\}i_{oq}\right] \tag{6.46}$$

Design of
Permanent Magnet Synchronous Machines

7 최대출력제어

7.1 전류 제한원과 전압 제한원

일반적으로 인버터로 구동되는 전동기는 공급되는 전압 및 전류의 제한을 고려할 필요가 있다. 3상 인버터의 동작영역과 출력 상전압의 최대값은 그림 7.1와 같이 변조 방법에 따라 달라진다. 여기서는 공간 벡터 펄스폭 변조(Space Vector Pulse Width Modulation; SVPWM)을 가정하여 한 상에 인가될 수 있는 최대전압 V_{am}을 다음과 같이 고려하기로 한다.

$$V_{am} = \frac{V_{DC}}{\sqrt{3}} \tag{7.1}$$

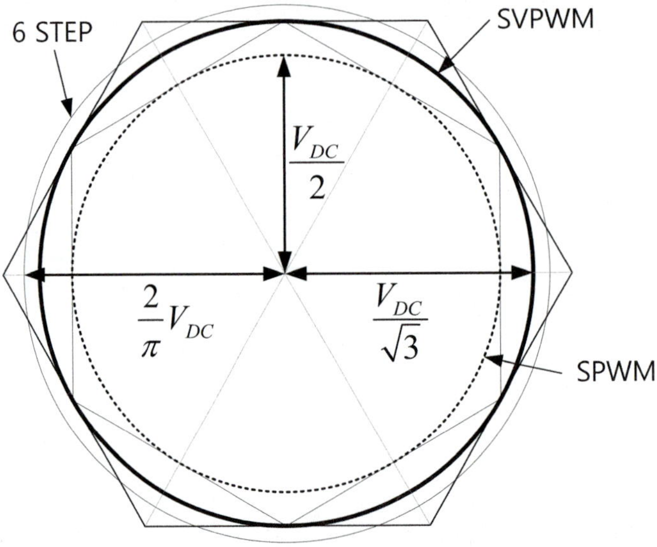

[그림 7.1] PWM변조방법에 따른 최대 상전압

dq0 변환식에서 상전압 V_a는

$$V_a = \sqrt{v_d^2 + v_q^2} = \sqrt{(R_s i_d - \omega_e L_q i_q)^2 + (R_s i_q + \omega_e L_d i_d + \omega_e \lambda_{pm})^2} \tag{7.2}$$

따라서,

$$V_a = \sqrt{v_d^2 + v_q^2} \le \frac{V_{DC}}{\sqrt{3}} \tag{7.3}$$

여기서 V_{DC}는 인버터의 입력 전압으로, 그림 2.20의 좌측에 표시한 전압이다.
수식 전개를 간편하게 하기 위해 식(7.2)의 전압 제한을 저항 성분에 의한 전압 강하 성분을 무시하고 다음과 같이 유기 전압의 제한으로 치환하면,

$$V_o = \omega_e \sqrt{(L_d i_d + \lambda_{pm})^2 + (L_q i_q)^2} \le V_{om} \tag{7.4}$$

$V_{om} = V_{am} - R_s I_{am}$이라 설정하고 식(7.4)을 만족한다면 반드시 식(7.3)을 만족하게 된다. 여기서 I_{am}은 상전류의 최대값이다.

또한 상전류는 d축 전류와 q축 전류를 이용해 식(7.5)와 같이 계산할 수 있다.

$$I_a = \sqrt{i_d^2 + i_q^2} \tag{7.5}$$

여기서,

$$i_d = -I_a \sin\beta, \quad i_q = I_a \cos\beta \tag{7.6}$$

단, β는 전류위상각이다.

식(7.4)의 전압 제한과 식(7.5)의 전류제한을 dq 평면상에 나타내면 그림 7.2과 같다. 전류제한의 범위는 식(7.7)에서 나타내는 전류 제한원의 내측에 존재하고, 전압 제한의 범위는 식 (7.8)에서 나타내는 전압제한 타원의 내측에 존재한다.

$$i_d^2 + i_q^2 \le I_{am}^2 \tag{7.7}$$

$$(L_d i_d + \lambda_{pm})^2 + (L_q i_q)^2 \le \left(\frac{V_{om}}{\omega_e}\right)^2 \tag{7.8}$$

전류 및 전압의 제약 조건을 만족하면서 선택될 수 있는 전류 벡터는 전류 제한 및 전압 제한타원의 내측이 된다. 전압제한 타원은 전압 제한 값이 일정해도 속도의 증가에 따라 작아지게 되어, 점 M($i_d = -\lambda_{pm}/L_d,\ i_q = 0$)에 접근한다.

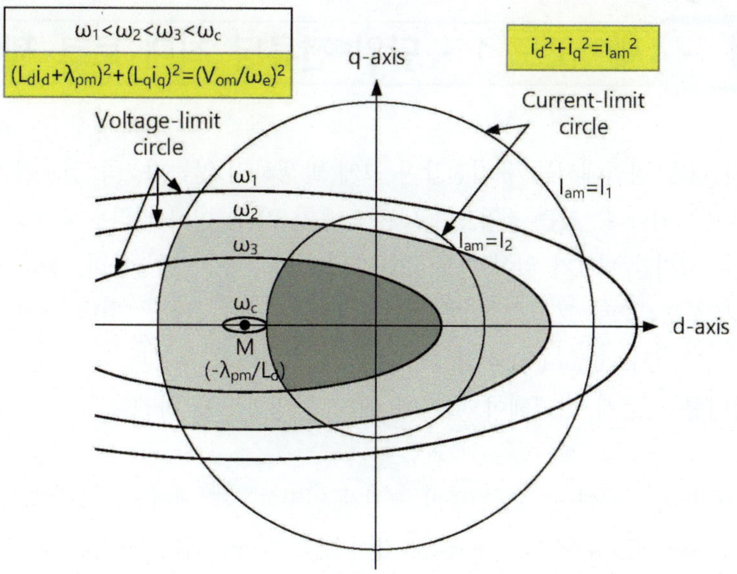

[그림 7.2] 전압 · 전류 제한을 고려한 전류벡터의 선택가능범위

예를 들어, $\omega = \omega_2$, $I_{am} = I_2$인 경우 그림 7.2의 부분이, $\omega = \omega_3$, $I_{am} = I_3$의 경우 부분이 전류 벡터의 선택 가능범위가 된다.

점 M이 전류 제한원의 내부에 있는지 외부에 있는지에 따라 고속 영역에서의 제어법과 운전특성은 크게 달라진다. 점 M이 전류 제한원의 내측에 있는 경우, 즉, $\lambda_{pm} < L_d i_d$의 경우, 전류벡터는 이론상 속도가 무한대가 될 때까지 선택 가능하다. 반대로 점 M이 전류 제한원 외부에 있는 경우, 즉, $\lambda_{pm} > L_d i_d$의 경우는, 어느 속도 이상에서는 전류 제한원과 전압 제한원이 만나는 점이 없어지게 되고, 결국 전류 벡터가 음의 d축으로 완전하게 정렬될 때 운전한계에 도달하게 된다. 이때의 속도를 출력 한계 속도라 하고 $i_d = -I_{am}$, $i_q = 0$를 식(7.8)에 대입하여 다음과 같이 구할 수 있다.

$$\omega_c = \frac{V_{om}}{\lambda_{pm} - L_d I_{am}} \tag{7.9}$$

또한 M점에서의 d축 전류를 특성 전류라 하여 식(7.10)과 같이 정의하며 이는 영구자석 동기 전동기의 속도-토크 특성을 결정하는 중요한 파라미터가 된다.

$$i_{ch} = -\lambda_{pm}/L_d \tag{7.10}$$

7.2 제어모드 1 - 단위 전류당 최대 토크 제어

전동기 구동시 저속 영역에서는 유기전압이 크게 발생하지 않는다. 즉 전동기에서 발생되는 전압이 전동기에 인가할 수 있는 전압보다 낮은 경우가 많다. 이러한 경우에 전동기를 구동한다면, 전압 제한은 고려할 필요가 없이 전류 제한만 고려한 제어가 가능하다. 전류 제한만 고려한 상황에서 가장 효율적으로 토크를 발생시키는 방법은 단위 전류당 최대 토크를 발생시키는 것이다. 이를 MTPA(Maximum Torque Per Ampere) 제어라 부른다. 여기서는 MTPA제어를 위해 전류 벡터를 어떻게 선택해야 할지에 대해 설명하도록 하겠다.

단위 전류당 최대 토크 제어이므로 전류의 크기가 일정한 상태에서 어떠한 벡터를 선택하는지가 토크 성능을 결정짓게 된다. 즉, 전류위상각이 토크 성능을 결정짓는 것이다. 따라서 MTPA 제어를 만족하는 전류 벡터의 방향은 토크식 (6.40)을 전류위상각 β로 편미분 하여 0으로 두는 것으로 다음 식으로 주어지게 된다.

$$
\begin{aligned}
T &= \frac{3}{2}p\left(\lambda_{pm} I_m \cos\beta + \frac{1}{2}(L_q - L_d) I_a^2 \sin 2\beta\right) \\
\frac{\partial T}{\partial \beta} &= \frac{3}{2}p(-\lambda_{pm} I_a \sin\beta + (L_q - L_d) I_a^2 \cos 2\beta) \\
&= \frac{3}{2}p(-\lambda_{pm} I_a \sin\beta + (L_q - L_d) I_a^2 (1 - 2\sin^2\beta)) = 0 \\
\therefore\ \beta &= \sin^{-1}\left(\frac{-\lambda_{pm} + \sqrt{\lambda_{pm}^2 + 8(L_q - L_d)^2 I_a^2}}{4(L_q - L_d) I_a}\right)
\end{aligned}
\tag{7.11}
$$

$I_a - I_{am}$ 일 때 발생토크는 최대가 되며 이때의 d축 및 q축 전류는,

$$
i_d = -I_a \sin\beta = \frac{\lambda_{pm} - \sqrt{\lambda_{pm}^2 + 8(L_q - L_d)^2 I_a^2}}{4(L_q - L_d)} \tag{7.12}
$$

$$
i_q = \sqrt{I_a^2 - i_d^2} \tag{7.13}
$$

식(7.12)와 식(7.13)을 이용해 전류 크기 변화에 따른 전류 벡터의 궤적을 그려보면 그림 7.3의 MTPA 커브가 된다. MTPA 제어는 그림 7.3의 ①과 같이 유기전압 V_o가 전압제한 V_{om}에 도달할 때까지 적용 가능하며, 전압은 속도에 비례하므로 MTPA 제어 가능한 전기 각속도는 식(7.4)에 의해 식(7.14)와 같이 쓸 수 있다.

$$
\omega_{base} = \frac{V_{om}}{\sqrt{(L_d i_d + \lambda_{pm})^2 + (L_q i_q)^2}} \tag{7.14}
$$

식(7.14)의 ω_{base}를 기저 속도라 한다.

$L_d = L_q$인 SPMSM의 경우에는 식(7.11)을 다음과 같이 전개할 수 있다.

$$
\begin{aligned}
T &= \frac{3}{2}p(\lambda_{pm} I_a \cos\beta) \\
\frac{\partial T}{\partial \beta} &= p(-\lambda_{pm} I_a \sin\beta) = 0 \\
\therefore\ \beta &= 0
\end{aligned}
\tag{7.15}
$$

결국 전류위상각 β는 0이 되며, $i_d = 0$ 제어를 수행하면 된다.

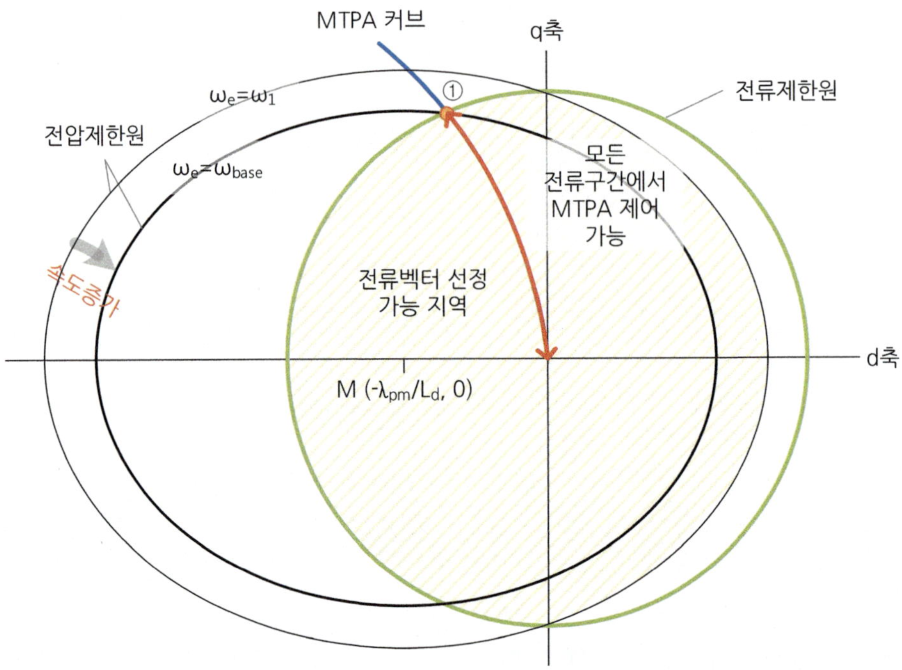

[그림 7.3] $\omega_e \leq \omega_{base}$ **에서의 전류벡터 결정**

7.3 제어모드 2

기저 속도 ω_{base} 이상의 속도 영역에서는 그림 7.4와 같이 전류 제한에다 전압 제한도 고려할 필요가 있다. 그림에서 $\omega_e = \omega_3$인 경우 전류 벡터가 위치할 수 있는 곳은 빗금친 영역 내인데 이 영역에서 MTPA 제어가 가능한 전류 벡터 궤적은 빨간선으로 표시한 부분까지이다. 나머지 영역에서는 전압 제한원과 전류 제한원이 만나는 교점에서 전류 벡터를 선정해야 한다. 그림 7.4에서 최대 전류를 가정하면, ②에서 전류벡터가 결정되어야 한다. 이때의 dq축 전류는 식(7.16)~식(7.17)과 같이 구해진다.

$$i_d = \frac{\lambda_{pm}L_d - \sqrt{(\lambda_{pm}L_q)^2 + (L_q^2 - L_d^2)\left((L_qI_{am})^2 - \left(\frac{V_{om}}{\omega_{em}}\right)^2\right)}}{L_q^2 - L_d^2} \tag{7.16}$$

$$i_q = \sqrt{I_{am}^2 - i_d^2} \tag{7.17}$$

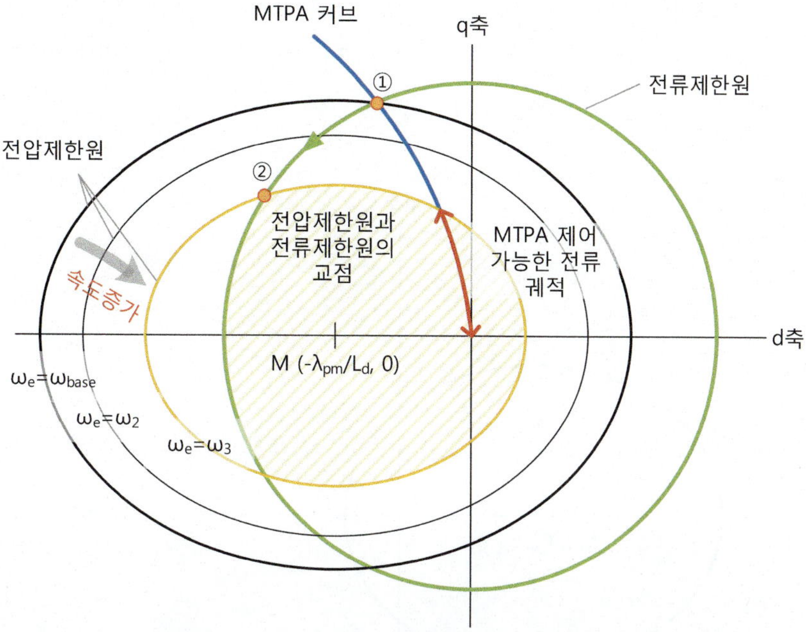

[그림 7.4] $\omega_e > \omega_{base}$ **에서의 전류벡터 결정**

7.4 제어모드 3 - 단위 전압당 최대 토크 제어

기저속도 이상에서는 제어모드 2로 제어 가능하지만 이를 최적의 제어라 부를 수 있는지는 검토해 보아야 한다. 예를 들어 그림 7.5에서 $\omega_e = \omega_3$인 경우, 최대 전류를 사용해 제어를 한다고 가정하면 제어모드 2에서 전류 벡터는 ③의 위치에 와야 한다. 하지만 같은 전압 제한원 상에 존재하는 전류 벡터 중 더 큰 토크를 발생시킬 수 있는 전류 벡터가 존재하지는 않을까? 이번 절에서는 이 물음에 대한 답을 찾도록 하겠다.

우리가 해결하고자 하는 문제를 정리하면 다음과 같다.

❶ $\omega_e > \omega_{base}$인 고속 운전 상황으로 권선에 인가되는 전압은 그 최대치를 사용하게 됨. 즉, 인가전압은 일정한 전압이 됨. 단, 전압 제약과 전류 제약을 동시에 만족하기 위해 전류 제한원과 전압 제한원이 서로 겹치는 영역이 존재한다고 가정함

❷ 상기 조건을 만족하는 경우 최대토크 발생을 위한 최적의 전류 벡터를 찾고자 함

문제를 조금 단순화시켜 전류 제약이 없는 경우를 생각하면, 일정 전압 하에서 최대 토크 발생을 위한 전류의 크기와 위상을 구하는 문제가 된다. 즉, 단위 전압당 최대 토크 (Maximum Torque Per Voltage; MTPV) 발생을 위한 전류를 찾는 것이다.

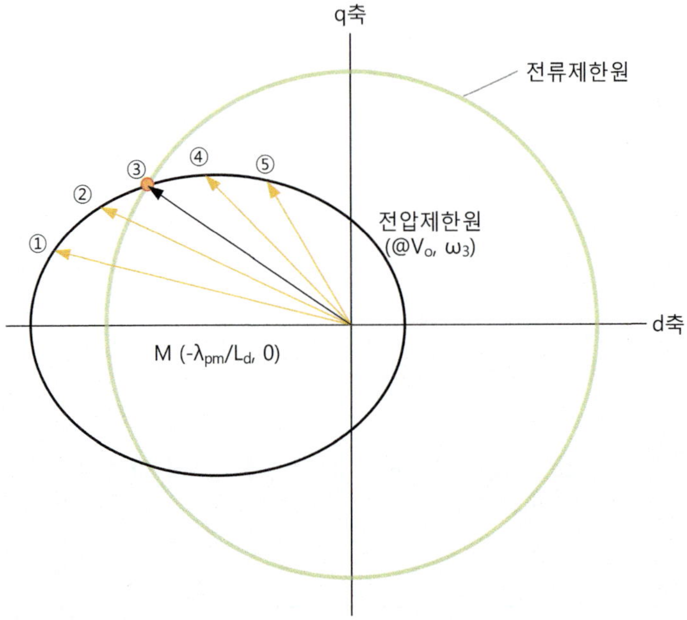

[그림 7.5] 전압 제한만 고려한 경우 전류 벡터의 결정 방법

그림 7.5를 통해 설명하자면, 상전압이 V_o, 전기 각속도가 ω_3인 경우의 전압 제한원 상에서 전류벡터가 ①~⑤로 연속적으로 변할 때 전압 제한원의 어느 위치에 전류 벡터를 두면 최대 토크가 발생할 것인가를 찾는 것이다. 이 문제를 해결하기 위해서는 토크식을 전압으로 편미분한 수식을 이용해 볼 수 있다.

전압 제한원은 중심이 (M, 0)이고 타원이다 보니, 타원상에 위치한 전류 벡터의 크기는 달라질 수 밖에 없는데, 이를 i_d와 i_q가 변한다고 생각해 볼 수 있다. 단, 전압은 일정하므로 저항을 무시하게 되면 쇄교자속이 일정한 조건을 얻는데 쇄교자속은 전류 i_d와 i_q의 함수가 될 것이다. 즉,

$$\lambda_o = \sqrt{(L_d i_d + \lambda_{pm})^2 + (L_q i_q)^2} \tag{7.18}$$

이제 식(7.18)을 이용해 토크식 (6.40)에서 i_q를 소거하고, 토크를 i_d와 λ_0로 나타내면,

$$T = \frac{3}{2}p\{(L_d - L_q)i_q i_d + \lambda_{pm} i_q\} \tag{7.19}$$
$$= \frac{3}{2}p\left[\{(L_d - L_q)i_d + \lambda_{pm}\}\frac{\sqrt{\lambda_o^2 - (L_d i_d + \lambda_{pm})^2}}{L_q}\right]$$

영구자석에 의한 쇄교자속은 변하지 않는 값이므로 상당 총 쇄교자속은 전류에 종속적이게 되며, 결국 전압 제약만 고려한 최대 토크 발생을 위한 전류는 식(7.19)을 d축 전류 i_d로 편미분하여 0으로 두는 것이다. 즉,

$$\frac{\partial T}{\partial i_d} = \frac{\partial}{\partial i_d}\left[\frac{3}{2}p\frac{\{(L_d - L_q)i_d + \lambda_{pm}\}}{L_q}\sqrt{\lambda_o^2 - (L_d i_d + \lambda_{pm})^2}\right] = 0 \tag{7.20}$$

식을 풀어 i_d에 대해 정리하면,

$$i_d = -\frac{\lambda_{pm} + \Delta\lambda_d}{L_d} \tag{7.21}$$

$$i_q = \frac{\sqrt{\lambda_o^2 - \Delta\lambda_d^2}}{L_q} \tag{7.22}$$

여기서,

$$\Delta\lambda_d = \frac{-L_q\lambda_{pm} + \sqrt{(L_q\lambda_{pm})^2 + 8(L_q - L_d)^2\lambda_o^2}}{4(L_q - L_d)} \tag{7.23}$$

식(7.21)과 식(7.22)을 이용해 V_o 변화에 따른 전류 궤적을 그리면 그림 7.6의 빨간선인 MTPV 곡선이 된다.

이제 전압 제한과 함께 전류 제한을 고려하게 되면 M점이 전류 제한원 내에 있는 경우만 MTPV 제어가 가능하게 된다. 또한 전류 제한원 내에 M점이 존재하더라도 특정 속도 이하에서는 전압 제한원이 커져서 전류 벡터가 전류 제한 원을 벗어나게 되므로, MTPV 제어가 적용될 수 없는 속도 범위에서는 전류 벡터가 전압 제한원과 만나는 점에서 운전할 때 발생 토크가 최대가 된다. 예를 들어 $\omega_e = \omega_4$인 경우 전압 제한원과 전류 제한원이 만나는 점은 ③이지만 ④가 MTPV 점이므로 같은 전압에서 더 큰 토크를 발생시킬 수 있는 점이 된다. 더군다나 ④에서 전류는 ③보다 줄었으므로 ④에서 운전하는 것이 더 효율적이라 생각할 수 있다.

결국 최대 출력 제어를 위해서는 기저속도 이하에서는 그림 7.6의 ①지점에서 최대 전류를 이용해 운전해야하며 속도가 증가하게 되면 그림 7.6의 ①지점에서 ②지점으로 이동하고, 속도가 더 증가하는 경우 MTPV곡선을 따라 ④지점으로 움직이며 결국 M지점까지 움직이며 운전해야 한다. 이때 회전 속도는 이론적으로 무한대까지 증가 가능하다. 만약 M점이 전류 제한원 밖에 있을 경우에는 전압 제한원과 전류 제한원이 만나는 점이 있을 때 까지만 속도를 높일 수 있고 그 이상은 운전하지 못하게 된다.

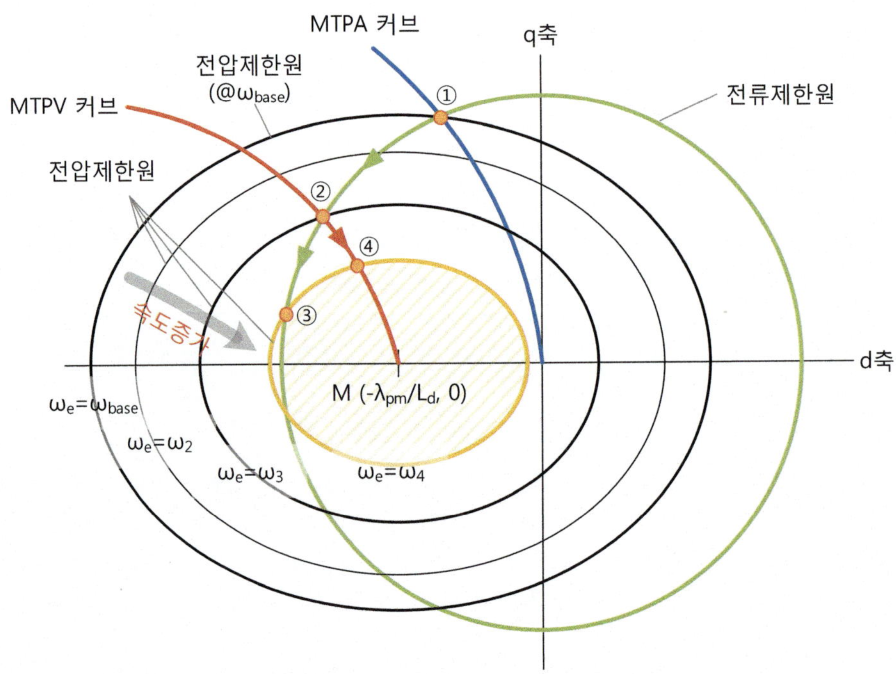

[그림 7.6] IPMSM의 최대 출력 제어

Design of
Permanent Magnet Synchronous Machines

8 쇄교자속 계산 일반식

전압 방정식과 토크식에 사용되는 영구자석에 의한 쇄교자속 및 권선의 인덕턴스는 회전자 위치에 따라 정현적으로 변한다고 가정하고 있다. 조금 더 정확히 말하면 회전자 위치에 따른 쇄교자속 파형의 기본파만 고려하고 있다. 왜 그럴까? 이유는 평균 토크에 있다. 토크 발생은 권선과 영구자석에 의한 자속의 상호 작용에 의해 발생하는데, 2장에서도 언급하였지만 회전자와 고정자의 극수가 같을 때만 회전이 가능하다. 이는 극수가 같을 때만 평균 토크가 0이 아니라는 말과 동치이다. 쇄교자속의 변화는 회전자의 회전에 의해 발생하기 때문에 주기적이며 모든 주기함수는 푸리에 급수에 의해 삼각함수의 합으로 나타낼 수 있다. 그중 가장 큰 성분을 가지는 것은 기본파로 전동기의 극수가 2극이라면 회전자 한 바퀴에 한 번의 주기를 나타내는 것이 기본파이고, 4극이라면, 두 번의 주기를 나타내는 것이 기본파이다.

쇄교자속의 기본파 성분만 고려하기 위해서는 **도체 밀도 분포 함수를 정의해 그 기본파만 사용하는 것이 매우 유용**하다. 왜냐하면 쇄교자속을 구하기 위해 고조파를 포함한 공극 자속밀도를 기본파 도체밀도 분포에 대해 적분하면 고조파 성분은 사라지고 항상 기본파 성분만 나타나기 때문이다. 또한 회전자 이동에 의한 쇄교자속 변화를 자속밀도의 공간적인 분포로 계산할 수 있게 된다. 도체 밀도 분포를 가정한 후, 도체 밀도 분포와 도체에 의해 발생한 공극 자속밀도를 공극면에 대해 적분하여 쇄교자속을 구한 뒤 이를 전류로 나눠주면 인덕턴스가 될 것이며, 도체밀도 분포와 영구자석에 의해 발생한 공극 자속밀도를 공극면에 대해 적분하면 영구자석에 의한 쇄교자속량이 될 것이다. 즉, 토크식에 필요한 주요 파라미터를 다 구할 수 있게 된다. 이제부터 도체 밀도 분포를 어떻게 정의하면 좋을지 살펴보도록 하자.

8.1 기자력과 도체 밀도 분포

그림 8.1은 코일피치가 180deg$E$인 코일에 의해 생성된 자속의 공간적인 분포를 나타낸 것으로 자속선도라고 부른다. 그림에서 자속을 만들어내는 원천은 전류가 되고 암페어의 주회 법칙에 의해 도선을 감싸는 방향으로 자속이 흐르게 되며 자속은 공극면에 하나의 극쌍을 만들어낸다. 자속의 경로를 유심히 관찰해 보면 전기 회로에 전류가 흐르듯 자기 회로에 자속이 흐르는 것처럼 묘사해 볼 수 있는데, 이를 전기 회로에 빗대어 자기 회로라 부른다.

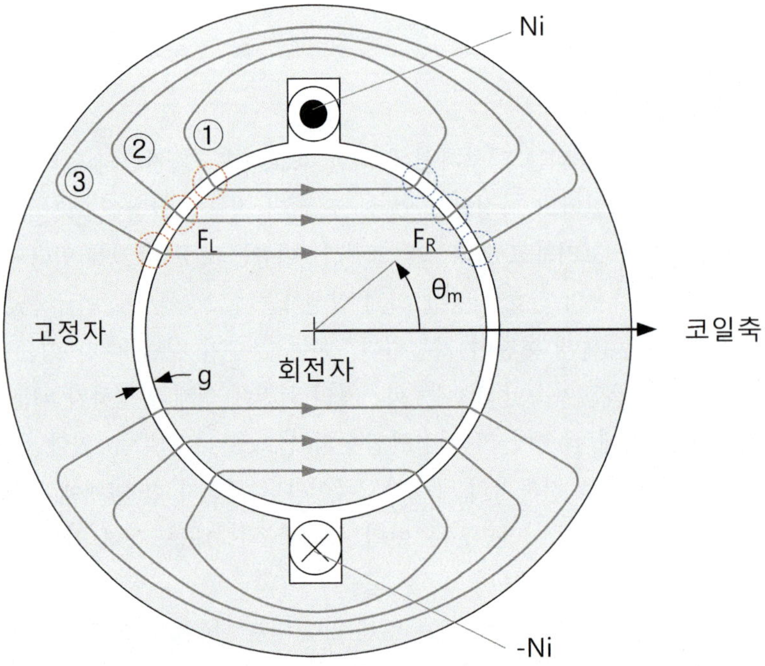

[그림 8.1] 권선에 의한 자속의 흐름

전기 회로에서 도선을 타고 흐르는 물리량을 전류라고 부르는데, 자기 회로에서는 자기 회로를 타고 흐르는 물리량을 자속이라 부른다. 또한 전류를 만들어내는 원천이 전압이듯 자속을 만들어내는 원천을 기자력이라 부르는데 기자력은 전류와 턴수의 곱이 된다. 전류가 흘러야 자속이 만들어지니 당연히 자속의 원천은 전류이지만 권선은 여러 턴으로 이루어져 있기 때문에 여러 턴에 흐르는 전류가 모두 모여 전체적인 자속을 만들어 내기에 전류와 턴수의 곱이 자속을 만들어 낸다고 생각할 수 있다. 또한 전기 회로에서 전류의 흐름을 방해하는 요소를 저항이라 부르는데, 자기 회로에서는 자기 저항으로 표시한다. 저항이 전류가 흐르는 단면적에 반비례하고, 전류가 흐르는 방향의 길이에 비례하며 물질 상수에 의존하는 것과 같이 자기 저항도 비슷하게 표현되는데 전기 회로의 저항은 도전율이 큰영향을 미치며 자기 회로에서는 투자율이 큰 영향을 미치게 된다.

[표 8.1] 자기 회로와 전기회로의 유사성

항목	전기회로	자기 회로
흐름을 나타내는 물리량	전류	자속
흐름을 만들어내는 원천	전압	기자력(전류)
원천에 의해 만들어지는 흐름을 제한하는 요소	저항	자기 저항
물질내 흐름의 정도를 나타내는 물질상수	도전율	투자율

이상과 같이 전기 회로와 자기 회로는 유사한 점이 있지만, 특정 재질에서 핵심 물리량이 얼마나 잘 흐를 수 있는지를 나타내는 물질 상수인 도전율과 투자율의 범위가 크게 차이난다. 도전율의 경우 대표적 도체인 구리의 도전율은 $5.98 \times 10^7 [1/\Omega\text{m}]$이지만 부도체인 공기의 도전율은 0에 가깝다. 이는 전기 회로를 나타냄에 있어 회로가 명확해 짐을 의미한다. 하지만, 투자율의 경우 진공(공기)는 $4\pi \times 10^{-7}$[H/m]이며, 철의 경우 공기보다 수 천배 크다. 이 때문에 자속은 공간적으로 자성체를 통해 주로 흐르기는 하지만 공기의 투자율이 0이 아닌 만큼 공기 중으로도 누설되어 흐르게 된다. 이 때문에 자기 회로는 그 경로를 지정함에 있어 명확하지 않을 수 있고 누설 자속 등의 영향을 잘 살펴야 한다.

이제 경로 ①~③에 대해 식(8.1)의 암페어의 주회 법칙을 적용해 기자력이 얼마나 될지 생각해 보자.

$$Ni = \oint \boldsymbol{H} \cdot dl \tag{8.1}$$

문제를 간단하게 하기 위해 철심의 투자율을 무한대로 두면 철심 내의 자계는 0이 된다. 따라서 식(8.1)의 적분에서 H는 공극에서만 0이 아닌 값을 가지게 되어 적분 경로 ①에 대해서는 다음과 같이 계산된다.

$$Ni = 2H_g g \tag{8.2}$$

여기서 H_g는 공극에서 자계의 세기이며, 식의 우변에 2가 곱해진 이유는 자속의 경로 상에 공극이 두 곳 존재하기 때문이다.

결국 기자력은 그림 8.1의 자속 경로에 동그라미 쳐진 공극에 집중되고 공극에서의 기자력은 전체 기자력의 절반인 $Ni/2$와 같다. 자속의 경로를 ②, ③으로 잡아도 동일한 결과를 얻게 되는데, 이를 그림으로 그려보면 그림 8.2와 같다.

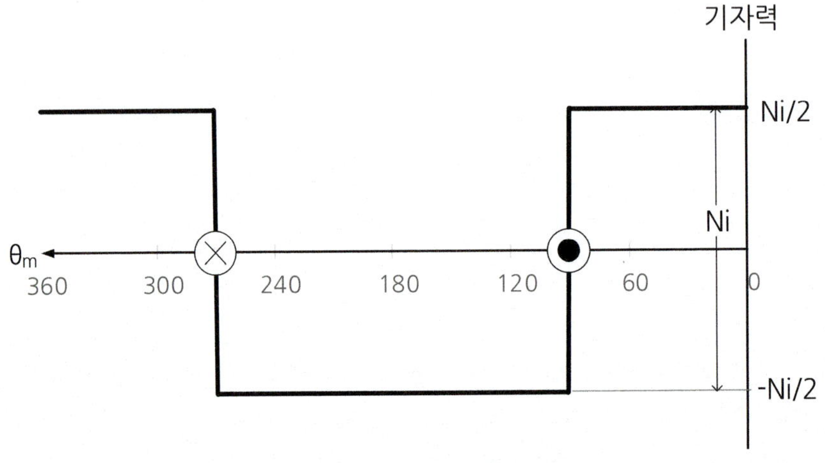

[그림 8.2] 공극 기자력 파형

이제 우리는 그림 8.2의 공극 기자력 파형으로부터 공간적으로 분포된 **도체 밀도 분포 함수**를 도출해 볼 것이다. 도체 밀도 분포 함수는 권선 레이아웃 즉, 도체의 공간적인 분포에 대한 정보와 턴수에 대한 정보를 갖게 되는데 이는 쇄교자속을 계산하기 위한 수식을 전개함에 있어 매우 중요한 역할을 하게 된다.

모든 임의의 주기 함수는 삼각 함수의 무한급수의 합으로 표현할 수 있는데, 이상의 기자력 분포 함수도 주기 함수이므로 무한급수로 표현 가능하다. 그 중 기본파 성분이 전동기의 출력에 가장 큰 영향을 미치므로 기본파만 고려하여 해석을 진행할 수 있다. 즉, 그림 8.3에 보인 것과 같이 기자력의 기본파만 고려해 식(8.3)처럼 써볼 수 있다.

여기서 주의할 점은 도체 분포가 2극을 만들어 내고 있음이며, 역으로 2극 기자력을 만들어내는 턴수가 N임을 기억해야 한다. 이는 추후 다극으로 개념을 확장하기 위해 반드시 인지하고 있어야 하는 사실이다.

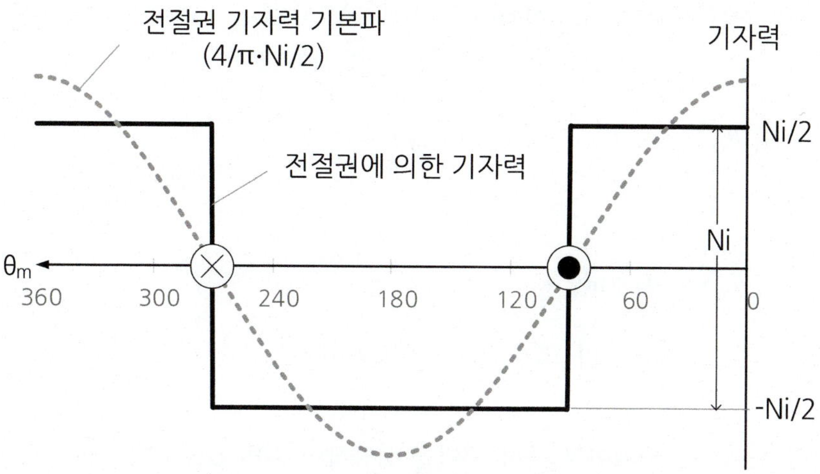

[그림 8.3] 도체분포를 가정한 기자력 파형

$$F_{a1} = \frac{4}{\pi}\frac{Ni}{2}\cos(\theta_m) \tag{8.3}$$

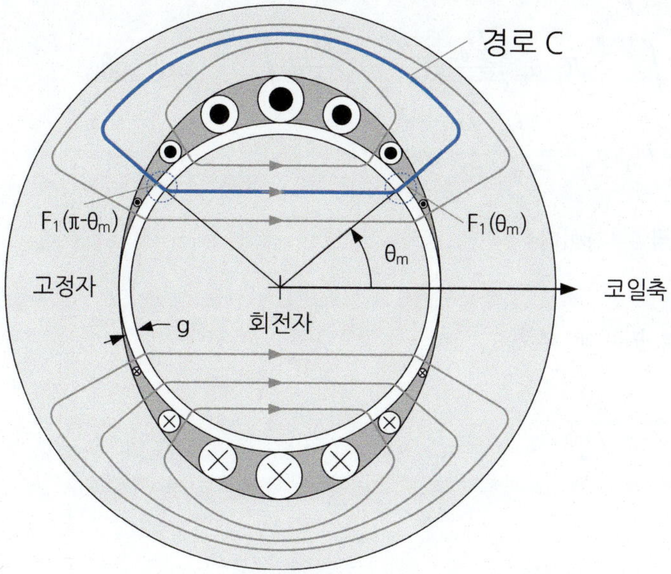

[그림 8.4] 선전류 밀도로 표현한 암페어 도체 분포

전동기의 해석적인 입장에서는 위에서 구한 기자력의 기본파 성분을 정현적으로 분포한 등가적인 전류시트(Current Sheet) 혹은 선전류 밀도에 의한 것으로 생각해 볼 수 있다. 즉, 고정자

보어에 도체가 정현적으로 분포되어 있고 여기에 전류가 흐른다고 생각하면 권선의 선전류 밀도 분포는 그림 8.4와 같으며 수식적으로는 식(8.4)와 같이 표현할 수 있다.

$$K_1(\theta_m) = n_d(\theta_m)i = (\hat{n}_d \sin\theta_m)i \tag{8.4}$$

여기서

$$n_d(\theta_m) = \hat{n}_d \sin\theta_m \tag{8.5}$$

는 도체 밀도 분포를 나타내며 크기 $\hat{n}_d$는 아직 결정되지 않았다.

$\hat{n}_d$를 구하기 위해서는 암페어의 주회 법칙을 사용하여 식(8.4)을 그림 8.4의 경로에 대해 적분하면 된다. 예를 들어 그림에서 파란색 자속선이 지나는 경로 C에 암페어 주회법칙을 적용하면 경로 내의 선전류에 의해 자계가 만들어질 것이고 이 자계에 의해 공극 기자력이 생성될 것이다. 이를 수식으로 써 보면 식(8.6)과 같다. 식에서 선전류 밀도의 적분 구간이 θ_m에서 $\pi-\theta_m$까지인 이유는 경로 C 내에 포함된 구간이기 때문이다.

$$\begin{aligned} Ni &= \oint_C \mathrm{H} \cdot d\mathbf{l} = F_{a1}(\theta_m) + F_{a1}(\pi-\theta_m) = 2F_{a1}(\theta_m) \\ &\int_{\theta_m}^{\pi-\theta_m} K_1(\theta_m)\frac{D_g}{2}d\theta_m = \hat{n}_d\frac{D_g}{2}i\int_{\theta_m}^{\pi-\theta_m}\sin\theta_m d\theta_m \\ &\rightarrow F_{a1}(\theta_m) = \left(\hat{n}_d\frac{D_g}{2}\cos\theta_m\right)i \end{aligned} \tag{8.6}$$

여기서 D_g는 공극 직경이다.

식(8.3)과 (8.6)을 비교해 보면

$$\hat{n}_d = \frac{4}{\pi}\frac{N}{D_g} \tag{8.7}$$

따라서

$$n_d(\theta_m) = \frac{4}{\pi}\frac{N}{D_g}\sin(\theta_m) \tag{8.8}$$

여기서 주의할 점은 그림 8.1의 코일 배치를 주목해야 하는데, 코일이 상하/좌우 대칭 형태로 감겨 있음을 확인하자. 이는 2극 기준 전절권(코일피치가 전기각 180도인 경우를 전절권이라 함)권선에 의한 기자력으로 이해해 볼 수 있다. 이 때문에 공극 좌우측 기자력이 같다고 둘 수 있었던 것이다. 만약 그림 8.5처럼 코일 피치가 줄어드는 단절권(코일피치가 전기각 180도 보다 작은 경우를 단절권이라 함)이 되면 어떻게 될지 생각해 보자.

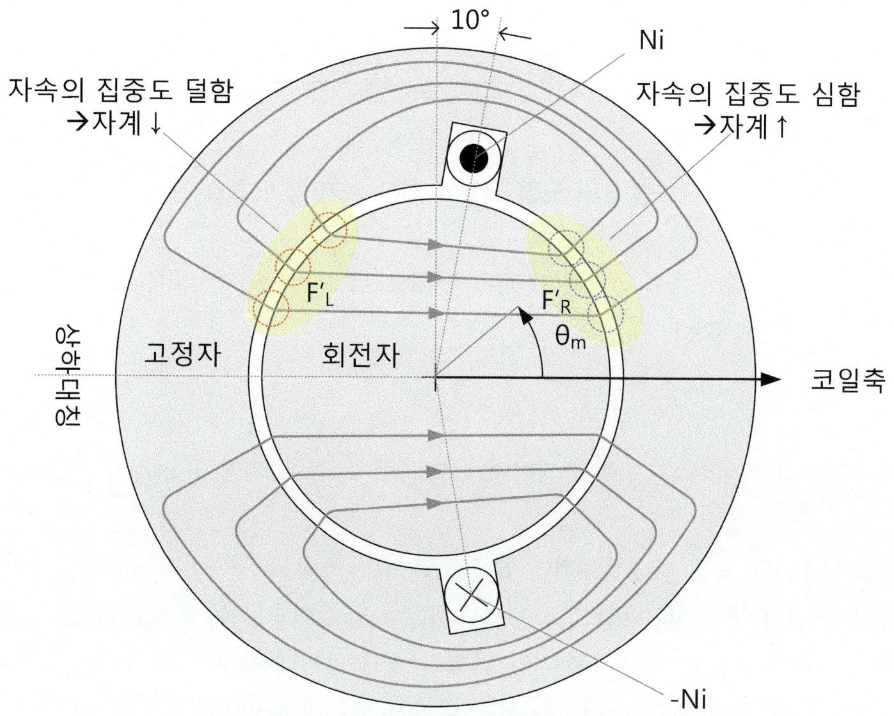

[그림 8.5] 단절권에 의한 자속 분포

그림 8.5에서 코일피치는 160deg$E$로 줄어든 상태인데, 이 경우 코일에 의해 발생되는 기자력의 전체 크기는 코일의 턴수와 전류가 변하지 않으니 그림 8.1의 전절권과 같을 것이나 그 분포가 달라질 것이다. 코일을 기준으로 좌측은 공간이 넓으므로(200deg$E$) 자속이 비교적 분포되어 흐를 것이고, 우측은 공간이 좁으니(160deg$E$) 자속이 집중될 것이다. 이 때문에 좌측은 기자력이 약해질 것이고, 우측은 기자력이 세진다. 이를 그림 8.6의 자기 등가 회로를 이용해 설명하면 다음과 같다. 그림에서 기자력은 전류와 턴수가 변하지 않으니 Ni로 일정한 값을 가진다. 자속은 왼쪽 공극과 오른쪽 공극을 지나므로 이를 각각 R_L, R_R로 표현하였으며 코일의 위치에 따라 그 크기다 달라진다.

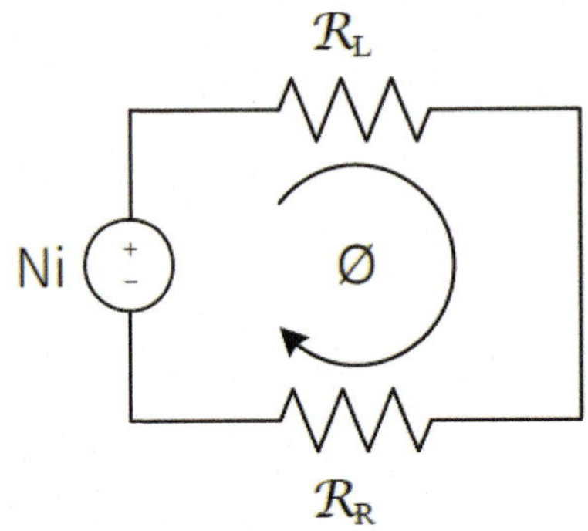

[그림 8.6] 단절 코일에 대한 자기 등가 회로

전절권에서는 코일 좌/우측의 공극 단면적이 동일하므로 $R_L = R_R$이 되며 R_L과 R_R에는 동일한 기자력이 걸리게 된다. 즉,

$$Ni = F_L + F_R, \quad F_L = F_R \tag{8.9}$$

여기서 F_L은 좌측 공극 기자력 크기이며, F_R은 우측 공극 기자력 크기이다.

하지만 그림 8.5와 같은 단절권에서는 $R_L \neq R_R$이며 코일 좌/우측의 기자력은 릴럭턴스에 비례해 그 크기가 결정된다. 릴럭턴스는 $R = l/\mu A$와 같이 자속이 흐르는 방향의 길이 l에 비례하고, 자속이 흐르는 방향에 수직인 단면적 A에 반비례하는데, R_L과 R_R에 있어 길이 l은 공극길이 g로 동일하고, 단면적은 서로 다르게 되는데 단면적은 각도에 비례하게 된다. 즉, R_L은 코일 좌측의 각도인 $200\deg E$의 역수에 비례하고, R_R은 코일 우측의 각도인 160 $\deg E$의 역수에 비례하게 될 것이다. 즉,

$$\begin{aligned} Ni &= R_L\phi + R_R\phi = F_L + F_R \\ F_L &= R_L\phi \propto \frac{360}{200}Ni, \quad F_R = R_R\phi \propto \frac{360}{160}Ni \end{aligned} \tag{8.10}$$

이를 그래프로 그려보면 그림 8.7와 같다. 전절권 대비 단절권에 의해 줄어든 기자력 기본파 크기의 비가 바로 4.5절 권선 계수에서 살펴본 단절 계수가 되며 다음과 같이 나타난다.

$$K_{wp} = \sin\left(\frac{\beta\pi}{2}\right) \tag{8.11}$$

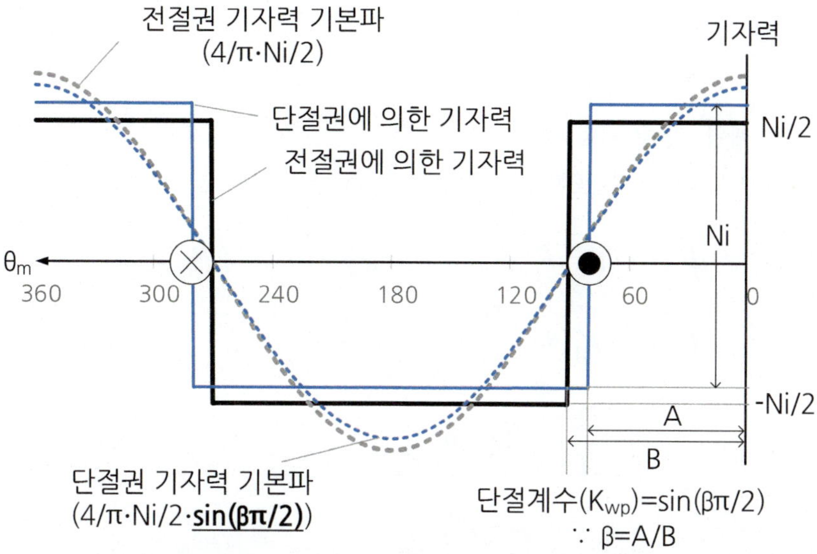

[그림 8.7] 권선 배치에 따른 기자력 분포

여기서 β는 단절권의 코일 피치를 전절권의 코일 피치로 나눈 값이다. 단절권을 고려한 도체 밀도 분포는 단절 계수를 곱하여 아래와 같이 나타낼 수 있다.

$$n_d(\theta_m) = \frac{4}{\pi}\frac{K_{wp}N}{D_g}\sin(\theta_m) \quad (8.12)$$

통상 한 상은 여러 개의 코일로 이루어져 있으며, 코일이 여러 개 분포된 경우의 기자력 기본파는, 각 코일의 기본파를 각각 합치면 된다. 이때 합성 기자력 기본파 크기는 한 코일의 기본파 크기를 코일의 개수만큼 곱해준 것과 같거나 작게 되는데, 이 작아지는 비율이 앞서 살펴본 권선에 있어 분포계수, K_{wd}가 된다. 분포 계수까지 고려한 한상의 도체 밀도 분포는 아래와 같이 나타낼 수 있다.

$$n_d(\theta_m) = \frac{4}{\pi}\frac{K_wN}{D_g}\sin(\theta_m) = \hat{n}_d\sin(\theta_m) \quad (8.13)$$

$$\because\ \hat{n}_d = \frac{4}{\pi}\frac{K_w}{D_g}, \qquad K_w = K_{wd}K_{wp}$$

식(8.13)은 아직 완벽하지 못한데, 다극을 고려하지 못했기 때문이다. 다극을 고려하게 되면 식(8.3)은 다음과 같이 표현해야 한다.

$$F_{a1} = \frac{4}{\pi}\frac{Ni}{2}\cos(p\theta_m) \tag{8.14}$$

여기서 N은 극쌍당 직렬턴수이다.
또한 식(8.6)도 다음과 같이 표현해야 한다.

$$\begin{aligned} Ni &= \oint_C \mathrm{H}\cdot d\mathrm{l} = F_{a1}(\theta_m) + F_{a1}(\pi/p - \theta_m) = 2F_{a1}(\theta_m) \\ &= \int_{\theta_m}^{\pi/p-\theta_m} K_1(\theta_m)\frac{D_g}{2}d\theta_m = \hat{n}_d \frac{D_g}{2} i \int_{\theta_m}^{\pi/p-\theta_m} \sin(p\theta_m)d\theta_m \end{aligned}$$

$$2F_{a1}(\theta_m) = \hat{n}_d \frac{D_g}{2} i \frac{2}{p}\cos(p\theta_m) \tag{8.15}$$

$$\rightarrow F_{a1}(\theta_m) = \left\{\hat{n}_d \frac{D_g}{2}\cos(p\theta_m)\right\} i$$

식(8.14)와 식(8.15)을 비교하면,

$$\hat{n}_d = \frac{4}{\pi}\frac{N}{D_g} \tag{8.16}$$

결국 식(8.7)과 같아짐을 알 수 있다. 단, 식(8.16)에서 턴수 N이 갖는 의미는 극 쌍당 직렬 턴수이며 권선계수 및 모든 극을 고려한 총 직렬 턴수에 의한 기자력 개념으로 도체 밀도 분포식을 다시 쓰면,

$$n_d(\theta_m) = \hat{n}_d \sin(p\theta_m) \qquad \because\ \hat{n}_d = \frac{4}{\pi}\frac{K_w N_{ph}}{pD_g} \tag{8.17}$$

여기서 N_{ph}는 한 상의 직렬턴수이다.

도체 분포가 식(8.17)과 같이 정의 되면 회전자 영구자석에 의한 공극 자속밀도 분포를 이용해 무부하 쇄교자속을 구할 수도 있고, 권선 기자력에 의한 공극 자속밀도 분포를 이용해 인덕턴스도 구할 수 있다.

또한 다극을 고려한 경우 한상 코일에 의한 기자력은 식(8.15)에 의해 다음과 같이 표현할 수 있다.

$$F_{a1}(\theta_m) = \frac{4}{\pi}\frac{K_w N_{ph} i}{2p}\cos(p\theta_m) \tag{8.18}$$

8.2 영구자석에 의한 쇄교자속

회전자 위치를 고려한 영구자석에 의한 쇄교자속 표현식을 구하기 위해 공극 자속밀도의 공간적인 분포가 다음과 같이 홀수 고조파만 가진다고 가정하자.

$$B_g(\theta_m,\ \theta_{mr}) = \sum_{n=1,3,5,\cdots} \hat{B}_{gn}\cos\left(np(\theta_m - \theta_{mr})\right) \tag{8.19}$$

여기서 θ_{mr}은 기계각으로 나타낸 시간에 따른 회전자 위치로 그림 8.8과 같이 코일축과 회전자축(d축) 사이 각으로 정의하며 다음과 같이 쓸 수 있다.

$$\theta_{mr}(t) = \int_0^t \omega_{mr}(t)dt + \theta_{mr0} \tag{8.20}$$

그림 8.8에서 도체 밀도 분포의 경우 $-\theta_m$와 θ_m의 위치에 존재하는 미소 도체 수는 같으므로 이 두 미소 도체에 의한 미소 코일을 가정할 수 있다. 이때 미소 도체에 쇄교하는 자속은 미소 도체를 통과하는 자속과 턴수를 곱하면 된다.

먼저 미소 코일을 통과하는 자속은 $-\theta_m \sim \theta_m$ 구간을 통과하는 자속이므로 식(8.21)처럼 자속밀도를 해당 구간에 대해 적분해 구할 수 있다.

$$\begin{aligned}\phi_{pm}(\theta_m,\ \theta_{mr}) &= L_{stk}\int_{-\theta_m}^{\theta_m} B_g(\theta_m)\frac{D_g}{2}d\theta_m \\ &= L_{stk}\int_{-\theta_m}^{\theta_m}\sum_{n=1,3,5,\cdots}\hat{B}_{gn}\cos\left(np(\theta_m-\theta_{mr})\right)\frac{D_g}{2}d\theta_m\end{aligned} \tag{8.21}$$

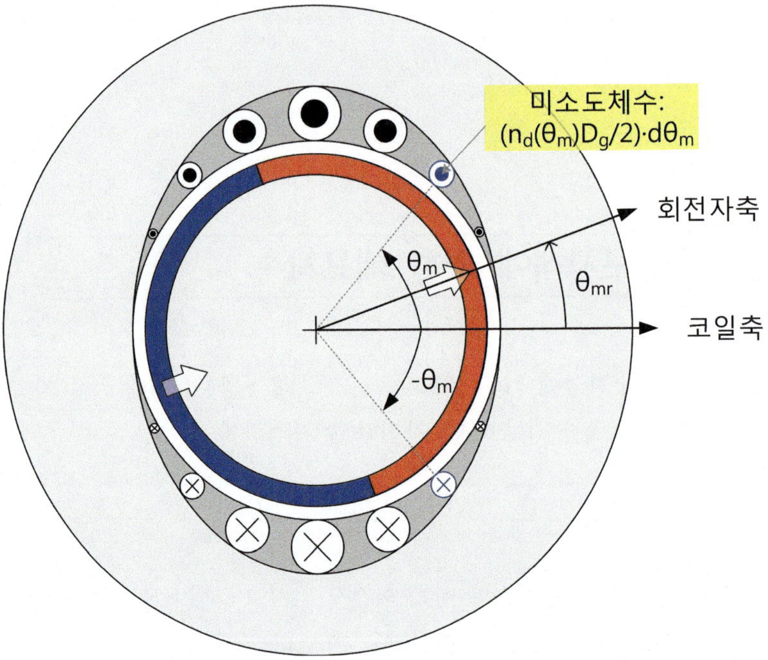

[그림 8.8] 도체 밀도 분포에 의한 미소 도체 (2극 기준)

전기각과 기계각의 관계식 $p\theta_m = \theta_e$을 이용해 식(8.21)의 적분상수 θ_m을 전기각으로 표현하고, 적분 구간도 $-\theta_e \sim \theta_e$로 바꾸면,

$$\phi_{pm}(\theta_e, \theta_{er}) = L_{stk}\int_{-\theta_e}^{\theta_e}\sum_{n=1,3,5,\cdots}\hat{B}_{gn}\cos\bigl(n(\theta_e - \theta_{er})\bigr)\frac{D_g}{2}\frac{1}{p}d\theta_e \qquad (8.22)$$

여기서 θ_{er}는 전기각으로 표현한 회전자의 위치이다. 식(8.22)을 삼각함수 공식을 이용해 다음과 같이 변형해볼 수 있다.

$$\begin{aligned}
\phi_{pm}(\theta_e, \theta_{er}) &= L_{stk}\int_{-\theta_e}^{\theta_e}\sum_{n=1,3,5,\cdots}\hat{B}_{gn}\cos\bigl(n(\theta_e - \theta_{er})\bigr)\frac{D_g}{2}\frac{1}{p}d\theta_e \\
&= L_{stk}\int_{-\theta_e}^{\theta_e}\sum_{n=1,3,5,\cdots}\begin{pmatrix}\hat{B}_{gn}\cos(n\theta_{er})\cos(n\theta_e) \\ +\hat{B}_{gn}\sin(n\theta_{er})\sin(n\theta_e)\end{pmatrix}\frac{D_g}{2}\frac{1}{p}d\theta_e \\
&= \frac{D_g L_{stk}}{2}\frac{1}{p}\sum_{n=1,3,5,\cdots}\begin{pmatrix}\int_{-\theta_e}^{\theta_e}\hat{B}_{gn}\cos(n\theta_{er})\cos(n\theta_e)d\theta_e \\ +\int_{-\theta_e}^{\theta_e}\hat{B}_{gn}\sin(n\theta_{er})\sin(n\theta_e)d\theta_e\end{pmatrix}
\end{aligned} \qquad (8.23)$$

$$= \frac{D_g L_{stk}}{2} \frac{1}{p} \sum_{n=1,3,5,\cdots} \begin{pmatrix} \hat{B}_{gn} \cos(n\theta_{er}) \int_{-\theta_e}^{\theta_e} \cos(n\theta_e) d\theta_e \\ + \hat{B}_{gn} \sin(n\theta_{er}) \int_{-\theta_e}^{\theta_e} \sin(n\theta_e) d\theta_e \end{pmatrix}$$

괄호 안의 적분식에서 기함수(사인함수)의 적분은 모두 0이므로,

$$\begin{aligned} \phi_{pm}(\theta_e, \theta_{er}) &= \frac{D_g L_{stk}}{2} \frac{1}{p} \sum_{n=1,3,5,\cdots} \left(\hat{B}_{gn} \cos(n\theta_{er}) \int_{-\theta_e}^{\theta_e} \cos(n\theta_e) d\theta_e \right) \\ &= \frac{D_g L_{stk}}{2} \frac{1}{p} \sum_{n=1,3,5,\cdots} \left(2\hat{B}_{gn} \cos(n\theta_{er}) \frac{1}{n} \sin(n\theta_e) \right) \end{aligned} \tag{8.24}$$

특별히 $\theta_{er} = 0$이고, $\theta_e = \pi/2$이면 코일축과 회전자 축이 일치하고 한 극($-\pi/2 \sim \pi/2$)에서 발생한 자속이므로 극당 자속량 ϕ_g이 된다.

$$\phi_g = \frac{D_g L_{stk}}{2} \frac{1}{p} \sum_{n=1,3,5,\cdots} \left\{ 2\hat{B}_{gn} \frac{1}{n} \sin\left(\frac{n\pi}{2} \right) \right\} \tag{8.25}$$

또한 식(8.25)에서 자속밀도 기본파($n=1$)만 고려하면 기본파 자속밀도에 의한 극당 자속량 ϕ_{g1}이 된다.

$$\phi_{g1} = \frac{D_g L_{stk}}{p} \hat{B}_{g1} \tag{8.26}$$

이제 식(8.24)에 미소 턴수를 곱하면 미소 턴수의 코일에 쇄교하는 자속이 되는데, 미소 턴수 dN는 도체 밀도 분포에 미소 길이를 곱해 구할 수 있다.

$$dN = \hat{n}_d \sin(\theta_e) \frac{D_g}{2} d\theta_e \tag{8.27}$$

결국 미소 턴수에 쇄교하는 자속은

$$\begin{aligned} d\lambda^{pm}(\theta_e, \theta_{er}) &= dN \cdot \phi_{pm}(\theta_e, \theta_{er}) \\ &= \left(\hat{n}_d \sin(\theta_e) \frac{D_g}{2} \right) \left[\frac{D_g L_{stk}}{2} \frac{1}{p} \sum_{n=1,3,5,\cdots} \left(2\hat{B}_{gn} \cos(n\theta_{er}) \frac{1}{n} \sin(n\theta_e) \right) \right] d\theta_e \end{aligned} \tag{8.28}$$

권선의 총 쇄교량은 식(8.28)을 전기각 $0 \sim 180 \deg E$ 구간에 대해 적분하고 극쌍수만큼 곱하면 된다.

$$\lambda^{pm}(\theta_e, \theta_{er}) = p\int_0^{\pi} d\lambda^{pm}(\theta_e, \theta_{er}) \tag{8.29}$$

$$= p\int_0^{\pi}\left(\hat{n}_d \sin(\theta_e)\frac{D_g}{2}\right)\left(\frac{D_g L_{stk}}{2}\frac{1}{p}\sum_{n=1,3,5,\cdots}\left(2\hat{B}_{gn}\cos(n\theta_{er})\frac{1}{n}\sin(m\theta_e)\right)\right)d\theta_e$$

$$= \hat{n}_d\frac{D_g^2 L_{stk}}{2}\int_0^{\pi}\sin(\theta_e)\left(\sum_{n=1,3,5,\cdots}\left(\hat{B}_{gn}\cos(n\theta_{er})\frac{1}{n}\sin(n\theta_e)\right)\right)d\theta_e$$

$$= \hat{n}_d\frac{D_g^2 L_{stk}}{2}\int_0^{\pi}\left(\sum_{n=1,3,5,\cdots}\left(\hat{B}_{gn}\sin(\theta_e)\cos(n\theta_e)\frac{1}{n}\sin(n\theta_e)\right)\right)d\theta_e$$

$$= \hat{n}_d\frac{D_g^2 L_{stk}}{2}\left(\sum_{n=1,3,5,\cdots}\left(\int_0^{\pi}\hat{B}_{gn}\sin(\theta_e)\cos(n\theta_{er})\frac{1}{n}\sin(n\theta_e)d\theta_e\right)\right)$$

$$= \hat{n}_d\frac{D_g^2 L_{stk}}{2}\left(\sum_{n=1,3,5,\cdots}\cos(n\theta_{er})\left(\int_0^{\pi}\hat{B}_{gn}\sin(\theta_e)\frac{1}{n}\sin(n\theta_e)d\theta_e\right)\right)$$

$$= \hat{n}_d\frac{D_g^2 L_{stk}}{2}\left(\sum_{n=1,3,5,\cdots}\cos(n\theta_{er})\left(\int_0^{\pi}\frac{\hat{B}_{gn}}{2n}\begin{pmatrix}\cos(\theta_e - n\theta_e)\\ -\cos(\theta_e + n\theta_e)\end{pmatrix}d\theta_e\right)\right)$$

$$= \hat{n}_d\frac{D_g^2 L_{stk}}{2}\left(\sum_{n=1,3,5,\cdots}\cos(n\theta_{er})\left(\int_0^{\pi}\frac{\hat{B}_{gn}}{2n}\begin{pmatrix}\cos((1-n)\theta_e)\\ -\cos((1+n)\theta_e)\end{pmatrix}d\theta_e\right)\right)$$

식(8.29)의 적분에서 우함수(cos(·))의 반주기 적분은 0이므로 오직 $n=1$인 경우만 적분값이 0이 아니게 된다. 따라서,

$$\lambda^{pm}(\theta_e, \theta_{er}) = p\int_0^{\pi} d\lambda^{pm}(\theta_e, \theta_{er}) \tag{8.30}$$

$$= \hat{n}_d\frac{D_g^2 L_{stk}}{2}\left(\cos(\theta_e)\left(\int_0^{\pi}\frac{\hat{B}_{g1}}{2}d\theta_e\right)\right)$$

$$= \hat{n}_d\frac{\pi}{4}D_g^2 L_{stk}\hat{B}_{g1}\cos(\theta_{er})$$

$$= K_w N_{ph}\frac{D_g L_{stk}\hat{B}_{g1}}{p}\cos(\theta_{er})$$

$$= \lambda_{pm}\cos(\theta_{er})$$

$$\because\ \lambda_{pm} = K_w N_{ph}\phi_{g1}$$

결국 영구자석에 의한 쇄교자속은 더 이상 공간에 대한 함수가 아니며 오직 회전자 위치 θ_{er}에 대한 함수가 된다.

8.3 코일 전류에 의한 쇄교자속

코일 전류에 의한 쇄교자속을 구하기 위해서는 먼저 코일에 의해 만들어진 공극 자속밀도를 가정할 수 있어야 한다. 코일 전류에 의한 공극 자속밀도는 기자력 분포와 회전자 형상에 의존하게 된다. 코일에 의한 공극 자속밀도 분포가 어떠할지 그림 8.9를 통해 살펴보도록 하자.

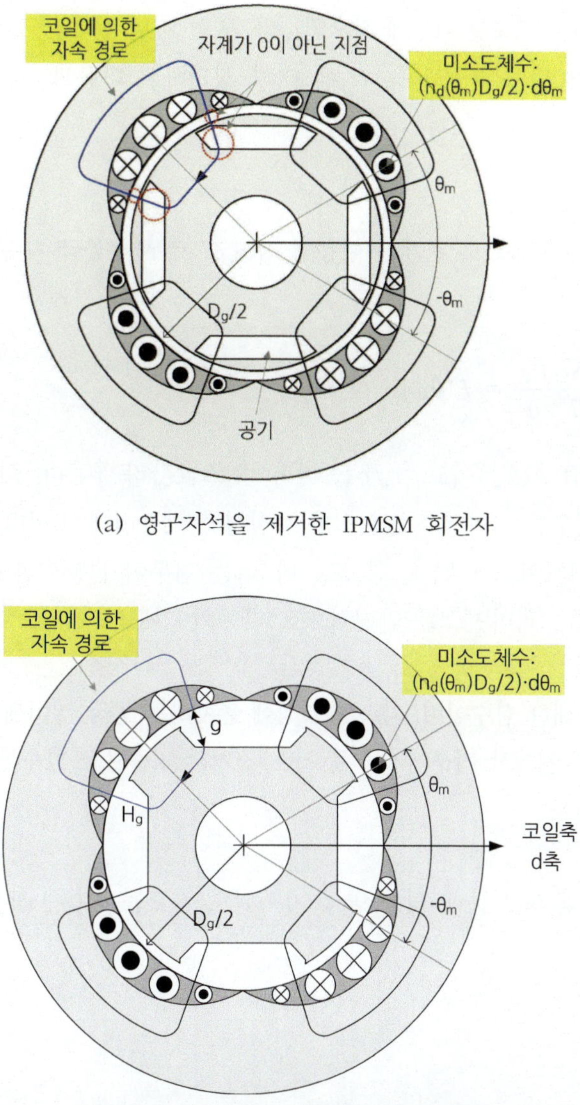

(a) 영구자석을 제거한 IPMSM 회전자

(b) 간략화된 IPMSM의 회전자

[그림 8.9] 코일 전류에 의한 자속경로

그림 8.9(a)는 영구자석에 의한 자속을 고려하지 않기 위해 영구자석이 존재하던 영역을 공기로 나타낸 것이며, 그림 8.9(b)는 이해도를 높이기 위해 영구자석 상단의 폴피스를 없앤 것이다. 이제 그림 8.9(b)에서 좌측 상단의 파란색 자속 내의 암페어 도체수를 Ni 이라 하고, 경로에 대해 암페어의 주회법칙을 적용하면 다음과 같이 쓸 수 있다.

$$Ni = 2H_g g \tag{8.31}$$

여기서 g는 경로상의 공극 길이, H_g은 경로상의 자계의 세기이다. 회전자 형상이 완벽한 원이 아니므로 만약 자속 경로를 다르게 잡으면 g와 H_g는 값이 달라질 것이다. 즉, g은 공간적인 위치에 대한 함수이다. 식(8.31)을 H_g에 대해 정리하면 다음과 같이 된다.

$$H_g = \frac{Ni}{2}\frac{1}{g} \tag{8.32}$$

또한, 자속계의 세기와 자속밀도 관계를 이용해 식(8.32)로부터 공극 자속밀도를 구하면 다음과 같이 쓸 수 있다.

$$B_g = \frac{Ni}{2}\frac{\mu_0}{g} = F(\theta_m)\cdot G_m(\theta_m) \tag{8.33}$$

여기서 $Ni/2$는 기자력 $F(\theta_m)$이고, μ_0/g을 비퍼미언스 G_m라 부른다. 이렇게 부르는 이유는 G_m이 릴럭턴스의 역수인 퍼미언스 정의식과 유사하기 때문인데 비퍼미언스에 자속 경로의 단면적을 곱해주면 퍼미언스가 된다. 참고로 '비' 라는 첨두어가 붙으면 통상 밀도의 개념이 된다. 즉 비퍼미언스는 퍼미언스를 단면적으로 나눈의 밀도의 개념으로 이해할 수 있다.

비퍼미언스는 공간에 대한 함수이며, 자속 경로상에 존재하는 공극 길이에 반비례한다. 참고로 식에서 아래첨자 m은 기계각 기준이라는 뜻으로, 전기각 기준으로 함수를 다룰 때는 m 대신 e를 사용할 것이다.

이제 코일 기자력 기본파 성분에 의한 공극 자속밀도 분포는 식(8.34)에 의해서 계산될 수 있다.

$$B_{ga}(\theta_m) = G_m(\theta_e)F_{a1}(\theta_m) \tag{8.34}$$

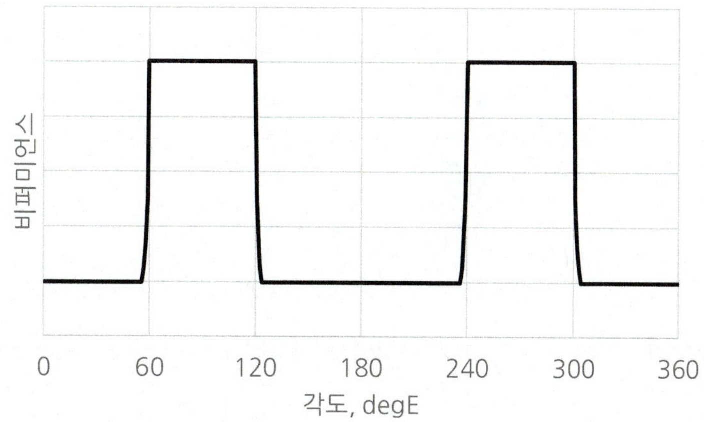

[그림 8.10] IPMSM의 비퍼미언스의 개략적인 파형

여기서 F_{a1}은 기자력 기본파 성분을 의미한다.

그림 8.9에서 θ_m을 기준으로 전기각 0~360deg$E$ 구간에서의 비퍼미언스 파형 $G_m(\theta_m)$을 개략적으로 그려보면 그림 8.10와 같다.

퍼미언스 파형은 자극의 극성에 관련없이 공극 길이에만 영향을 받으므로 기계적인 한 바퀴에서 극수와 동일한 주기를 갖는데, 이를 전기각 기준 고조파 성분을 포함한 일반적인 수식으로 쓰면 식(8.35)과 같다. 여기서 유의할 점은 일반적으로 돌극성을 가지는 전동기의 경우 자기 퍼미언스가 공간적인 위치 및 회전자 위치에 따라 크기와 위상이 달라질 수 있으나 여기서는 공간적으로 동일한 분포에 회전자 위치에 따라 위상만 달라진다고 가정하였다. 이러한 가정은 최종적인 결과에 일부 오류를 가져올 수 있지만 수식 전개상 회전자 위치에 따른 퍼미언스 파형의 변화를 고려하기는 매우 힘들기에 불가피한 측면이 있기에 이러한 가정을 한 것임을 알려둔다.

$$G_m(\theta_e, \theta_{er}) = G_0 - \sum_{n=1,2,3,\cdots} G_{an}\cos(2n(\theta_e - \theta_{er})) \tag{8.35}$$

식(8.18)과 식(8.35)를 식(8.34)에 대입해 공극 자속밀도를 구하면,

$$B_a(\theta_e, \theta_{er}) = \left(G_0 - \sum_{n=1,2,3,\cdots} G_{an}\cos(2n(\theta_e - \theta_{er}))\right)\left(\frac{4}{\pi}\frac{K_w N_{ph} i}{2p}\cos(\theta_e)\right)$$
$$= \frac{4}{\pi}G_0\frac{K_w N_{ph} i}{2p}\cos(\theta_e)$$
$$- \frac{4}{\pi}\frac{K_w N_{ph} i}{2p}\sum_{n=1,2,3,\cdots} G_{an}\cos(2n(\theta_e - \theta_{er}))\cos(\theta_e) \qquad (8.36)$$

이제 8.2절에서와 마찬가지로 $-\theta_e$와 θ_e 위치에 존재하는 코일의 미소 도체 분포에 의한 미소 코일을 가정하면, 이 코일을 통과하는 자속 $\phi_a(\theta_e, \theta_{er})$은,

$$\phi_a(\theta_e, \theta_{er}) = L_{stk}\int_{-\theta_e}^{\theta_e} B_a(\theta_e, \theta_{er})\frac{D_g}{2}\frac{d\theta_e}{p}$$
$$= L_{stk}\int_{-\theta_e}^{\theta_e}\frac{4}{\pi}G_0\frac{K_w N_{ph} i}{2p}\cos(\theta_e)\frac{D_g}{2}\frac{1}{p}d\theta_e$$
$$- L_{stk}\int_{-\theta_e}^{\theta_e}\frac{4}{\pi}\frac{K_w N_{ph} i}{2p}\sum_{n=1,2,3,\cdots} G_{an}\cos(2n(\theta_e - \theta_{er}))\cos(\theta_e)\frac{D_g}{2}\frac{1}{p}d\theta_e \qquad (8.37)$$

식(8.37)의 우항 첫 번째 적분을 ϕ_{a1}, 두 번째 적분을 ϕ_{a2}로 두고 각각을 구해 보도록 하자. 먼저 식(8.37)의 첫 번째 적분을 구하면,

$$\phi_{a1}(\theta_e) = L_{stk}\int_{-\theta_e}^{\theta_e}\frac{4}{\pi}G_0\frac{K_w N_{ph} i}{2p}\cos(\theta_e)\frac{D_g}{2}\frac{1}{p}d\theta_e \qquad (8.38)$$
$$= \frac{2}{\pi}\frac{K_w N_{ph} i}{p^2}D_g L_{stk} G_0 \sin(\theta_e)$$
$$= A G_0 \sin(\theta_e)$$

여기서

$$A = \frac{2}{\pi}\frac{K_w N_{ph} i}{p^2}D_g L_{stk} \qquad (8.39)$$

다음으로 식(8.37)의 두 번째 적분을 구하면,

$$\phi_{a2}(\theta_e, \theta_{er}) \tag{8.40}$$

$$= L_{stk}\int_{-\theta_e}^{\theta_e} \frac{4}{\pi}\frac{K_w N_{ph} i}{2p}\sum_{n=1,2,3,\cdots} G_{an}\cos(2n(\theta_e-\theta_{er}))\cos(\theta_e)\frac{D_g}{2}\frac{1}{p}d\theta_e$$

$$= \frac{1}{\pi}\frac{K_w N_{ph} i}{p^2}D_g L_{stk}\int_{-\theta_e}^{\theta_e}\sum_{n=1,2,3,\cdots} G_{an}\cos(2n(\theta_e-\theta_{er}))\cos(\theta_e)d\theta_e$$

$$= \frac{A}{2}\int_{-\theta_e}^{\theta_e}\sum_{n=1,2,3,\cdots}\frac{G_{an}}{2}\begin{pmatrix}\cos((2n+1)\theta_e-2n\theta_{er}) \\ +\cos((2n-1)\theta_e-2n\theta_{er})\end{pmatrix}d\theta_e$$

$$= \frac{A}{2}\int_{-\theta_e}^{\theta_e}\sum_{n=1,2,3,\cdots}\frac{G_{an}}{2}\begin{pmatrix}\cos((2n+1)\theta_e)\cos(2n\theta_{er}) \\ +\sin((2n+1)\theta_e)\sin(2n\theta_{er}) \\ +\cos((2n-1)\theta_e)\cos(2n\theta_{er}) \\ +\sin((2n-1)\theta_e)\sin(2n\theta_{er})\end{pmatrix}d\theta_e$$

$$= \frac{A}{2}\sum_{n=1,2,3,\cdots}\frac{G_{an}}{2}\begin{pmatrix}\int_{-\theta_e}^{\theta_e}\cos((2n+1)\theta_e)\cos(2n\theta_{er})d\theta_e \\ +\int_{-\theta_e}^{\theta_e}\sin((2n+1)\theta_e)\sin(2n\theta_{er})d\theta_e \\ +\int_{-\theta_e}^{\theta_e}\cos((2n-1)\theta_e)\cos(2n\theta_{er})d\theta_e \\ +\int_{-\theta_e}^{\theta_e}\sin((2n-1)\theta_e)\sin(2n\theta_{er})d\theta_e\end{pmatrix}$$

$$= \frac{A}{2}\sum_{n=1,2,3,\cdots}\frac{G_{an}}{2}\begin{pmatrix}\cos(2n\theta_{er})\int_{-\theta_e}^{\theta_e}\cos((2n+1)\theta_e)d\theta_e \\ +\sin(2n\theta_{er})\int_{-\theta_e}^{\theta_e}\sin((2n+1)\theta_e)d\theta_e \\ +\cos(2n\theta_{er})\int_{-\theta_e}^{\theta_e}\cos((2n-1)\theta_e)d\theta_e \\ +\sin(2n\theta_e)\int_{-\theta_e}^{\theta_e}\sin((2n-1)\theta_e)d\theta_e\end{pmatrix}$$

식(8.40)의 마지막 식에서 기함수(사인함수)의 적분은 0이므로 두 번째 항과 네 번째 항은 0이 된다.

$$\phi_{a2}(\theta_e, \theta_{er}) \tag{8.41}$$

$$= \frac{A}{2}\sum_{n=1,2,3,\cdots}\frac{G_{an}}{2}\begin{pmatrix}\cos(2n\theta_{er})\int_{-\theta_e}^{\theta_e}\cos((2n+1)\theta_e)d\theta_e \\ +\cos(2n\theta_{er})\int_{-\theta_e}^{\theta_e}\cos((2n+1)\theta_e)d\theta_e\end{pmatrix}$$

$$= \frac{A}{2}\sum_{n=1,2,3,\cdots}G_{an}\cos(2n\theta_{er})\begin{pmatrix}\frac{1}{2n+1}\sin((2n+1)\theta_e) \\ +\frac{1}{2n-1}\sin((2n-1)\theta_e)\end{pmatrix}$$

결국 식(8.37)은

$$\phi_a(\theta_e) = AG_0\sin(\theta_e) \tag{8.42}$$

$$-\frac{A}{2}\sum_{n=1,2,3,\cdots}G_{an}\cos(2n\theta_{er})\begin{pmatrix}\frac{1}{2n+1}\sin((2n+1)\theta_e \\ +\frac{1}{2n-1}\sin((2n-1)\theta_e)\end{pmatrix}$$

식(8.28)과 같이 미소 턴수에 쇄교하는 자속은,

$$d\lambda_{aa}(\theta_e, \theta_{er}) = dN\cdot\phi_a(\theta_e, \theta_{er}) \tag{8.43}$$

$$= \left(\hat{n}_d\sin(\theta_e)\frac{D_g}{2}\right)\begin{pmatrix}AG_0\sin(\theta_e) \\ -\frac{A}{2}\sum_{n=1,2,3,\cdots}G_{an}\cos(2n\theta_{er})\begin{pmatrix}+\frac{1}{2n+1}\sin((2n+1)\theta_e) \\ +\frac{1}{2n-1}\sin((2n-1_{\theta_e})\theta_e)\end{pmatrix}\end{pmatrix}d\theta_e$$

식에서 아래첨자 aa를 쓴 이유는 추후에 도출해 볼 상호 자속과의 구별을 위해서이며, 코일에 전류를 흘려 발생된 자속이 동일한 코일에 쇄교되는 자속, 즉 자기 쇄교자속임을 머리 속에 한 번 더 새기도록 하자.

권선의 총 쇄교자속량은 식(8.43)을 전기각 $0\sim180\deg E$ 구간에 대해 적분하고 극쌍수만큼 곱하면 된다.

$$\begin{aligned}&\lambda_{aa}(\theta_e, \theta_{er}) \\ &= p\frac{D_g}{2}AG_0\hat{n}_d\int_0^{\pi}\sin(\theta_e)\sin(\theta_e)d\theta_e \\ &-p\frac{D_g}{2}\frac{A}{2}\hat{n}_d\int_0^{\pi}\sum_{n=1,2,3,\cdots}G_{an}\cos(2n\theta_{er})\begin{pmatrix}+\dfrac{2}{2n+1}\sin(\theta_e)\sin((2n+1)\theta_e) \\ +\dfrac{2}{2n-1}\sin(\theta_e)\sin((2n-1)\theta_e)\end{pmatrix}d\theta_e \\ &= p\frac{D_g}{2}AG_0\hat{n}_d\int_0^{\pi}\sin(\theta_e)\sin(\theta_e)d\theta_e \\ &-p\frac{D_g}{2}\frac{A}{2}\hat{n}_d\sum_{n=1,2,3,\cdots}G_{an}\cos(2n\theta_{er})\begin{pmatrix}+\displaystyle\int_0^{\pi}\frac{2}{2n+1}\sin(\theta_e)\sin((2n+1)\theta_e)d\theta \\ +\displaystyle\int_0^{\pi}\frac{2}{2n-1}\sin(\theta_e)\sin((2n-1)\theta_e)d\theta_e\end{pmatrix}\end{aligned} \tag{8.44}$$

식(8.44) 우변의 첫 번째 항은,

$$\begin{aligned}\lambda_{aa}^1(\theta_e) &= p\frac{D_g}{2}AG_0\hat{n}_d\int_0^{\pi}\sin(\theta_e)\sin(\theta_e)d\theta_e \\ &= p\frac{D_g}{2}AG_0\hat{n}_d\int_0^{\pi}\frac{1}{2}(1-\cos(2\theta_e))d\theta_e \\ &= p\frac{\pi}{4}AG_0\hat{n}_dD_g\end{aligned} \tag{8.45}$$

식(8.44) 우변 두 번째 항의 첫 번째 적분은,

$$\begin{aligned}&\int_0^{\pi}\frac{2}{2n+1}\sin(\theta_e)\sin((2n+1)\theta_e)d\theta_e \\ &= \frac{2}{2n+1}\int_0^{\pi}\left(\frac{1}{2}(\cos(2n\theta_e)-\cos((2n+2)\theta_e))\right)d\theta_e \\ &= 0\end{aligned} \tag{8.46}$$

식(8.44) 우변 두 번째 항의 두 번째 적분은,

$$\begin{aligned}&\int_0^{\pi}\frac{2}{2n-1}\sin(\theta_e)\sin((2n-1)\theta_e)d\theta_e \\ &= \frac{1}{2n-1}\int_0^{\pi}(\cos(2n\theta_e)-\cos(2\theta_e(1-n)))d\theta_e\end{aligned} \tag{8.47}$$

식(8.47)에서 $n \neq 1$인 경우의 적분은 모두 0이므로 $n=1$인 경우만 생각하면 $\pi/2$이다. 따라서 식(8.44)는,

$$\lambda_{aa}(\theta_{er}) = p\frac{\pi}{4}G_0\hat{n}_d D_g A - p\frac{D_g}{2}\frac{A}{2}\hat{n}_d G_{a1}\cos(2\theta_{er})\frac{\pi}{2} \tag{8.48}$$

$$= \left(\frac{2}{\pi}\left(\frac{K_w N_{ph}}{p}\right)^2 D_g L_{stk} G_0 - \frac{1}{\pi}\left(\frac{K_w N_{ph}}{p}\right)^2 D_g L_{stk} G_{a1}\cos(2\theta_{er})\right)i$$

$$= (L_0 - L_{as}\cos(2\theta_{er}))i$$

여기서,

$$L_0 = \frac{2}{\pi}\left(\frac{K_w N_{ph}}{p}\right)^2 D_g L_{stk} G_0 \tag{8.49}$$

$$L_{as} = \frac{1}{\pi}\left(\frac{K_w N_{ph}}{p}\right)^2 D_g L_{stk} G_{a1} \tag{8.50}$$

인덕턴스의 정의식에 따라 식(8.48)의 자속을 전류 i로 나누면 한 상의 인덕턴스가 된다.

$$L_{aa}(\theta_{er}) = L_0 - L_{as}\cos(2\theta_{er}) \tag{8.51}$$

이상에서 도출한 쇄교자속은 자기 인덕턴스를 구하기 위한 자속이었고, 비슷한 방법으로 상호 쇄교자속을 구해볼 수 있다. 결과만 써 보면,

$$\lambda_{ba}(\theta_{er}) = \left(-\frac{L_0}{2} - L_{as}\cos\left(2\theta_{er} - \frac{2\pi}{3}\right)\right)i \tag{8.52}$$

$$\lambda_{ca}(\theta_{er}) = \left(-\frac{L_0}{2} - L_{as}\cos\left(2\theta_{er} + \frac{2\pi}{3}\right)\right)i \tag{8.53}$$

식(8.48), 식(8.52)및 식(8.53)로부터 권선의 상호 인덕턴스를 구하면,

$$M_{ba} = -\frac{L_0}{2} - L_{as}\cos\left(2\theta_{er} - \frac{2\pi}{3}\right) \tag{8.54}$$

$$M_{ca} = -\frac{L_0}{2} - L_{as}\cos\left(2\theta_{er} - \frac{4\pi}{3}\right) \tag{8.55}$$

엔드턴 누설 및 슬롯 누설 등 누설 자속 L_{ls}을 고려하게 되면

$$L_a = L_{aa} + L_{ls} = L_{ls} + L_0 - L_{as}\cos(2\theta_{er}) \tag{8.56}$$

이상에서 구한 인덕턴스를 A상 인덕턴스라 하면, 나머지 두 상에 대한 인덕턴스도 위상차이만 고려해 비슷하게 구할 수 있으며, 결국 권선에 의해 발생하는 쇄교자속은 다음과 같은 행렬 형태로 표현 할 수 있다.

$$\boldsymbol{\lambda}_{abc}^{ss} = \mathbf{L}_{ss}\mathbf{i}_{abc} = \begin{bmatrix} L_a & M_{ab} & M_{ac} \\ M_{ba} & L_b & M_{bc} \\ M_{ca} & M_{cb} & L_c \end{bmatrix}\begin{bmatrix} i_a \\ i_b \\ i_c \end{bmatrix} \tag{8.57}$$

여기서,

$$\begin{aligned} L_a &= L_{ls} + L_0 - L_{as}\cos 2\theta_{er} \\ L_b &= L_{ls} + L_0 - L_{as}\cos\left(2\left(\theta_{er} - \frac{2}{3}\pi\right)\right) \\ L_c &= L_{ls} + L_0 - L_{as}\cos\left(2\left(\theta_{er} + \frac{2}{3}\pi\right)\right) \\ M_{ab} &= M_{ba} = -\frac{L_0}{2} - L_{as}\cos\left(2\left(\theta_{er} - \frac{\pi}{3}\right)\right) \\ M_{bc} &= M_{cb} = -\frac{L_0}{2} - L_{as}\cos\left(2\left(\theta_{er} - \frac{3\pi}{3}\right)\right) \\ M_{ac} &= M_{ca} = -\frac{L_0}{2} - L_{as}\cos\left(2\left(\theta_{er} - \frac{2\pi}{3}\right)\right) \end{aligned} \tag{8.58}$$

이상의 결과는 6장의 전동기 지배 방정식에서 사용된 가정과 동일한 결과임을 알 수 있다.

Design of
Permanent Magnet Synchronous Machines

9 영구자석에 의한 공극 자속

식(8.30)에서 영구자석에 의한 쇄교자속을 구하기 위해서는 공극 자속량이 계산되어야 한다. 공극 자속량은 공극 자속밀도 기본파 크기가 구해져야 계산이 되는데, 이 공극 자속밀도 기본파 크기는 전동기의 형상 및 재질에 따라 달라지므로 전동기 특징에 맞게 계산되어야 한다. 통상 자속밀도 혹은 자속량을 구하기 위해서는 두 가지 방법이 주로 사용되는데, 첫 번째는 자기 등가 회로 해석 방법이고 두 번째는 수치 해석 방법 좀더 구체적으로는 유한 요소 해석법이다. 두 번째 방법에서는 해석을 위해서 전동기의 구체적인 형상 및 재질 정보가 필요한데, 설계 단계에서는 이를 알 수 없으므로 적용하기 힘들다. 첫 번째 방법인 자기 등가 회로를 이용한 방법 또한 공극 자속량을 구하기 위해서는 형상 정보가 필요하나, 적절한 계수 등을 도입함으로써 수식에서 형상 관련 수치를 사용하지 않고 개략적인 자속량을 구할 수 있다. 이러한 이유로 전동기 설계에서는 자기 등가 회로법이 많이 적용되고 있다. 앞서 언급했지만 자기 등가 회로는 형상에 따라 다르게 꾸며질 수 있으므로, 여기서는 크게 두 가지 전동기 타입에 대해서 도출해 보도록 한다.

9.1 SPMSM

그림 9.1은 슬롯리스 고정자를 가진 간략화된 SPMSM을 보여주고 있다. 회전자의 구조는 N극과 S극을 자기적으로 연결하는 자속 경로인 백요크와 그 위에 부착된 영구자석으로 이루어진다. 영구자석의 자화 방향은 반경 방향으로 화살표로 표시한 것과 같으며 영구자석은 아크형으로, 극호각 θ_m과 두께 T_m으로 모델링 할 수 있다. 여기서 θ_m은 기계각이다.

자기 회로 해석을 통해 자속밀도 기본파 성분의 크기를 정확히 알아내기 위해서는 파형을 가정하고 자기 회로 해석을 해야 한다. 자속밀도의 파형은 크게는 극호율에 의존하게 되며 작게는 영구자석의 형상 및 배치 그리고 영구자석의 자화 방향에 따라서 바뀌게 된다. 자속밀도 파형을 가정하기 위해 그림 9.1와 같은 회전자 구조에서 영구자석의 자화 방향에 따른 자속밀도를 유한 요소 해석을 통해 구해보면 그림 9.2과 같은 파형을 얻을 수 있다. 이때 극호율 α_m은 0.8로 두었으며, 극호율은 $\alpha_m = \theta_m/\theta_p$로 정의된다. 여기서 θ_p는 극피치각을 의미한다.

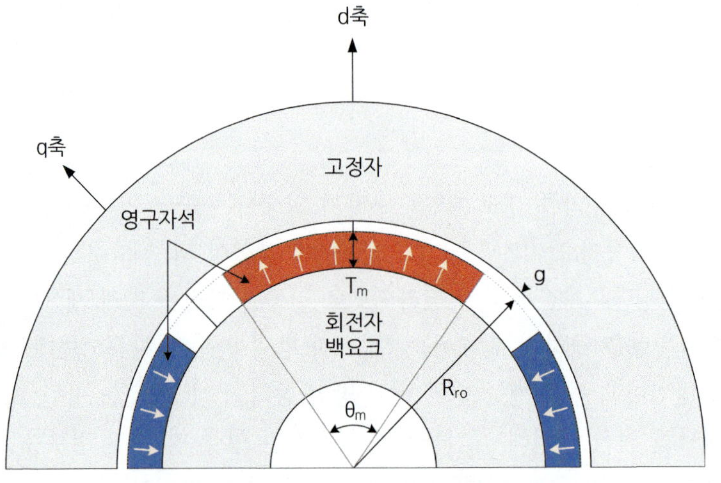

[그림 9.1] 간략화된 SPM모델

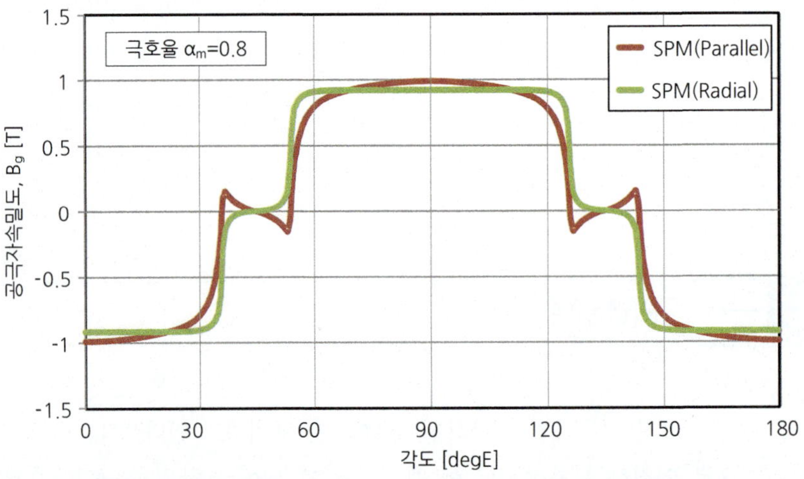

[그림 9.2] 표면 부착형 회전자 구조에서의 공극 자속밀도 파형

그림에서 보는 바와 같이 자속밀도는 극호각의 범위 내에서만 두드러지게 나타나는 것을 알 수 있으며 극호각을 넘어선 범위에서는 자속밀도가 거의 0에 가까움을 알 수 있다. 물론 그림에서와 같이 자화 방향에 따라 고조파의 성분이 약간씩 달라지고 영구자석의 모양에 따라서도 파형이 달라질 수 있으나 전체적인 분포는 계단 파형으로 동일하다. 따라서 여기에서는 공극 자속밀도의 파형을 그림 9.3와 같이 가정하도록 하겠다.

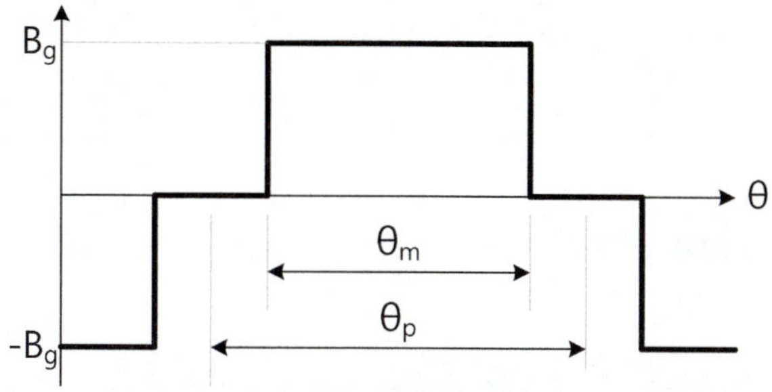

[그림 9.3] 공극 자속밀도 분포의 가정

그림 9.4는 표면 부착형 영구자석 전동기의 자속선도와 이를 바탕으로 한 자기 등가 회로다. 그림 9.4(a)의 자속 선도를 살펴보면 N극에서 나오는 자속은 고정자 코일을 쇄교하여 인접 S극으로 들어가는 자속과 고정자 코일을 통하지 못하고 공극으로 누설되어 인접 S극으로 들어가는 자속으로 나눠볼 수 있다. 또한 대칭적인 구조를 가지기 때문에 한 극에서 나오는 자속은 동일하게 분리되어 인접극으로 들어가게 된다. 따라서 그림 9.4(a)을 위한 자기 회로는 d축을 경계로 각 극의 절반만을 고려하여 그림 9.4(b)처럼 꾸며볼 수 있다. 그림에서 고정자 권선에 의한 자계는 고려되지 않았다.

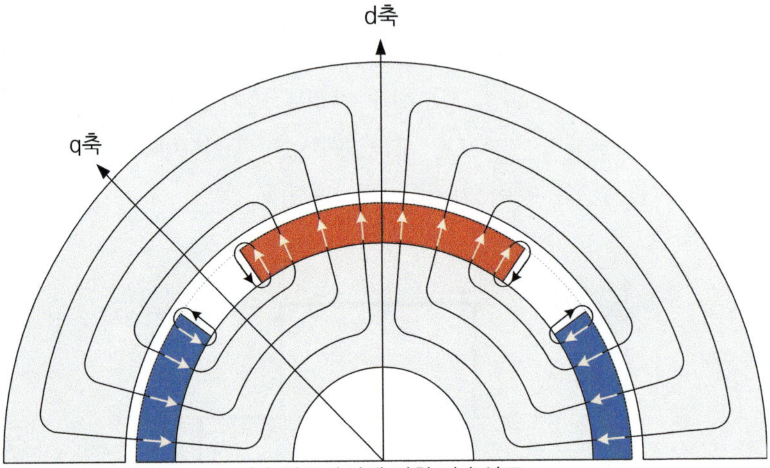

(a) 영구자석에 의한 자속선도

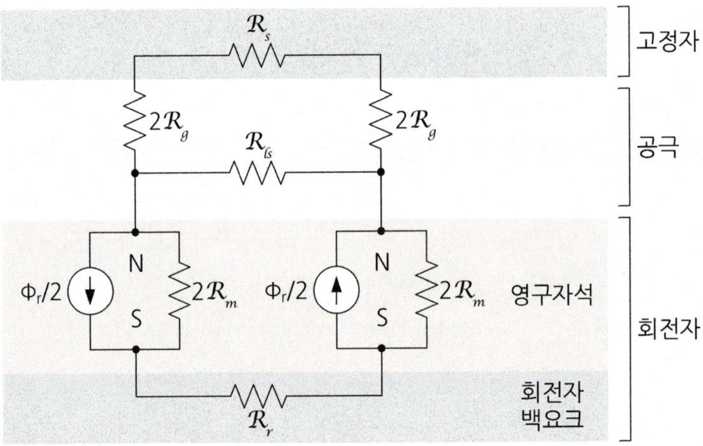

(b) 자기 등가 회로

[그림 9.4] 표면 부착형 영구자석 기기의 자기 등가 회로

그림 9.4(b)에서 $\mathcal{R}_s$와 $\mathcal{R}_r$은 고정자 및 회전자 백요크의 릴럭턴스이며 $\mathcal{R}_g$는 한 극에 대한 공극 릴럭턴스이다. 그림에서는 각 극의 절반만 모델링 되었으므로 절반에 해당하는 릴럭턴스는 $2\mathcal{R}_g$가 된다. 또한 고정자 권선을 쇄교하지 않고 인접극 혹은 자신의 반대극으로 누설되는 자속을 표현하기 위해 $\mathcal{R}_{ls}$가 존재한다. 마지막으로 영구자석은 노턴 등가 회로인 자속원으로 모델링하였으며 반 극에 해당하는 자속인 $\phi_r/2$와 반 극에 해당하는 영구자석 릴럭턴스인 $2\mathcal{R}_m$으로 모델링하였다. 여기서 $\mathcal{R}_m$은 한 극에 대한 영구자석 릴럭턴스이다.

그림 9.4을 조금 단순화 하여 다시 그려보면 그림 9.5과 같다. 그림 9.5(a)은 반 극의 영구자석을 모델링한 두 개의 직렬 회로를 하나로 합친 것이다. 그림 9.5(a)에서 $\mathcal{R}_{ls}$ 그리고 $\mathcal{R}_r$과 $\mathcal{R}_s$를 해석적으로 구해내는 일은 쉬운 일이 아니므로 그림 9.5(a)의 회로를 해석하는 일 또한 쉽지 않다.

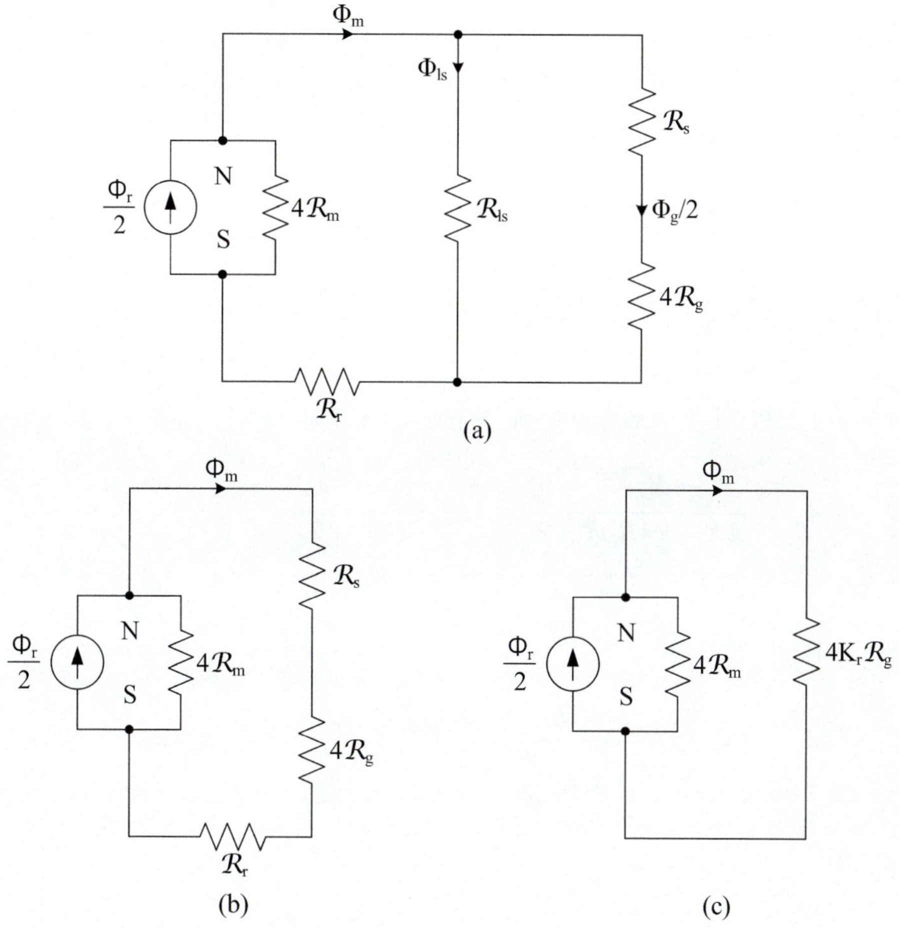

[그림 9.5] 등가 회로의 간소화

여기서는 먼저 누설계수를 도입하여 그림 9.5(b)와 같이 누설 릴럭턴스를 제거하고 회로를 더욱 간단하게 바꿀 것이다. 즉, 1보다 약간 작은 값을 가지는 누설계수 K_{ls}를 다음과 같이 정의하면,

$$K_{ls} = \frac{\phi_g}{2\phi_m} \tag{9.1}$$

결국 공극 자속은 다음과 같이 나타낼 수 있다.

$$\phi_g = 2K_{ls}\phi_m \tag{9.2}$$

또한 고정자 및 회전자 철심의 릴럭턴스도 정확한 값을 구해내는 일은 쉽지 않다. 다행이 철심의 릴럭턴스는 공극 릴럭턴스에 비해 매우 작은 값을 가지므로 릴럭턴스 계수를 도입함으로써 제거 가능하다. 즉,

$$4\mathcal{R}_g + \mathcal{R}_s + \mathcal{R}_r = 4K_r\mathcal{R}_g \tag{9.3}$$

여기서 K_r은 1보다 약간 크며 대략 1~1.2 사이 값이면 무난하다. 결국 자기 등가 회로는 그림 9.5(c)와 같아진다.

그림 9.5(c)에 보인 자기 회로를 이용해 영구자석으로부터 나오는 자속 ϕ_m을 구하면,

$$\phi_m = \frac{4\mathcal{R}_m}{4\mathcal{R}_m + 4K_r\mathcal{R}_g}\frac{\phi_r}{2} = \frac{1}{1+K_r\dfrac{\mathcal{R}_g}{\mathcal{R}_m}}\frac{\phi_r}{2} \tag{9.4}$$

또한 공극 자속은,

$$\phi_g = 2K_{ls}\phi_m = \frac{2K_{ls}}{1+K_r\dfrac{\mathcal{R}_g}{\mathcal{R}_m}}\frac{\phi_r}{2} \tag{9.5}$$

여기서,

$$\mathcal{R}_m = \frac{T_m}{\mu_0\mu_R A_m} \tag{9.6}$$

$$\mathcal{R}_g = \frac{g'}{\mu_0 A_g} \tag{9.7}$$

따라서 식(9.5)는

$$\phi_g = 2K_{ls}\phi_m = \frac{2K_{ls}}{1+K_r\frac{g'\mu_r}{T_m}\frac{A_m}{A_g}}\frac{\phi_r}{2} \tag{9.8}$$

여기서 T_m은 영구자석의 두께, g'은 유효 공극 길이, A_m은 영구자석의 단면적 그리고 A_g은 극당 유효 공극 면적으로 다음과 같이 계산할 수 있다.

$$\begin{aligned} g' &= K_c g \\ A_g &= \alpha_m \theta_p L_{stk} R_{ro} \\ A_m &= W_m L_{stk} \end{aligned} \tag{9.9}$$

여기서 K_c는 카터계수 $\alpha_m = \theta_m/\theta_p$는 극호율($\theta_p$는 극피치각) 그리고 W_m은 영구자석의 너비이다. 영구자석의 너비를 산출함에 있어 영구자석 모양이 SPM과 같이 아크 타입인 경우에는 영구자석 상단에서의 길이와 하단에서의 길이가 다르기 때문에 정확한 너비를 산정하기 힘들다. 영구자석의 중앙에서 잰 거리를 영구자석 너비로 생각해 볼 수도 있지만 경험적으로는 그림 9.6과 같이 하단에서 1/3 되는 지점에서 산출한 거리를 영구자석 너비로 간주하는 것이 적당하다. 원점으로부터 영구자석 하단에서 1/3 되는 지점까지의 거리를 R_{mw}이라고 하면 영구자석의 너비는 다음과 같이 계산된다.

$$W_m = R_{mw}\theta_m = \left(R_{ro} - \frac{2}{3}T_m\right)\theta_m \tag{9.10}$$

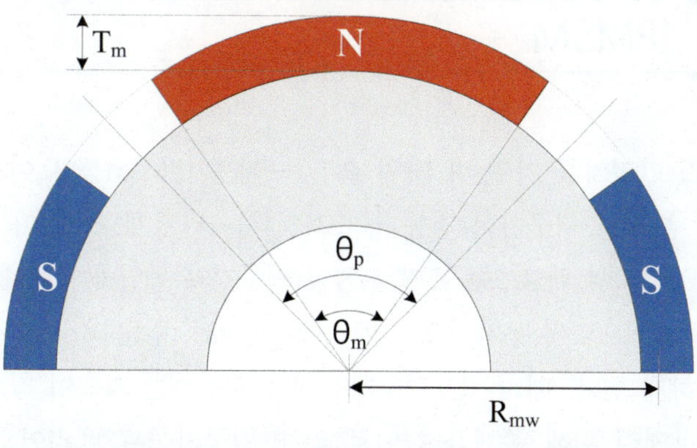

[그림 9.6] 영구자석 너비 계산을 위한 반지름의 정의

자속밀도와 자속의 관계를 이용해 식(9.8)을 다시 써 보면,

$$B_g = \frac{K_{ls}}{1 + K_r \frac{g' \mu_R}{T_m}} B_r \tag{9.11}$$

여기서 B_r은 영구자석의 잔류자속밀도로 ϕ_r과의 관계는 식(9.12)와 같이 쓸 수 있다.

$$\phi_r = B_r W_m L_{stk} \tag{9.12}$$

식(9.11)을 통해 얻어진 공극 자속밀도는 공극을 지나는 자속이 반경 방향 성분(수직 성분)만 있다고 가정하여 얻어진 극호각에 대한 평균 자속밀도다. 즉, 그림 9.3의 B_g에 해당한다. 따라서 공극 자속밀도의 기본파의 크기는,

$$\begin{aligned} \hat{B}_{g1} &= \frac{p}{\pi} \int_{-\pi/p}^{\pi/p} B_g(\theta) \cos(p\theta) d\theta \\ &= \frac{2p}{\pi} \int_0^{\pi} B_g(\theta) \cos(p\theta) d\theta \\ &= \frac{4p}{\pi} \int_0^{\theta_m/2} B_g \cos(p\theta) d\theta \\ &= \frac{4}{\pi} B_g \sin\frac{p\theta_m}{2} \end{aligned} \tag{9.13}$$

9.2 IPMSM

그림 9.7은 슬롯리스 고정자를 가진 바 타입 혹은 一자형 IPMSM를 보여주고 있다. 바 타입 회전자 구조는 표면 부착형 영구자석 전동기의 그것과는 다르게 크게 여섯 부분으로 나누어 볼 수 있다. 우선 영구자석과 백요크는 표면 부착형 전동기와 동일하게 존재하며, 그 외 영구자석이 철심 내부에 삽입됨으로써 부가적으로 배리어(Barrier), 립(Rib), 웹(Web) 그리고 폴피스(Pole Piece)가 존재하게 된다. 배리어는 영구자석에서 발생하는 자속이 철심을 통해 인접극으로 누설하는 것을 방지키 위해 존재하며 이로 인해 영구자석과 배리어로 감싸진 폴피스가 생겨난다. 또한 폴피스가 섬으로 존재하는 것을 방지하기 위해 립 혹은 브리지(Bridge)가 존재한다. 마지막으로 회전자 백요크와 립 그리고 폴피스를 하나로 이어줄 웹이 인접 배리어 사이에

존재하게 된다. 영구자석은 제작 및 비용 등의 이유로 인해 대부분 직사각형 형태를 갖게 되며 자화 방향은 그림에서 나타낸 바와 같다.

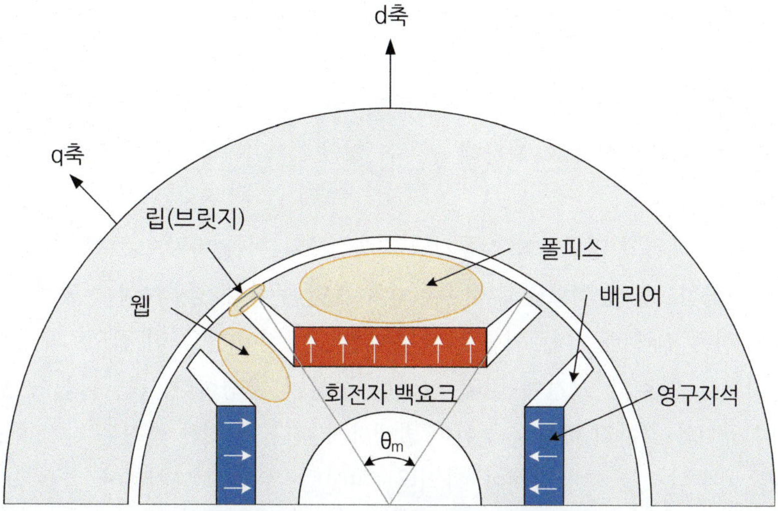

[그림 9.7] 바 타입 매입형 영구자석 전동기

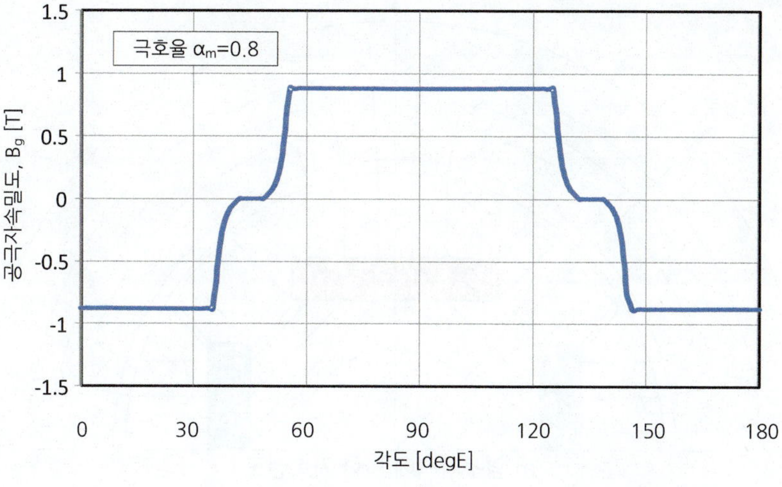

[그림 9.8] 바 타입 매입형 영구자석 전동기의 공극 자속밀도 파형 ($\alpha_m = 0.8$)

그림 9.7과 같은 구조에서 영구자석에 의한 공극 자속밀도는 그림 9.8과 같이 나타난다. 그림은 영구자석의 극호율이 0.8인 경우의 결과를 나타내고 있는데, 극호율 범위에서는 공극 자속밀도가 거의 일정한 값을 가짐을 알 수 있고, 그 밖의 범위에서는 거의 0의 값을 가짐을 알 수

있다. 이는 표면 부착형 영구자석 전동기의 자속밀도 파형과 거의 흡사한데, 약간 다른 점은 파형이 거의 완벽한 계단파 형태로 나온다는 것이다. 이는 영구자석에서 나온 자속이 공극으로 직접 나가지 않고 폴피스를 통해 필터링되어 결국 회전자 표면에서는 거의 동일한 포텐셜을 가지게 되기 때문이다. 이러한 특징으로 인해 매입형 영구자석 전동기의 공극 자속밀도 파형은 영구자석의 모양 혹은 자화 방향을 통해 직접 컨트롤하기 힘들어진다. 이상의 결과로부터 바 타입 매입형 영구자석 전동기의 공극 자속밀도 파형 또한 그림 9.3와 같이 극호각 내에서만 일정한 크기를 가지는 파형으로 생각해 볼 수 있다.

그림 9.9는 바 타입 매입형 영구자석 전동기의 자속선도와 이를 바탕으로 한 자기 등가 회로다. 그림 9.9(a)의 자속선도를 살펴보면 그림 9.4(a)의 표면 부착형 영구자석 전동기의 자속선도와 비슷한데, 다른 점은 립과 배리어로의 누설이 존재한다는 것이다. 특히 립으로의 누설은 자로의 재질이 철심이므로 자로의 크기에 비해 상당한 누설이 발생한다. 즉, 철심이 포화되어 그 자기적 특성이 공기와 같아질 때까지 누설이 발생하게 된다. 이러한 특징은 자기 회로를 구성함에 있어 립을 자속원으로 모델링해야 하거나, 비선형 특징을 고려해야 함을 의미한다.

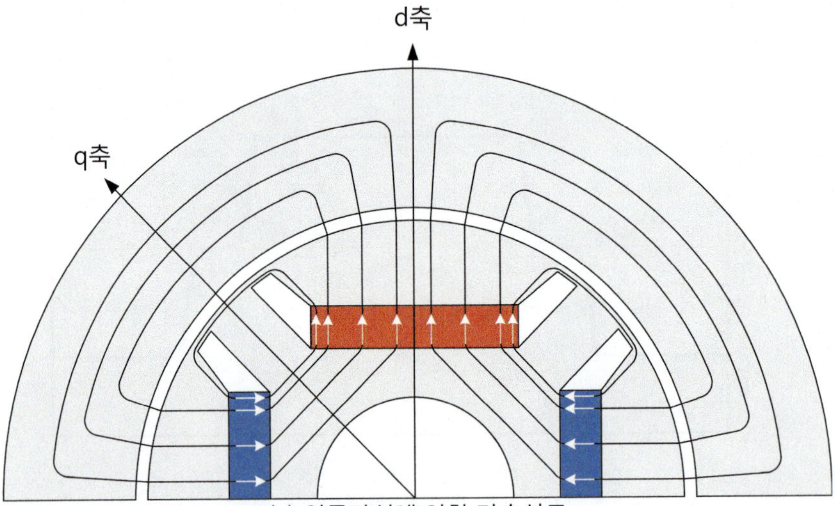

(a) 영구자석에 의한 자속선도

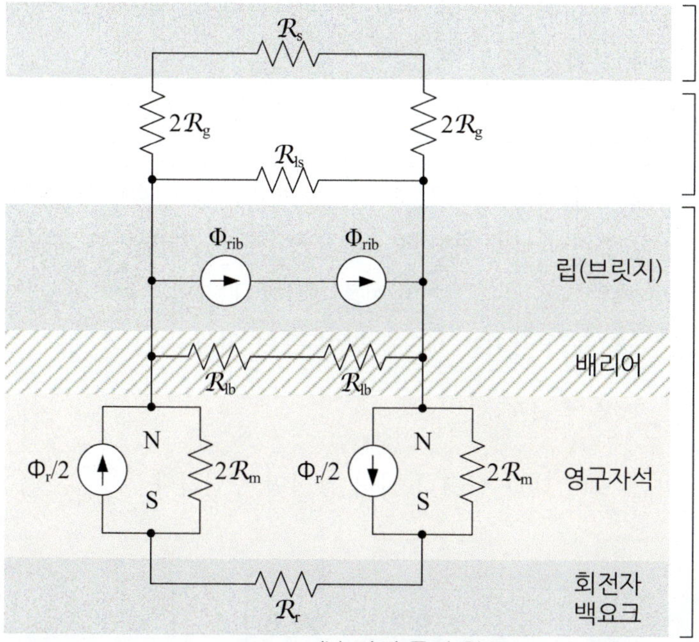

(b) 자기 등가 회로

[그림 9.9] 바타입 IPMSM의 자기 등가 회로

표면 부착형 영구자석 전동기에서와 같이 대칭성을 고려해 d축을 경계로 하여 반 극쌍에 대한 자기 회로를 구성해 보면 그림 9.9(b)와 같다. $\mathcal{R}_{lb}$는 배리어를 통해 인접극 혹은 자신의 반대극으로 누설하는 자속을 모델링하기 위한 릴럭턴스이다. 웹폭이 좁다면 자신의 반대극으로 누설하는 자속은 거의 없게 되며 인접극으로 누설하는 자속만 남게 된다. 또한 립으로 누설하는 자속을 자속원 ϕ_{rib}으로 모델링하였다.

그림 9.9(b)를 조금 단순화하여 다시 그려보면 그림 9.10과 같다. 그림 9.10(a)에서는 각 브랜치의 직렬로 연결된 자기 저항을 합쳤으며 영구자석을 모델링 한 두 개의 직렬 회로를 하나로 합쳤다. 또한 립으로의 누설자속을 영구자석 소스에서 고려하였다.

그림 9.10(a)에서 $\mathcal{R}_{lb}$ 및 $\mathcal{R}_{ls}$를 해석적으로 구해내는 일은 쉬운 일이 아니므로 9.1절에서와 같이 누설 계수를 도입하여 제거할 수 있다. 즉,

$$\phi_g = 2K_{ls}\phi_{ma} \tag{9.14}$$

$$\phi_{ma} = K_{lb}\phi_m \tag{9.15}$$

여기서 K_{lb}와 K_{ls}는 각각 배리어 및 공극 누설 계수이며 1보다 약간 작은 값을 가진다. 결국 공극 자속은 다음과 같이 나타낼 수 있다.

$$\phi_g = 2K_{lb}K_{ls}\phi_m \tag{9.16}$$

이러한 관계식을 이용하여 누설 릴럭턴스 $\mathcal{R}_{lb}$와 $\mathcal{R}_{ls}$를 제거한 등가 회로가 그림 9.10(b)이며 이 경우 고정자 및 회전자 요크의 자기 저항 $\mathcal{R}_s$와 $\mathcal{R}_r$이 공극 릴럭턴스와 직렬로 연결된다. $\mathcal{R}_s$와 $\mathcal{R}_r$은 $\mathcal{R}_g$에 비해 매우 작은 값을 가지며 이를 계산해 내는 일은 쉽지 않으므로 릴럭턴스 계수를 도입하여 $\mathcal{R}_s$와 $\mathcal{R}_r$을 공극저항 $\mathcal{R}_g$에 합쳐 표현 가능하다. 즉,

$$4\mathcal{R}_g + \mathcal{R}_s + \mathcal{R}_r = 4K_r\mathcal{R}_g \tag{9.17}$$

여기서 K_r은 1보다 약간 크며 대략 1~1.2 사이 값이면 무난하다.

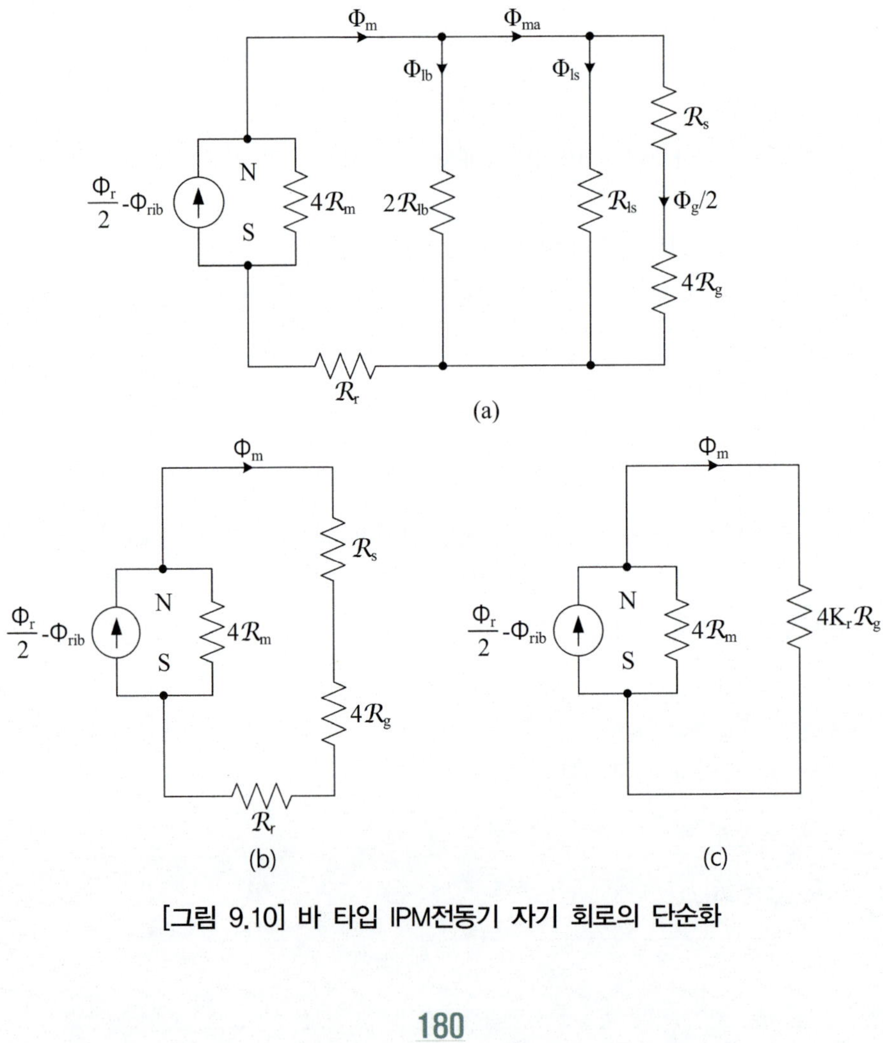

[그림 9.10] 바 타입 IPM전동기 자기 회로의 단순화

결국 자기 등가 회로는 그림 9.10(c)와 같아진다.

그림 9.10(c)에 보인 자기 회로를 이용해 영구자석으로부터 나오는 자속 ϕ_m을 구하면,

$$\phi_m = \frac{4\mathcal{R}_m}{4\mathcal{R}_m + 4K_r\mathcal{R}_g}\left(\frac{\phi_r}{2} - \phi_{rib}\right) = \frac{1}{1 + K_r\dfrac{\mathcal{R}_g}{\mathcal{R}_m}}\left(\frac{\phi_r}{2} - \phi_{rib}\right) \tag{9.18}$$

또한 공극 자속은,

$$\phi_g = 2K_{lb}K_{ls}\phi_m = \frac{2K_{lb}K_{ls}}{1 + K_r\dfrac{\mathcal{R}_g}{\mathcal{R}_m}}\left(\frac{\phi_r}{2} - \phi_{rib}\right) \tag{9.19}$$

여기서,

$$\mathcal{R}_m = \frac{T_m}{\mu_0\mu_R A_m} \tag{9.20}$$
$$\mathcal{R}_g = \frac{g'}{\mu_0 A_g}$$

따라서 식 (9.19)은,

$$\phi_g = 2K_{lb}K_{ls}\phi_m = \frac{2K_{lb}K_{ls}}{1 + K_r\dfrac{g'\mu_R A_m}{T_m}\dfrac{A_m}{A_g}}\left(\frac{\phi_r}{2} - \phi_{rib}\right) \tag{9.21}$$

여기서 T_m은 영구자석의 두께, g'은 슬롯효과를 고려한 유효 공극길이, A_m은 영구자석의 단면적 그리고 A_g는 극당 유효 공극 면적이다. 유효 공극 길이는 카터계수를 이용해 구할 수 있으며 A_g를 구하기 위해 필요한 극호각의 경우 그림 9.7와 같이 립이 시작되는 점과 끝나는 점의 사이각으로 생각하도록 한다.

식 (9.21)에서 ϕ_{rib}은 다음과 같이 구해볼 수 있다.

$$\phi_{rib} = B_{sat}T_{rib}L_{stk} \tag{9.22}$$

여기서 B_{sat}는 립에서의 포화자속밀도로서 대략 2Tesla 근처의 값이며, T_{rib}는 립의 두께이다. 자속밀도와 자속의 관계를 이용해 식 (9.21)을 다시 써 보면,

$$B_g = \frac{K_{lb}K_{ls}}{1+K_r\frac{g'\mu_R}{T_m}}\left(B_r - \frac{2B_{sat}T_{rib}L_{stk}}{A_m}\right) \tag{9.23}$$
$$= \frac{K_{lb}K_{ls}}{1+K_r\frac{g'\mu_R}{T_m}}\left(B_r - \frac{2B_{sat}T_{rib}}{W_m}\right)$$

따라서 공극 자속밀도의 기본파의 크기는,

$$\hat{B}_{g1} = \frac{1}{\pi}\int_{-\pi}^{\pi} B_g(\theta_e)\cos(\theta_e)d\theta_e \tag{9.24}$$
$$= \frac{2}{\pi}\int_{0}^{\pi} B_g(\theta_e)\cos(\theta_e)d\theta_e$$
$$= \frac{4}{\pi}\int_{0}^{p\theta_m/2} B_g(\theta_e)\cos(\theta_e)d\theta_e$$
$$= \frac{4}{\pi}B_g\sin\frac{p\theta_m}{2}$$

단, 위의 적분은 전기각에 따른 적분이며 θ_m은 기계각이다.

10 공극 인덕턴스

상 인덕턴스는 상 권선에 흐르는 전류에 의해 발생한 자계에 저장된 자기에너지 혹은 자기 수반 에너지와 관련되어 있다. 자기에너지는 철심, 공극, 슬롯 그리고 권선의 엔드턴 등 여러 영역에 저장될 수 있으므로 인덕턴스 또한 각 영역별로 따로 구해질 수 있다. 이중, 철심은 상대적으로 매우 큰 투자율을 갖기 때문에 철심 내부의 자계에 의한 인덕턴스는 상 인덕턴스에 거의 영향을 미치지 않는다. 따라서 상 인덕턴스에 가장 영향을 크게 미치는 요소는, 공극, 슬롯 그리고 코일 엔드턴 인덕턴스가 된다. 그 중에서도 공극 인덕턴스가 상 인덕턴스의 대부분을 차지하고 있는데 이는 토크 발생에 직접적으로 연관되는 성분이다. 나머지 두 인덕턴스 성분인 슬롯 인덕턴스와 코일 엔드턴 인덕턴스는 상대적으로 공극 인덕턴스보다 그 크기가 작고 이 둘을 합쳐 누설 인덕턴스라 말한다. 이번 장에서는 공극 인덕턴스를 구하기 위한 방법에 대해 살펴본다. 참고로 인덕턴스는 자기 포화에 영향을 많이 받으므로 일반적인 자기 등가 회로에 의한 인덕턴스 계산에는 정밀도 차원에서 한계가 있음을 미리 밝혀둔다.

10.1 SPMSM

8.3절에서 고정자 권선에 의한 쇄교자속 및 인덕턴스를 구하기 위해 비퍼미언스 G_m를 정의한 바 있다. G_m을 사용해 얻어진 인덕턴스는 결국 공극 인덕턴스가 된다. G_m의 파형은 권선에 의한 기자력 분포가 공간에 대해 일정한 경우, 즉, 기자력 파형이 완전한 구형파일 때, 공극 자속밀도의 파형과 같다. 그림 10.1은 하나의 전절 코일에 의한 자속선도 및 비퍼미언스 파형을

보여주고 있다. 영구자석은 자기적으로 공기와 거의 같은 투자율을 갖기 때문에 자기적인 공극은 회전자의 위치에 관계없이 항상 일정한 값을 가지게 된다. 따라서 비퍼미언스 파형 또한 공간에 대해 항상 일정한 값을 가진다. 즉, 그림 10.1와 같은 표면 부착형 영구자석 전동기의 비퍼미언스는 다음과 같다.

$$G_0^{spm}(\theta_e) = \frac{\mu_0}{g' + T_m}$$
$$G_{a1}^{spm}(\theta_e) = 0 \tag{10.1}$$

이제 공극 인덕턴스를 구하기 위해 식(8.49)에 식 (10.1)을 대입하면,

$$L_0 = \frac{2}{\pi}\left(\frac{K_w N_{ph}}{p}\right)^2 D_g L_{stk} G_0 = \frac{2}{\pi}\left(\frac{K_w N_{ph}}{p}\right)^2 \frac{\mu_0}{g' + T_m} D_g L_{stk} \tag{10.2}$$

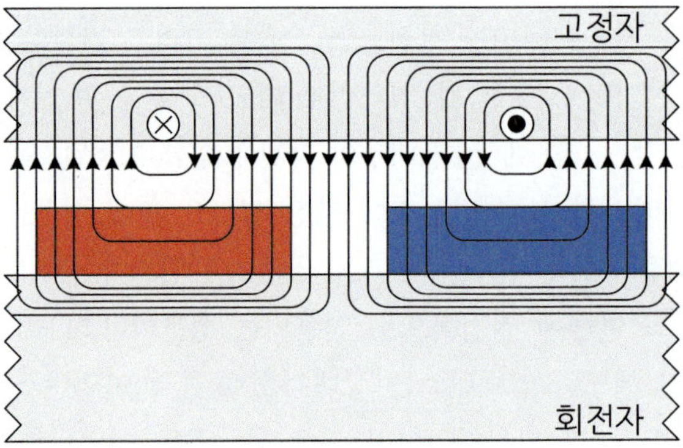

(a) 권선에 의한 자속선도

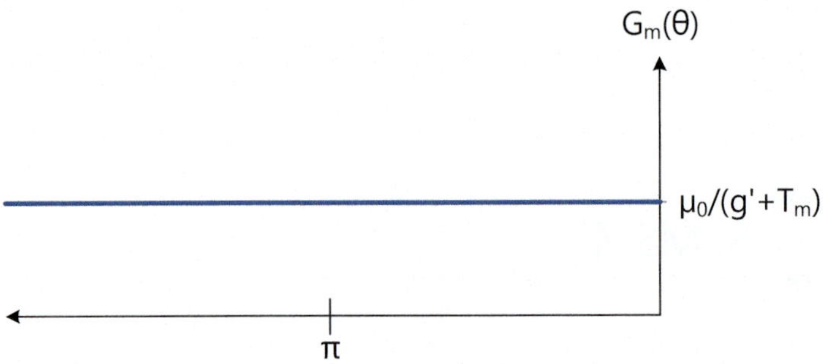

(b) 비퍼미언스 파형

[그림 10.1] 권선에 의한 비퍼미언스 파형

결국 상당 공극 인덕턴스는,

$$L_{aa} = L_0 = \frac{2}{\pi}\left(\frac{K_w N_{ph}}{p}\right)^2 \frac{\mu_0}{g' + T_m} D_g L_{stk} \tag{10.3}$$

또한 d축 및 q축 공극 인덕턴스는 식(6.27)에 의해,

$$L_{md} = L_{mq} = \frac{3}{2} L_0 \tag{10.4}$$

10.2 IPMSM

SPMSM과 마찬가지로 IPMSM의 경우에도 공극 인덕턴스를 구하기 위해서는 자기 회로 해석을 통해 비퍼미언스 파형 G_m 즉, G_0와 G_{a1}을 구하면 되는데, 문제는 회전자 위치에 따라 G_0와 G_{a1}이 변한다는 사실이다. 즉, G_0와 G_{a1}는 시간에 독립적이지 않고 시간에 의존한다. 따라서 공극인덕턴스를 식(8.51)과 같이 단순히 써볼 수 없으며 회전자 위치에 따른 쇄교자속 파형을 구한 다음 이로부터 등가적인 G_0와 G_{a1}을 구해볼 수 있다. 즉, 여기서는 회전자 위치 별 자속을 구해내고 이로부터 인덕턴스를 계산해 보도록 한다.

먼저 그림 10.2과 같은 구조에서 N_c턴을 가지는 전절(코일피치가 전기각 180도인 경우를 전절이라 함) 코일에 전류 I_c이 흐르는 경우 권선 쇄교자속을 구해보자. 여기서 회전자 코어의 비 투자율은 무한대라 가정하여 철심에서 기자력 강하는 없다고 가정하고, 립은 항상 포화되어 있다 가정하여 비투자율을 공기와 같다 가정한다. 이때 고정자 권선에 의해 발생한 자속은 암페어의 주회 법칙에 따라 공극 및 회전자를 거쳐 다시 고정자로 들어오는 폐경로를 만들게 된다. 이 폐경로 상에서 기자력 강하가 생기는 부분은 공극과 영구자석에서인데, 회전자 위치에 따라 폐경로 상에 영구자석이 위치할 수도 있고 그렇지 않을 수도 있다. 이를 분석하기 위해 회전자의 한 극을 두 부분, 즉, d축 각 θ_d와 q축 각 θ_q로 나누어 생각해 보자. 여기서 $\theta_d + \theta_q = \pi$이며 θ_d와 θ_q는 전기각이다.

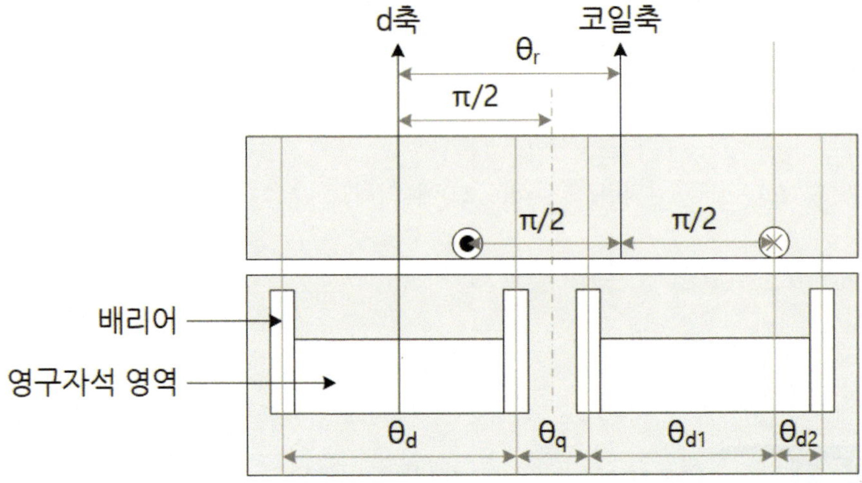

[그림 10.2] 인덕턴스 계산을 위한 IPMSM의 등가 구조

코일 축과 d축 사이각을 θ_r이라 했을 때, 권선에 의한 공극 자속밀도 파형은 코일 사이드, 즉 도체가 회전자의 웹영역(θ_q)에 걸치는지 폴피스 영역(θ_d)에 걸치는지에 따라 다음과 같은 두 구간에서 각각 생각해 볼 수 있다.

구간 1. $\dfrac{\theta_q}{2} \le \theta_r < \pi - \dfrac{\theta_q}{2}$

구간 2. $-\dfrac{\theta_q}{2} \le \theta_r < \dfrac{\theta_q}{2}$

구간 1에서는 θ_d구간에 도체가 들어온 경우이며, 구간 2에서는 θ_q구간에 도체가 들어온 경우이다.

A. 구간 1

그림 10.3은 회전자 위치가 구간1에 위치할 경우, 자속선도와 공극 자속밀도를 보여주고 있다. 이때 자속은 코일을 중심으로 회전하게 되며 배리어 주변을 흐르는 자속을 제외한 대부분의 자속은 오직 공극만 통하게 된다. 특이한 점은 코일의 위치에 따라 도체 좌우의 영역에서 자속이 집중되거나 분포되는 현상이다. 그림 10.3(a)는 도체가 구간1의 정 중앙에 위치한 경우인데, 이 경우 구간 1에서의 자속밀도는 도체를 기준으로 일정하게 분포함을 알 수 있다.

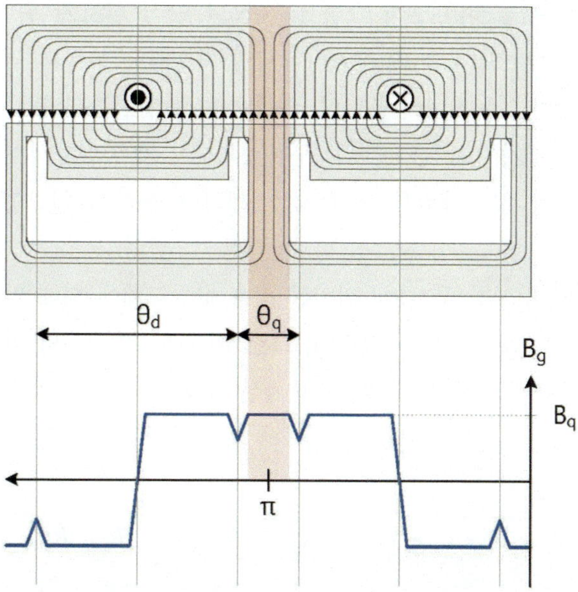

(a)

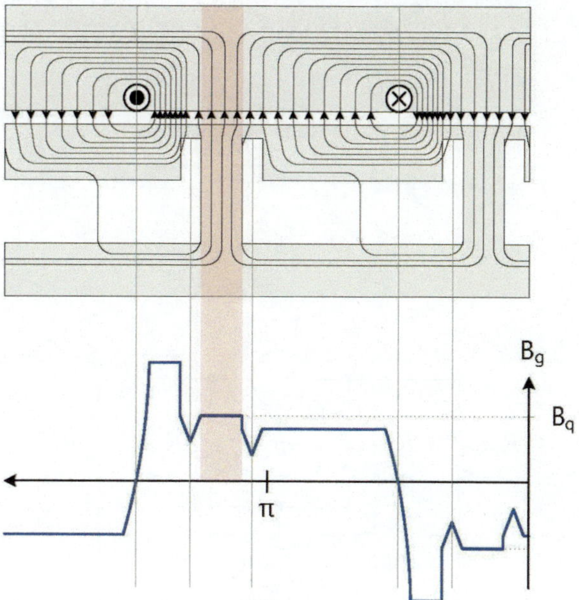

(b)

[그림 10.3] 구간1에서의 권선에 의한 자속선도 및 공극 자속밀도

하지만 회전자가 좌측으로 이동하여 그림 10.3(b)와 같이 변하게 되면, 상대적으로 코일은 구간1의 우측에 위치하게 되며, 이때 구간 1에서의 자속밀도 파형은 코일을 기준으로 좌측은 자속이 분산되어 자속밀도가 떨어지게 되며, 우측은 자속이 집중되어 자속밀도가 커지게 된다. 이와는 달리 그림에서 음영 처리한 영역인 구간 2에서의 자속밀도 파형은 회전자의 위치와는 무관하게 항상 일정한 값을 가짐을 유한 요소 해석을 통해 확인하였다.

위와 같은 결과로부터 도체가 구간1에 위치한 경우에는 도체에 의해 발생하는 자계는 인접극 안으로는 침투를 못한다고 말 할 수 있으며, 그림 10.4과 같이 (a)의 파선 내부의 영역에서만 그 영향이 미치게 됨을 알 수 있다. 따라서 파선 내부의 자기 회로를 그림 10.4(b)와 같이 꾸며볼 수 있다.

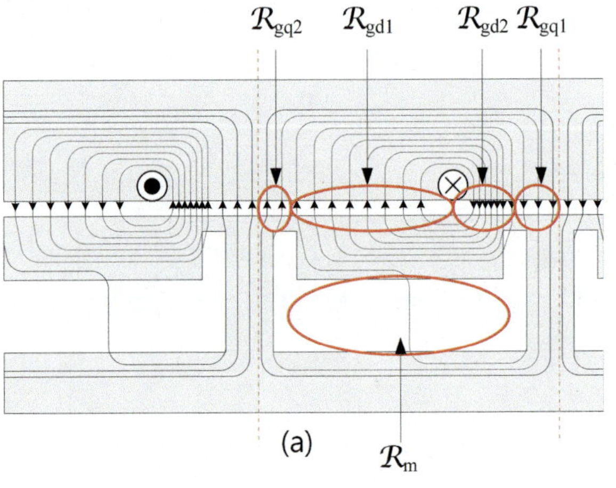

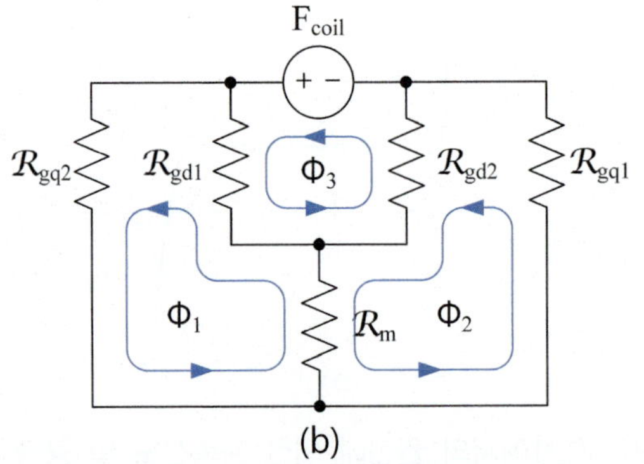

[그림 10.4] 인덕턴스 계산을 위한 구간1에서의 자기 등가 회로

그림 10.4(b)에서 영구자석 릴럭턴스를 제외한 모든 릴럭턴스는 회전자 위치에 대한 함수가 되며 수식으로 나타내 보면 다음과 같다.

$$F_c = N_c i_c \tag{10.5}$$

$$\mathcal{R}_{gq1} = \frac{g'}{\mu_0 A_{gq1}} \quad \because\ A_{gq1} = \frac{D_g}{2}\alpha_{gq1}\theta_q L_{stk} \tag{10.6}$$

$$\mathcal{R}_{gq2} = \frac{g'}{\mu_0 A_{gq2}} \quad \because\ A_{gq2} = \frac{D_g}{2}(1-\alpha_{gq1})\theta_q L_{stk} \tag{10.7}$$

$$\mathcal{R}_{gd1} = \frac{g'}{\mu_0 A_{gd1}} \quad \because\ A_{gd1} = \frac{D_g}{2}\alpha_{gd1}\theta_q L_{stk} \tag{10.8}$$

$$\mathcal{R}_{gd2} = \frac{g'}{\mu_0 A_{gd2}} \quad \because\ A_{gd2} = \frac{D_g}{2}(1-\alpha_{gd1})\theta_q L_{stk} \tag{10.9}$$

$$\mathcal{R}_{m} = \frac{T_m}{\mu_0 \mu_{rec} A_m} \quad \because\ A_m = W_m L_{stk} \tag{10.10}$$

$$\alpha_{gd1} = \frac{\theta_{d1}}{\theta_{d1}+\theta_{d2}} = \frac{\theta_m - \theta_q/2}{\theta_d} \tag{10.11}$$

여기서 α_{gd1}는 1구간 전체에 대해 코일 좌측을 흐르는 자속이 차지하는 구간의 비로 결국은 θ_d에 대한 θ_{d1}의 비가 된다. 또한 이 비율은 식(10.11)과 같이 회전자 위치 θ_m으로 표현 가능하다.

비슷하게 α_{gq1}은 2구간 전체에 대해 코일 좌측을 흐르는 자속이 차지하는 비로 α_{gd1}와 가까운 값을 가지지만 정확한 값을 산출하는 것은 매우 힘든 일이다. 하지만 α_{gd1}와 같다고 가정하여 회로를 풀어도 구간1과 구간2의 경계부를 제외하면 거의 비슷한 결과를 얻을 수 있다.

자기 회로를 그림과 같이 세 개의 자속 루프를 이용하여 풀게 되면 다음과 같은 연립 방정식을 얻을 수 있다.

$$\begin{aligned}
&\mathcal{R}_{gq2}\phi_1 + R_m(\phi_1-\phi_2) + \mathcal{R}_{gd1}(\phi_1-\phi_3) = 0\\
&\mathcal{R}_{gq1}\phi_2 + R_m(\phi_2-\phi_1) + \mathcal{R}_{gd2}(\phi_2-\phi_3) = 0\\
&\mathcal{R}_{gd1}(\phi_3-\phi_1) + \mathcal{R}_{gd2}(\phi_3-\phi_2) = F_{coil}
\end{aligned} \tag{10.12}$$

식을 정리하여 행렬 형태로 써 보면,

$$\mathrm{A}\phi = \mathrm{F} \tag{10.13}$$

$$\rightarrow \begin{bmatrix} \mathcal{R}_{gq2}+\mathcal{R}_m+\mathcal{R}_{gd1} & -\mathcal{R}_m & -\mathcal{R}_{gd1} \\ -\mathcal{R}_m & \mathcal{R}_{gq1}+\mathcal{R}_m+\mathcal{R}_{gd2} & -\mathcal{R}_{gd2} \\ -\mathcal{R}_{gd1} & -\mathcal{R}_{gd2} & \mathcal{R}_{gd1}+\mathcal{R}_{gd2} \end{bmatrix} \begin{bmatrix} \phi_1 \\ \phi_2 \\ \phi_3 \end{bmatrix} = \begin{bmatrix} 0 \\ 0 \\ F_c \end{bmatrix}$$

결국 자속은 다음과 같이 구해진다.

$$\begin{aligned} \phi_1 &= ((\mathcal{R}_{gd2}+\mathcal{R}_{gq1})\mathcal{R}_{gd1}+(\mathcal{R}_{gd1}+\mathcal{R}_{gd2})\mathcal{R}_m)F_c/\det\mathrm{A} \\ \phi_2 &= ((\mathcal{R}_{gd1}+\mathcal{R}_{gq2})\mathcal{R}_{gd2}+(\mathcal{R}_{gd1}+\mathcal{R}_{gd2})\mathcal{R}_m)F_c/\det\mathrm{A} \\ \phi_3 &= \begin{pmatrix} (\mathcal{R}_{gd2}+\mathcal{R}_{gq1})\mathcal{R}_{gd1}+(\mathcal{R}_{gq1}+\mathcal{R}_{gd2})\mathcal{R}_{gq2} \\ +(\mathcal{R}_{gd1}+\mathcal{R}_{gd2}+\mathcal{R}_{gq1}+\mathcal{R}_{gq2})\mathcal{R}_m \end{pmatrix} F_c/\det\mathrm{A} \end{aligned} \tag{10.14}$$

여기서

$$\begin{aligned} \det\mathrm{A} = {} & \mathcal{R}_{gd1}\mathcal{R}_{gd2}\mathcal{R}_{gq2} \\ & +(\mathcal{R}_{gd2}\mathcal{R}_{gq2}+(\mathcal{R}_{gd2}+\mathcal{R}_{gq2})\mathcal{R}_{gd1})\mathcal{R}_{gq1} \\ & +((\mathcal{R}_{gq2}+\mathcal{R}_{gq1})\mathcal{R}_{gd1}+(\mathcal{R}_{gq2}+\mathcal{R}_{gq1})\mathcal{R}_{gd2})\mathcal{R}_m \end{aligned} \tag{10.15}$$

코일 기자력에 의해 발생하는 자속은 ϕ_3과 같으며, 이로부터 쇄교자속은 다음과 같이 구할 수 있다.

$$\lambda_c = 2N_c\phi_3 \tag{10.16}$$

특히, 쇄교자속량은 $\alpha_{gd1} = 0.5$가 되는 지점에서 최대가 되는데, 이때 그림 10.4의 자기 저항은 $\mathcal{R}_{gd1} = \mathcal{R}_{gd2}$, $\mathcal{R}_{gq1} = \mathcal{R}_{gq2}$가 되며 각 경로의 자속은 다음과 같이 구해진다.

$$\begin{aligned} \phi_1 = \phi_2 &= \frac{F_c}{2\mathcal{R}_{gq1}} = \frac{F_c}{2}\frac{1}{2\mathcal{R}_{gq}} \\ \phi_3 &= F_c\frac{\mathcal{R}_{gd1}+\mathcal{R}_{gq1}}{2\mathcal{R}_{gd1}\mathcal{R}_{gq1}} = \frac{F_c}{2}\frac{\mathcal{R}_{gd}+\mathcal{R}_{gq}}{2\mathcal{R}_{gd}\mathcal{R}_{gq}} \end{aligned} \tag{10.17}$$

여기서

$$\mathcal{R}_{gd} = \frac{g'}{\mu_0 A_{gd}} \quad \because\ A_{gd} = \frac{D_g}{2}\theta_d L_{stk} \tag{10.18}$$

$$\mathcal{R}_{gq} = \frac{g'}{\mu_0 A_{gq}} \quad \because\ A_{gq} = \frac{D_g}{2}\theta_q L_{stk} \tag{10.19}$$

구간1에서의 자속밀도는

$$B_{\text{sec1}} = \frac{\phi_3 - \phi_1}{A_{gd1}} = \frac{\dfrac{F_{coil}}{2}\dfrac{\mathcal{R}_{gd}+\mathcal{R}_{gq}}{2\mathcal{R}_{gd}\mathcal{R}_{gq}} - \dfrac{F_{coil}}{2}\dfrac{1}{2\mathcal{R}_{gq}}}{\dfrac{A_{gd}}{2}} \tag{10.20}$$
$$= \frac{F_c}{2}\left(\frac{\mu_0(A_{gd}+A_{gq})}{g' A_{gd}} - \frac{2A_{gq}}{A_{gd}^2}\right)$$

구간2에서의 자속밀도는

$$B_{\text{sec2}} = \frac{\phi_1}{A_{gq1}} = \frac{F_c}{2}\frac{\mu_0}{g'} \tag{10.21}$$

만약 $A_{gd1} \gg A_{gq1}$ 이라면 식(10.20)는 식(10.21)과 거의 같다고 볼 수 있다. 이때 B_{sec2}는 그림 10.3에서 B_q를 의미하며 유한 요소 해석에서 B_q는 회전자의 위치에 큰 영향을 받지 않고 거의 일정한 값을 유지함을 유한 요소 해석을 통해 확인하였다.

B. 구간 2

그림 10.5는 회전자 위치가 구간2에 위치할 경우, 자속선도와 공극 자속밀도를 보여주고 있다.

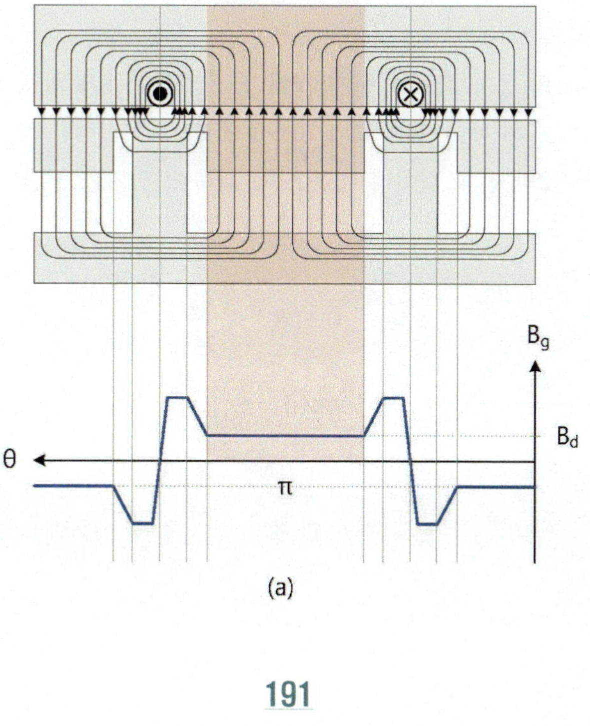

(a)

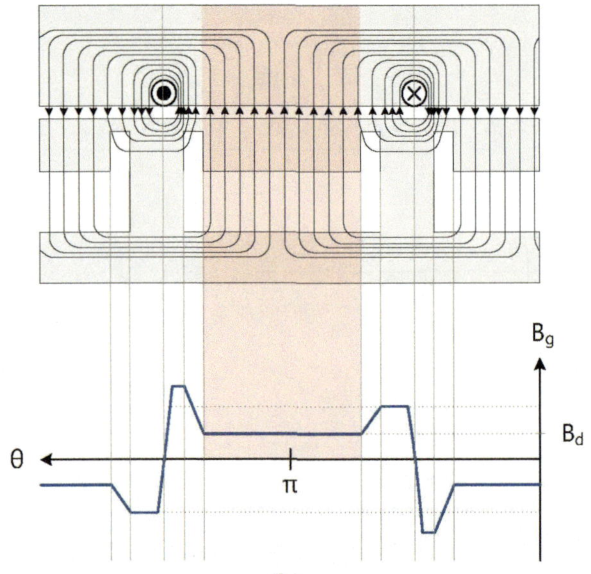

(b)

[그림 10.5] 구간2에서의 권선에 의한 자속선도 및 공극 자속밀도

구간1에서와 비슷하게 도체가 구간2의 중앙에 위치해 있을 경우, 구간2에서의 자속밀도는 도체의 좌, 우 구간에서 일정하게 나타나게 된다. 하지만 회전자가 이동하여 구간2의 좌측에 위치하게 되면 구간2의 우측의 자속은 분포되고, 좌측의 자속은 집중된다. 또한 구간1에서의 자속밀도는 회전자의 위치에 무관하게 항상 일정한 값을 가짐을 알 수 있다.

그림 10.6은 구간2에서의 등가 회로를 꾸민 것이다. 구간1의 등가 회로와의 차이는 영구자석 릴럭턴스인 $\mathcal{R}_{m1}$과 $\mathcal{R}_{m2}$의 배치이다. 그림 10.6(b)에서 모든 릴럭턴스는 회전자 위치에 대한 함수가 되며 이때 구간2의 전체 길이에 대한 도체 좌측에 위치한 구간2의 길이 비는 다음과 같이 구할 수 있다.

$$\alpha_{gq1} = \frac{\theta_q + 2\theta_m}{2\theta_q} \quad \text{when} \quad 0 \le \theta_m < \frac{\theta_q}{2} \tag{10.22}$$

$$\alpha_{gq1} = \frac{2\theta_m + \theta_q - 2\pi/p}{2\theta_q} \quad \text{when} \quad \frac{\pi}{p} - \frac{\theta_q}{2} \le \theta_m < \frac{\pi}{p}$$

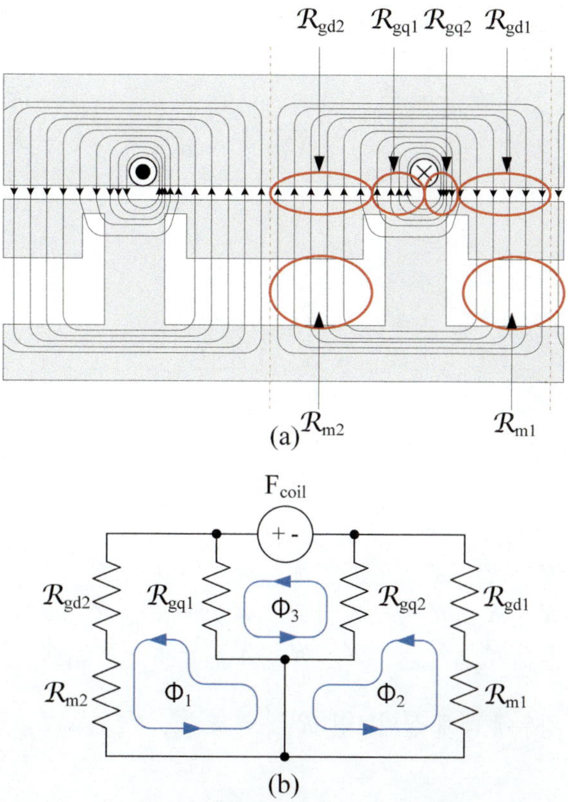

[그림 10.6] 인덕턴스 계산을 위한 구간2에서의 자기 등가 회로

또한 새로운 릴럭턴스 $\mathcal{R}_{m1}$과 $\mathcal{R}_{m2}$는 다음과 같다.

$$\mathcal{R}_{m1} = \frac{T_m}{\mu_0 A_{m1}} \quad \because \ A_{m1} = \alpha_{gd1} W_m L_{stk} \tag{10.23}$$

$$\mathcal{R}_{m2} = \frac{T_m}{\mu_0 A_{m2}} \quad \because \ A_{m2} = (1-\alpha_{gd1}) W_m L_{stk} \tag{10.24}$$

여기서 α_{gq1}에 비해 α_{gd1}은 정확히 산출하기 힘들지만 $\alpha_{gd1} = \alpha_{gq1}$이라 가정하도록 하겠다. 이제 자기 회로를 풀면 다음과 같은 연립 방정식을 얻을 수 있다.

$$\begin{aligned} &(\mathcal{R}_{gd2} + R_{m2})\phi_1 + \mathcal{R}_{gq1}(\phi_1 - \phi_3) = 0 \\ &(\mathcal{R}_{gd1} + R_{m1})\phi_2 + \mathcal{R}_{gq2}(\phi_2 - \phi_3) = 0 \\ &\mathcal{R}_{gq1}(\phi_3 - \phi_1) + \mathcal{R}_{gq2}(\phi_3 - \phi_2) = F_c \end{aligned} \tag{10.25}$$

식을 정리하여 행렬 형태로 표현하면,

$$\mathbf{B}\phi = \mathbf{F} \tag{10.26}$$

$$\rightarrow \begin{bmatrix} \mathcal{R}_{gd2}+\mathcal{R}_{m2}+\mathcal{R}_{gq1} & 0 & -\mathcal{R}_{gq1} \\ 0 & \mathcal{R}_{gd1}+\mathcal{R}_{m1}+\mathcal{R}_{gq2} & -\mathcal{R}_{gq2} \\ -\mathcal{R}_{gq1} & -\mathcal{R}_{gd2} & \mathcal{R}_{gq1}+\mathcal{R}_{gq2} \end{bmatrix} \begin{bmatrix} \phi_1 \\ \phi_2 \\ \phi_3 \end{bmatrix} = \begin{bmatrix} 0 \\ 0 \\ F_c \end{bmatrix}$$

식을 풀면

$$\begin{aligned} \phi_1 &= F_c\mathcal{R}_{gq1}(\mathcal{R}_{gd1}+\mathcal{R}_{gq2}+\mathcal{R}_{m1})/\det\mathbf{B} \\ \phi_2 &= F_c\mathcal{R}_{gq2}(\mathcal{R}_{gd2}+\mathcal{R}_{gq1}+\mathcal{R}_{m2})/\det\mathbf{B} \\ \phi_3 &= F_c(\mathcal{R}_{gd1}+\mathcal{R}_{gq2}+\mathcal{R}_{m1})(\mathcal{R}_{gd2}+\mathcal{R}_{gq1}+\mathcal{R}_{m2})/\det\mathbf{B} \end{aligned} \tag{10.27}$$

여기서

$$\begin{aligned} \det\mathbf{B} = &\mathcal{R}_{gd1}\mathcal{R}_{gd2}\mathcal{R}_{gq1}+\mathcal{R}_{gd1}\mathcal{R}_{gd2}\mathcal{R}_{gq2}+\mathcal{R}_{gd1}\mathcal{R}_{gq1}\mathcal{R}_{gq2} \\ &+\mathcal{R}_{gd2}\mathcal{R}_{gq1}\mathcal{R}_{gq2}+\mathcal{R}_{gd1}\mathcal{R}_{gq1}\mathcal{R}_{m2}+\mathcal{R}_{gd2}\mathcal{R}_{gq1}\mathcal{R}_{m1} \\ &+\mathcal{R}_{gd1}\mathcal{R}_{gq2}\mathcal{R}_{m2}+\mathcal{R}_{gd2}\mathcal{R}_{gq2}\mathcal{R}_{m1}+\mathcal{R}_{gq1}\mathcal{R}_{gq2}\mathcal{R}_{m1} \\ &+\mathcal{R}_{gq1}\mathcal{R}_{gd2}\mathcal{R}_{m2}+\mathcal{R}_{gq1}\mathcal{R}_{m1}\mathcal{R}_{m2}+\mathcal{R}_{gq2}\mathcal{R}_{m1}\mathcal{R}_{m2} \end{aligned} \tag{10.28}$$

특별히 $\alpha_{gq1} = 0.5$인 경우에 대해 살펴보면 $\mathcal{R}_{gd1} = \mathcal{R}_{gd2}$, $\mathcal{R}_{gq1} = \mathcal{R}_{gq2}$ 그리고 $\mathcal{R}_{m1} = \mathcal{R}_{m2}$ 이므로 자속은,

$$\begin{aligned} \phi_1 = \phi_2 &= \frac{F_c}{2(\mathcal{R}_{gd1}+\mathcal{R}_{m1})} = \frac{F_c}{2(2\mathcal{R}_{gd}+2\mathcal{R}_m)} = \frac{F_c}{2}\frac{1}{2(\mathcal{R}_{gd}+\mathcal{R}_m)} \\ \phi_3 &= F_c\frac{\mathcal{R}_{gd1}+\mathcal{R}_{gq1}+\mathcal{R}_{m1}}{2\mathcal{R}_{gq1}(\mathcal{R}_{gd1}+\mathcal{R}_{m1})} = \frac{F_c}{2}\frac{\mathcal{R}_{gd}+\mathcal{R}_{gq}+\mathcal{R}_m}{2\mathcal{R}_{gq}(\mathcal{R}_{gd}+\mathcal{R}_m)} \end{aligned} \tag{10.29}$$

이때 각 구간의 자속밀도를 구하면,

$$B_{\mathrm{sec1}} = \frac{\phi_1}{A_{gd1}} = \frac{F_c}{2}\frac{\mu_0}{\left(g' + T_m\dfrac{A_{gd}}{A_m}\right)} \tag{10.30}$$

$$B_{sec2} = \frac{\phi_3 - \phi_1}{A_{gq1}} = \frac{\frac{F_c}{2}\left(\frac{\mathcal{R}_{gd} + \mathcal{R}_{gq} + \mathcal{R}_m}{\mathcal{R}_{gq}(\mathcal{R}_{gq} + \mathcal{R}_m)} - \frac{1}{\mathcal{R}_{gd} + \mathcal{R}_m}\right)}{A_{gq}}$$

$$= \frac{F_c}{2}\left(\frac{\mu_0\left(1 + \frac{A_{gd}}{A_{gq}} + \frac{T_m}{4g'}A_m A_{gd}\right)}{\left(g' + T_m\frac{A_{gd}}{A_m}\right)} - \frac{\mu_0 A_{gd}}{\left(g' A_{gq} + 2T_m\frac{A_{gd}}{A_m}\right)}\right) \tag{10.31}$$

식(10.30)에서 $A_{gd1} \approx A_{m1}$이므로

$$B_{sec1} \approx \frac{F_c}{2}\frac{\mu_0}{g' + T_m} \tag{10.32}$$

구간2에서 유한 요소 해석을 통해 B_{sec1}을 살펴보면 회전자 위치에 따라 크게 변하지 일정한 값을 유지함을 알 수 있다. 또한 이때의 값은 식(10.32)으로 계산한 값과 거의 일치하며 이는 그림 10.5의 B_d값을 의미한다.

이상의 수식으로부터 구한 회전자 위치에 따른 쇄교자속 파형과 유한 요소 해석을 통해 구해진 쇄교자속 파형을 그림 10.7에 보였다. 구간1과 구간2의 경계에서는 수식 전개를 위한 가정이 실제와 달라져 유한 요소 해석 결과보다 더 작은 값을 보였다.

여기서 그림 10.7의 파형을 공극 면적으로 나누면 회전자 위치에 따른 평균 공극 자속밀도를 구할 수 있고, 평균 공극 자속밀도를 기자력으로 나누면 이를 공간에 대한 등가 비퍼미언스라 생각해 볼 수 있다. 결국 비퍼미언스의 파형은 그림 10.7의 파형과 같은 꼴을 가지게 된다. 그림 10.7의 파형을 조금 간소화 하여 구간1에서는 구간1의 중심을 기준으로 하여 코사인 파형으로 생각하고 구간2에서는 일정한 값으로 생각하여 그림 10.8과 같이 생각해 볼 수 있다.

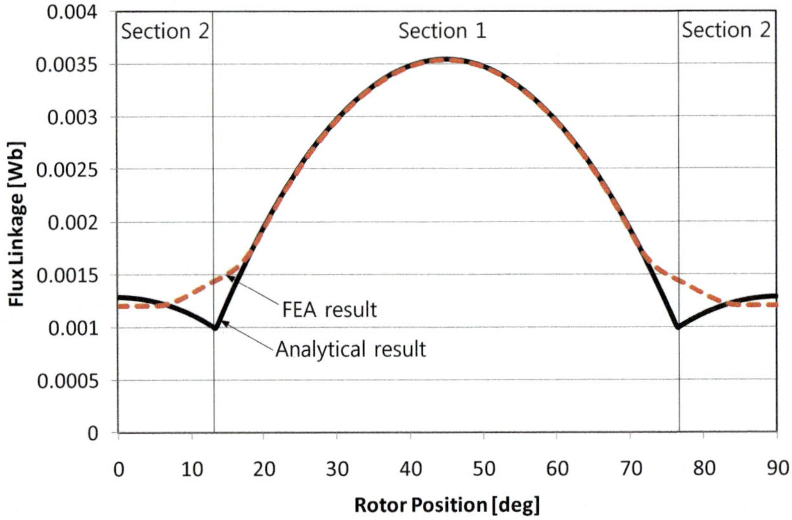

[그림 10.7] 회전자 위치에 따른 전절 단일 코일에 의한 쇄교자속

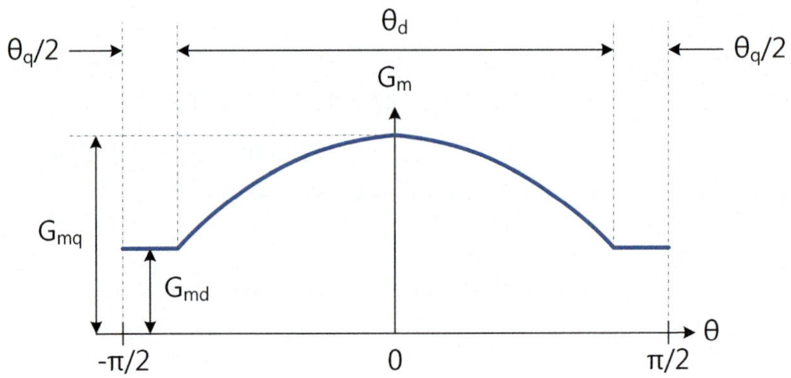

[그림 10.8] 가상 비퍼미언스 파형

그림에서 G_{mq}와 G_{md}는 식(10.17)과 식(10.29)로부터 다음과 같이 구할 수 있다.

$$\begin{aligned}G_{md} &= \frac{\mathcal{R}_{gd1}+\mathcal{R}_{gq1}+\mathcal{R}_{m1}}{\mathcal{R}_{gq1}(\mathcal{R}_{gd1}+\mathcal{R}_{m1})}\frac{1}{A_{gd1}+A_{gq1}} \\ &= \frac{\mathcal{R}_{gd}+\mathcal{R}_{gq}+\mathcal{R}_{m}}{\mathcal{R}_{gq}(\mathcal{R}_{gd}+\mathcal{R}_{m})}\frac{1}{A_{gd}+A_{gq}} \\ &= \frac{\dfrac{g}{\mu_0 L_{stk}\frac{D_g}{2}\theta_d}+\dfrac{g}{\mu_0 L_{stk}\frac{D_g}{2}\theta_q}+\dfrac{T_m}{\mu_0 W_m L_{stk}}}{\dfrac{g}{\mu_0 L_{stk}\frac{D_g}{2}\theta_q}\left(\dfrac{g}{\mu_0 L_{stk}\frac{D_g}{2}\theta_d}+\dfrac{T_m}{\mu_0 W_m L_{stk}}\right)}\frac{1}{\frac{D_g}{2}L_{stk}(\theta_d+\theta_q)} \\ &= \frac{\mu_0\theta_q}{g(\theta_d+\theta_q)}+\frac{2\mu_0 W_m\theta_d}{(\theta_d+\theta_q)(2gW_m+D_g T_m\theta_d)} \\ &= \frac{\mu_0 p\theta_q}{g\pi}+\frac{2\mu_0 W_m p\theta_d}{\pi(2gW_m+D_g T_m\theta_d)}\end{aligned} \tag{10.33}$$

$$\begin{aligned}G_{mq} &= \frac{\mathcal{R}_{gd1}+\mathcal{R}_{gq1}}{\mathcal{R}_{gd1}\mathcal{R}_{gq1}}\frac{1}{A_{gd1}+A_{gq1}} \\ &= \frac{\mathcal{R}_{gd}+\mathcal{R}_{gq}}{\mathcal{R}_{gd}\mathcal{R}_{gq}}\frac{1}{A_{gd}+A_{gq}} \\ &= \frac{\dfrac{g}{\mu_0 L_{stk}\frac{D_g}{2}\theta_d}+\dfrac{g}{\mu_0 L_{stk}\frac{D_g}{2}\theta_q}}{\dfrac{g}{\mu_0 L_{stk}\frac{D_g}{2}\theta_d}\dfrac{g}{\mu_0 L_{stk}\frac{D_g}{2}\theta_q}}\frac{1}{L_{stk}\frac{D_g}{2}(\theta_d+\theta_q)} \\ &= \frac{\mu_0}{g}\end{aligned} \tag{10.34}$$

이로부터 평균값과 기본파 성분을 계산하면,

$$\begin{aligned}G_0^{ipm} &= \frac{1}{\pi}\int_{-\pi/2}^{\pi/2} G_m(\theta)d\theta \\ &= \frac{2}{\pi}\left(\int_0^{\alpha_d\pi/2}(G_{mq}-G_{md})\cos\left(\frac{\theta}{\alpha_d}\right)d\theta+\int_0^{\pi/2}G_{md}d\theta\right) \\ &= \frac{2}{\pi}\left(\alpha_d(G_{mq}-G_{md})+\frac{G_{md}}{2}\pi\right)\end{aligned} \tag{10.35}$$

$$G_{a1}^{ipm} = \frac{2}{\pi}\int_{-\pi/2}^{\pi/2} G_m(\theta)\cos(2\theta)d\theta \tag{10.36}$$

$$= \frac{4}{\pi}\left(\int_0^{\alpha_d\pi/2}(G_{mq}-G_{md})\left(\cos\left(\frac{\theta}{\alpha_d}\right)\right)\cos(2\theta)d\theta + \int_0^{\pi/2} G_m\cos(2\theta)d\theta\right)$$

$$= \frac{2}{\pi}(G_{mq}-G_{md})\int_0^{\alpha_d\pi/2}\cos\left(\left(\frac{1}{\alpha_d}+2\right)\theta\right)+\cos\left(\left(\frac{1}{\alpha_d}-2\right)\theta\right)d\theta$$

$$= \frac{2}{\pi}(G_{mq}-G_{md})\left(\frac{\alpha_d}{(2\alpha_d+1)}\sin\left(\left(2+\frac{1}{\alpha_d}\right)\frac{\alpha_d\pi}{2}\right)+\frac{\alpha_d}{(2\alpha_d-1)}\sin\left(\left(2-\frac{1}{\alpha_d}\right)\frac{\alpha_d\pi}{2}\right)\right)$$

여기서 α_d는 다음과 같이 정의된다.

$$\alpha_d = \frac{\theta_d}{\theta_d+\theta_q} \tag{10.37}$$

결국 식(10.35) 및 식 (10.36)을 식(8.49) 및 식(8.50)에 대입하면, L_0와 L_{as}를 구할 수 있고, 이를 식(8.58)에 대입하면 상 인덕턴스와 상호 인덕턴스를 구할 수 있게 된다. 또한 d축 및 q축 공극 인덕턴스는 식(6.27)에 의해 구할 수 있다. 물론 누설 인덕턴스는 포함되지 않은 성분이다.

Design of
Permanent Magnet Synchronous Machines

11 비선형을 고려한 자기 등가 회로 해석법*

10장에서도 언급하였지만 인덕턴스 계산에 있어 자기 등가 회로를 활용할 수 있는데, 자기 포화에 따라 그 값이 천차만별로 달라질 수 있다. 특히 영구자석 기기에서는 영구자석에 의한 자속분과 코일 전류에 의한 자속분이 합쳐져 코일에 쇄교하게 되고 그중 코일에 의한 자속분만이 인덕턴스에 영향을 미치게 된다. 따라서 인덕턴스를 제대로 구하기 위해서는 고정자와 회전자를 동시에 고려한 자기 회로를 꾸며야 하고, 비선형 특징도 고려해야 한다. 물론 9장에서 살펴본 영구자석에 의한 쇄교자속을 구할때도 정밀한 계산 결과를 원한다면 비선형 특징을 고려해야 한다.

고정자와 회전자 모두를 고려한 자기 등가 회로를 꾸미는 것은 쉬운 일은 아니다. 자기 회로가 고정자 형상 및 회전자 형상에 의존하는 만큼 전동기의 구조에 따라 자기 등가 회로는 따로 구성되어야 한다. 또한 고정자 코일의 입장에서는 전류의 위상이라는 개념이 존재하기 때문에 이를 자기 회로에 어떻게 반영할지는 매우 고민스러운 일이다. 따라서 여기서는 문제를 간소화하여 특정 구조에서만 사용할 수 있는 자기 등가 회로를 도출해 보도록 하겠다.

11.1 q=1 구조의 IPMSM 자기 등가 회로

전동기의 권선에서 발생된 자속과 회전자를 연결하기 위해서는 고정자의 치를 고려하는 것이 매우 편리하다. 고정자 권선에 의한 기자력을 고정자 치에 기자력원으로 두면 되기 때문이다. 따라서 치가 많으면 많을수록 더 정교한 자기 회로를 꾸밀 수 있게 된다. 하지만 너무 많은 치를 고려하기 위해서는 자기 회로가 복잡해지므로 적당한 선에서 치의 개수를 정해야 하는데, 전기적인 관점에서는 자극당 몇 개의 치를 고려할 것인가로 정하면 좋다. 여기서는 극당 상당 슬롯수(q)가 1인 구조의 전동기를 대상으로 자기 등가 회로를 도출해 보도록 한다.

그림 11.1 (a)는 선형 IPMSM 모델에서 주요 소스와 퍼미언스를 함께 표시한 것이며 (b)는 (a)에서 보인 자기 등가 회로를 각 요소의 이름과 함께 더욱 자세히 보인 것이다. 영구자석 하나를 두 개의 자속원으로 모델링하였는데, 이는 9장에서 보인 자기 등가 회로와 같이 인접극과의 자속흐름을 표현하기 적합하기 때문이며 동시에 고정자 치와도 연결하기 위함이다. $q=1$ 구조에서 한 극당 치의 개수는 세 개인데 이중 한 개는 q축 자로 상에 정확히 두고 나머지 두 개를 d축 자로 상에 두면 영구자석에서 발생된 자속이 이 두 개의 치를 통해 흐른다고 가정할 수 있게 된다. $b_1 \sim b_4$를 통해 흐르는 자속은 대칭성에 의해 $a_1 \sim a_4$로 들어갈 것이며 이는 수치 해석에서 주기 경계 조건에 해당한다.

그림 11.1 (b)에서는 (a)에서는 표시되지 않았던 슬롯 누설 성분을 고려하기 위해 기자력 성분을 두 개로 나누고 슬롯 누설 퍼미언스를 추가하였다. 기자력 소스를 구분하기 위해 F_{xy}형태로 표현했으며 첨자 x는 세그먼트 개수로 1과 2를 가질 수 있으며 y는 치의 개수인 1~6 사이 값을 가진다. 이때 $F_{1n}+F_{2n}=F_n \quad \because \; 1 \le n \le 6$이다.

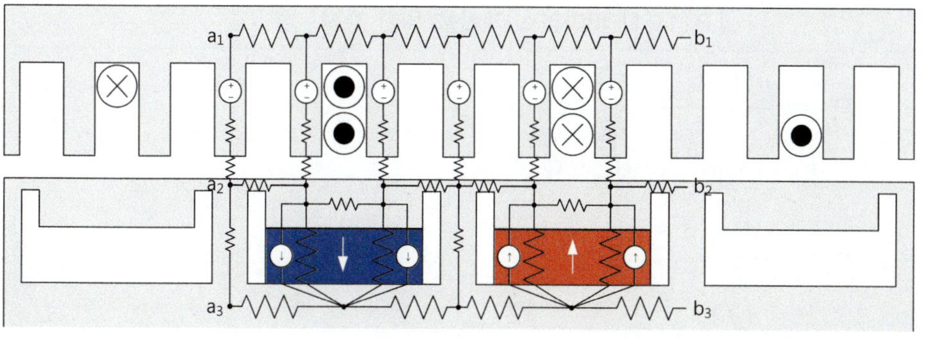

(a) 형상구조-자기 등가 회로 맵핑

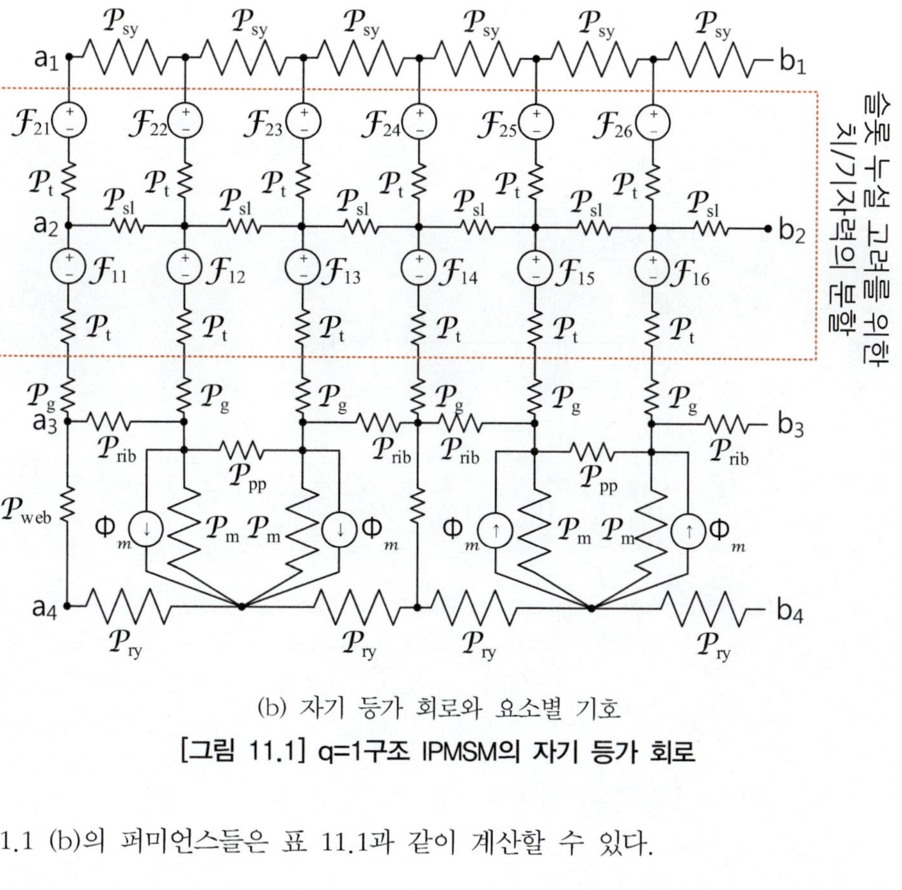

(b) 자기 등가 회로와 요소별 기호

[그림 11.1] q=1구조 IPMSM의 자기 등가 회로

그림 11.1 (b)의 퍼미언스들은 표 11.1과 같이 계산할 수 있다.

[표 11.1] 퍼미언스 계산을 위한 수식

$P_{sy} = \dfrac{\mu W_{sy} L_{stk}}{l_{sy}}$ $\because\ l_{sy} = (2\pi R_{so} - W_{sy})/Q$	(11.1)
$P_t = \dfrac{\mu W_t L_{stk}}{l_t}$ $\because\ l_t = d_s/2$	(11.2)
$P_{sl} = \dfrac{\mu_0 W_{sl} L_{stk}}{l_{sl}}$ $\because\ l_{sl} = (2\pi R_{si} + d_s)/Q, \quad W_{sl} = d_s/2$	(11.3)
$P_g = \dfrac{\mu_0 W_g L_{stk}}{g}$ $\because\ W_g = W_t$	(11.4)
$P_{br} = \dfrac{\mu T_{br} L_{stk}}{l_{br}}$ $\because\ l_{br} = \left(\dfrac{1-\alpha_m}{2}\right)\left(\dfrac{\pi(2R_{ro} - T_{br})}{N_{poles}}\right) - W_{web}$	(11.5)
$P_{pp} = \dfrac{\mu W_{pp} L_{stk}}{l_{pp}}$ $\because\ l_{pp} = W_m/2, \quad W_{pp} = (R_{ro} - Pos_m)/2$	(11.6)
$P_{web} = \dfrac{\mu W_{web} L_{stk}}{l_{web}}$ $\because\ l_{web} = R_{ro} - \sqrt{\left(\dfrac{W_m}{2}\right)^2 + (Pos_m - T_m)^2}$	(11.7)
$P_m = \dfrac{\mu_0 \mu_{rev} W_m L_{stk}}{2T_m}$	(11.8)
$P_{ry} = \dfrac{\mu W_{ry} L_{stk}}{l_{ry}}$ $\because\ l_{ry} = \pi(Pos_m - T_m + R_{shaft})/4,$ $W_{ry} = Pos_m - T_m - R_{shaft}$	(11.9)

퍼미언스 계산에 사용된 각종 치수는 그림 11.2에 보인 것과 같으며 그림 우측의 R은 중심으로부터의 반경으로 이해하라. 또한 Pos_m은 중심으로부터 영구자석 상단까지의 최단 거리이다. 그림에 표현되지 않은 L_{stk}은 축방향 길이, Q는 슬롯수, α_m은 극호율, μ_{rev}는 영구자석 리코일 투자율 μ는 철심의 투자율이다.

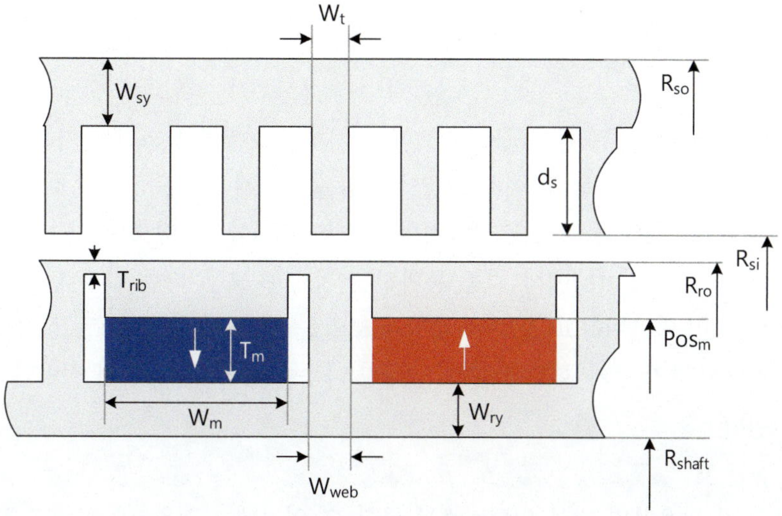

[그림 11.2] 퍼미언스 계산에 사용되는 치수 기호

식(11.4)의 P_g 계산에 있어 공극 단면의 너비를 W_t로 설정한 것이 특이 사항이며 식(11.6)의 R_{pp}계산에 사용된 W_{pp}를 산정하는 방법은 조금 더 자세히 연구되어야 할 수도 있다. 또한 영구자석 자속원과 각 치의 기자력은 식(11.10) 및 식(11.11)과 같이 계산하였다.

$$\phi_m = \frac{B_r W_m L_{stk}}{2} \tag{11.10}$$

$$F_{1n} = F_{2n} = K_c N_c I_m \times \mathrm{sgn}\left(\cos\left(\frac{\pi}{3}((n-1)-step)\right)\right) \tag{11.11}$$

여기서 B_r은 영구자석의 잔류자속밀도이며, K_c는 카터 계수로 슬롯에 의한 기자력 손실분을 보상하기 위해 도입되었으며 다음과 같이 계산하였다.

$$K_c = \frac{W_s + W_t}{W_t + \frac{4g}{\pi}\ln\left(1 + \frac{\pi W_s}{4g}\right)} \tag{11.12}$$

또한 식(11.11)의 n은 $1 \le n \le 6$의 정수이며, sgn(•)은 괄호 안 수식의 부호를 나타낸다. $step$은 그림 11.1 (b)의 회로를 그대로 사용하면서 회전자 위치를 고려할 수 있는 상태를 나타내는 것으로 0에서 시작하여 $\pi/3$ 간격으로 총 여섯 가지 상태를 가질 수 있다. $step$이 0이면 회전자 위치 0도이며 1이면 반시계 방향 60도 회전한 위치로 이해할 수 있다. 또한 N_c는 코일 당 직렬 턴수로 다음과 같이 구할 수 있다.

$$N_c = \frac{3N_{ph}}{N_{slots}} \tag{11.13}$$

권선에 쇄교하는 자속은 치를 통과하는 자속(혹은 기자력 소스를 통과하는 자속)을 모두 더한 값에 턴수를 곱해 구할 수 있는데, 이때 코일의 극성을 고려해 코일을 기준으로 자속의 방향성을 일치시켜야 한다. 코일의 극성은 기자력의 부호로 판별할 수 있으며 식(11.11) sgn(•)을 이용할 수 있다. 그림 11.1(b)에서 치를 통과하는 자속을 모두 더한 값은 턴수가 고려되지 않은(각 코일의 턴수가 1이라고 고려된) 2개의 코일을 지나는 자속이므로 실질적인 턴수를 고려하기 위해서는 자기 등가 회로를 통해 구해진 자속에 상당직렬턴수의 절반인 $N_{ph}/2$만큼 곱해주어야 한다.

이러한 방법을 잘 활용하면 권선 인덕턴스를 구할 수 있는데, F_m을 0으로 두고 해석을 하면 영구자석만 고려되어 무부하 쇄교자속의 파형을 구할 수 있으며, F_m을 고려해 해석하면 영구자석과 전류에 의한 자속이 고려된 쇄교자속 파형을 구할 수 있다. 부하시 쇄교자속 파형에서 무부하 쇄교자속 파형을 빼면 전류에 의한 쇄교자속이라 생각할 수 있는데, 이를 권선 전류로 나누면 인덕턴스 프로파일이 된다.

이상의 자기 등가 회로를 해석하여 자속을 구하려면 회로를 풀어야 하는데, KVL에 기반한 메쉬해석 방법과 KCL에 기반한 노드 해석 방법이 있다. 두 방법 중 컴퓨터의 도움을 받아 문제를 풀기 위해서는 노드 해석법이 편리한데, 전기회로 해석을 도와주는 스파이스(Spice) 프로그램에서는 노드 해석법을 기반으로 하고 있다. 다음 절에서는 노드 해석법을 이용한 비선형 해석 방법에 대해 살펴보도록 한다.

11.2 노드 해석법을 사용한 비선형 자기 등가 회로 해석

이번 절에서는 그림 11.3와 같은 간단한 자기 등가 회로를 모델로 삼아 비선형 자기 등가 회로를 해석하는 방법에 대해 살펴볼 것이다. 회로가 복잡해져도 동일한 방법이 적용 가능함을 미리 알려둔다. 회로 해석을 컴퓨터의 도움을 받기 쉽게 하기 위해 변형된 노드 해석법(Modified Nodal Analysis; MNA)을 적용할 것이다.

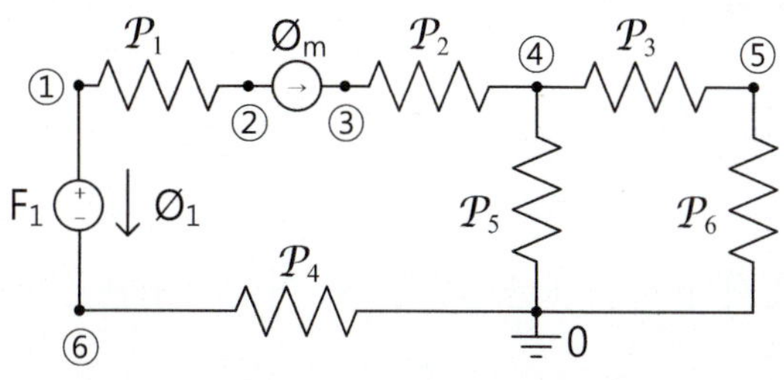

[그림 11.3] 샘플 자기 등가 회로

회로 해석에 있어 노드 해석법을 적용하는 방법은 다음과 같다.

1. 회로의 노드에 넘버링을 함
2. 넘버링 된 노드 중 하나를 그라운드(포텐셜 0점)로 정의함
3. (미지수의 정의1) 그라운드를 제외한 각 노드에서의 포텐셜을 정의함 (ex, 노드 ①에서의 포텐셜을 v_1으로 정의함)
4. (미지수의 정의2) 회로에 존재하는 기자력 소스에 대해 소스를 지나는 자속을 정의함. 단 이때 자속의 방향은 기자략의 반대 방향으로 함 (ex, F_1을 흐르는 자속을 Φ_1으로 정의함)
5. 그라운드를 제외한 각 노드에서 KCL을 적용하여 노드 방정식을 세움
6. 각 기자력 소스에서 기자력과 포텐셜의 관계식으로 방정식을 세움
7. 방정식을 연립해 풀어 노드별 포텐셜과 기자력 소스를 지나는 자속을 구함

위의 방법을 그림 11.3에 적용해 보자. 그림에서와 같이 이미 노드에 넘버링을 하였고, 그 중 하나를 그라운드로 설정하였다. 또한 각 노드에서의 포텐셜은 노드 번호를 이용해 v_n과 같이 정의할 수 있고, 기자력 소스를 지나는 자속도 정의가 되었다. 이제 MNA의 5번째 스텝을 진행하면 된다. 각 노드에서 KCL을 적용하면,

$$f_1 = \phi_1 + P_1(v_1 - v_2) = 0 \tag{11.14}$$

$$f_2 = P_1(v_2 - v_1) + \phi_m = 0 \tag{11.15}$$

$$f_3 = -\phi_m + P_2(v_3 - v_4) = 0 \tag{11.16}$$

$$f_4 = P_2(v_4 - v_3) + P_3(v_4 - v_5) = 0 \tag{11.17}$$

$$f_5 = P_3(v_5 - v_4) + P_6(v_5 - 0) = 0 \tag{11.18}$$

$$f_6 = -\phi_1 + P_4(v_6 - 0) = 0 \tag{11.19}$$

6번째 스텝으로 각 기자력 소스와 노드 포텐셜간의 관계식을 쓰면

$$f_7 = v_1 - v_6 - F_1 = 0 \tag{11.20}$$

이상의 수식에서 미지수는 각 노드에서의 포텐셜과 기자력 소스를 지나는 자속으로 총 7개의 미지수가 존재하고, 방정식의 개수 또한 7개이므로 이를 연립한 식(11.21)을 이용해 문제를 풀 수 있다.

$$\begin{aligned} &\mathbf{f}(\mathbf{x}) = \mathrm{A}\mathbf{x} - \mathbf{b} = 0 \\ &\because\ \mathrm{A} = \begin{bmatrix} P_1 & -P_1 & 0 & 0 & 0 & 0 & 1 \\ -P_1 & P_1 & 0 & 0 & 0 & 0 & 0 \\ 0 & 0 & P_2 & -P_2 & 0 & 0 & 0 \\ 0 & 0 & -P_2 & P_2+P_3 & -P_3 & 0 & 0 \\ 0 & 0 & 0 & -P_3 & P_3+P_6 & 0 & 0 \\ 0 & 0 & 0 & 0 & 0 & P_4 & -1 \\ 1 & 0 & 0 & 0 & 0 & -1 & 0 \end{bmatrix} \\ &\mathbf{x} = [v_1\ \ v_2\ \ v_3\ \ v_4\ \ v_5\ \ v_6\ \ \phi_1]^T \\ &\mathbf{b} = [0\ \ \phi_m\ \ -\phi_m\ \ 0\ \ 0\ \ 0\ \ -F_1]^T \end{aligned} \tag{11.21}$$

여기서 A는 퍼미언스 행렬이며 **x**는 포텐셜과 기자력소스를 지나는 자속, **b**는 자속과 기자력에 대한 소스항이다. 이때 각각의 퍼미언스는 직육면체의 형태로 식(11.22)과 같이 정의될 수 있다고 가정한다.

$$P = \frac{\mu_0 \mu_r w d}{l} \tag{11.22}$$

여기서 μ_0는 진공의 투자율, μ_r은 재질의 비투자율이며 퍼미언스 계산에 사용되는 형상 치수인 w, d, l은 그림 11.4와 같이 정의된다.

참고로 퍼미언스 행렬 A는 대칭 행렬이 됨을 알 수 있으며 이러한 경우 문제를 조금 더 빨리 풀 수 있는 수치 해석적인 방법들이 존재한다.

이제 상기 방정식에서 비선형을 고려해야 하는데 비선형 특징은 퍼미언스에 반영이 될 것이며 결국 행렬 A가 비선형 특징을 갖게 된다. 통상 비선형 방정식은 반복법에 의해 그 해를 구하게 되는데 Newton-Raphson법이 주로 사용되고 있으며 여기서는 그 방법에 대해 살펴보도록 하자.

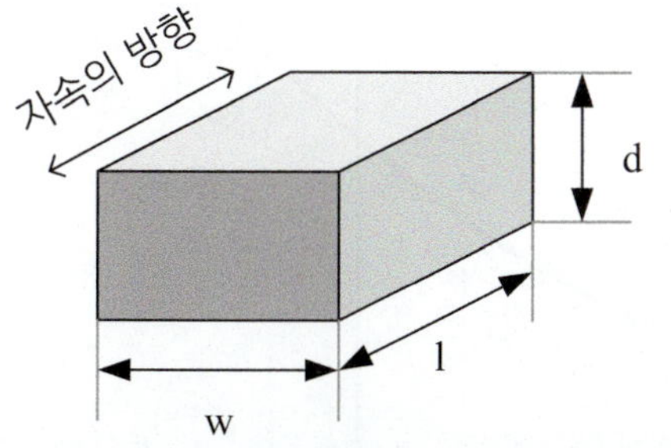

[그림 11.4] 퍼미언스 정의를 위한 직육면체 형상

11.3 Newton-Raphson 법

Newton-Raphson법은 미분 가능한 함수 $f(x)=0$의 근의 근사값을 구하는 알고리즘으로 비선형 함수의 해를 찾기 위해 많이 사용되고 있다. 그림 11.5를 통해 Newton-Raphson법의 개략적인 동작 원리를 살펴보도록 하자.

그림에서 $f(x)=0$인 해를 찾는다고 생각해 보자. 처음에는 해를 모르기 때문에 우선 임의의 값 a를 넣어 함수의 값을 살펴볼 수 있다. 운이 좋아서 함수의 값이 0이면 a가 함수의 해가 될 것이나 그렇게 될 확률은 지극히 낮다. 따라서 여기서는 $f(a)>0$이라 가정하자. 이제 a보다 아주 살짝 작은 숫자 b를 대입해 함수값 $f(b)$을 살펴보았더니 함수값 자체도 줄어들었다. 즉, $a>b$ 그리고 $f(a)>f(b)$인 상황이다. 이를 조금 더 간단하게 수학적으로 말하면 a-b 사이의 기울기가 양이라는 뜻이다. 이러한 상황에서 만약 $f(b)>0$이라면 a와 b 중 해에 가까운 값은 무엇일까? b가 될 것이다. 즉, 기울기가 양이라면 해는 a보다 작은 범위에 존재하게 된다. 반대로 a-b 사이의 기울기가 음이고 $f(b) > 0$이라면 해는 a보다 큰 범위에 존재할 것이다.

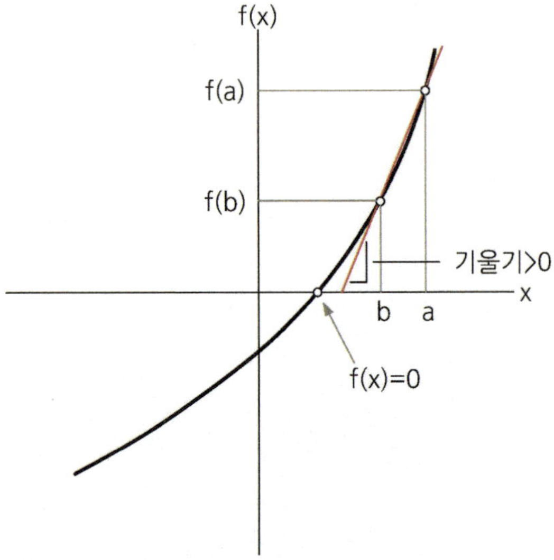

[그림 11.5] 해의 범위 판단

조금 더 구체적으로 살펴보자. 앞서 기울기가 양이면 a보다 작은 범위에 해가 존재하고 있는 것은 의심할 여지가 없으며 더 나아가 기울기가 큰지 작은지에 따라 해가 a근처에 존재할지 a에 멀리 떨어진 곳에 존재할지 판단할 수 있다. 만약 기울기가 크면 x값 변화에 따라 함수값이 가파르게 줄어들 것이므로 a값 근처에 해가 존재할 가능성이 높다. 반면 기울기가 작으면 a값에서 멀리 떨어진 곳에 해가 존재할 가능성이 커진다.

이렇듯 주어진 함수의 기울기를 구해 그 부호와 크기를 이용하면 우리는 임의로 설정했던 해를 진해에 조금 더 가깝게 만들어갈 수 있다. 이를 그림 11.6에 보였다.

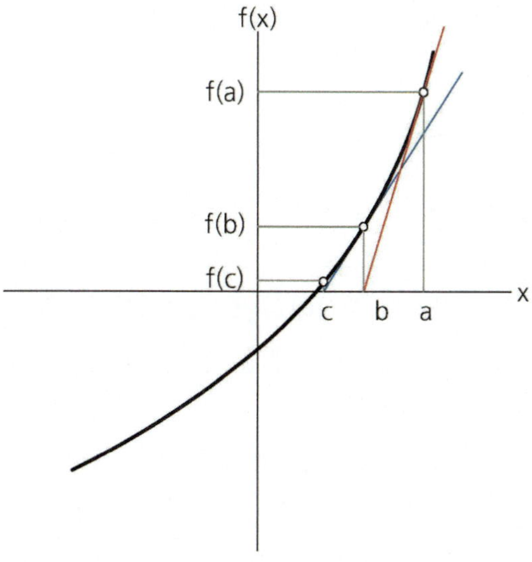

[그림 11.6] 반복에 의한 해의 수렴

처음에는 $f(x)=0$의 해를 임의의 값 a로 설정한다. 당연히 a는 진해와 큰 오차를 가진다. 이제 $(a, f(a))$에서 접선을 그어 x축과 만나는 점을 찾는다. 이를 b라 하자. b는 위에서 언급한 특징에 의해 진해에 더 가까운 값이 된다. 이제 $(b, f(b))$에서 접선을 그어 x축과 만나는 점을 찾는다. 이를 c라 하자. c는 더욱 진해에 가까워진다. 이 방법을 지속적으로 수행하면 언젠가는 진해에 수렴하게 된다. 이러한 방법으로 해를 찾는 방법이 Newton-Raphson법이다.

이제 Newton-Raphson법을 알고리즘으로 구현하기 위해 조금 더 수학적으로 고찰해 보도록 한다. 우선 임의의 비선형 함수 $f(x)=0$를 고려하자. 테일러 급수를 활용하면 임의의 n차 미분 가능 함수는 임의의 $x=a$를 중심으로 무한급수로 전개할 수 있다.

$$f(x)=\sum_{k=0}^{\infty}\frac{f^{(n)}(a)}{n!}(x-a)^n \tag{11.23}$$

이상의 무한급수를 근사하여 1차 미분까지만 표현하면 다음과 같다.

$$f(x)=0\approx f(a)+f'(a)(x-a) \tag{11.24}$$

이를 x에 대해 다시 써 보면,

$$x\approx -\frac{f(a)}{f'(a)}+a \tag{11.25}$$

식(11.25)를 반복의 의미를 두어 약간 수정하면,

$$x_{n+1} \approx \frac{f(x_n)}{f'(x_n)} + x_n \tag{11.26}$$

식(11.26)의 의미를 살펴보면, 함수 $f(x)=0$을 만족하는 x를 구함에 있어, 반복을 통해 해를 수렴시킬 수 있는데, x의 초기값을 x_0로 두고 식(11.26)을 통해 좀더 진해에 가까운 x_1을 구하게 된다. 이 방법을 반복적으로 실시해 x_{n-1}과 x_n의 차이가 거의 나지 않으면 해가 수렴했다고 보고 이를 $f(x)=0$의 진해로 생각하는 것이다.

여기서 주의할 점은 $f(x)$의 생김새인데, 반복을 통해 해가 수렴하기 위해서는 $f(x)$는 단조 증가하거나, 단조 감소해야 한다. 그렇지 않으면 해가 진동하거나 발산하여 해를 구할 수 없게 된다.

함수 $f(x)$가 다변수 연립 방정식이 되어 행렬 방정식으로 써지는 경우 함수의 미분 $\mathbf{f}'$은 자코비안으로 표현되며 다음과 같다.

$$\mathbf{f}'(x_1, x_2, \cdots, x_n) = \begin{bmatrix} \frac{\partial f_1}{\partial x_1} & \cdots & \frac{\partial f_1}{\partial x_n} \\ \vdots & \ddots & \vdots \\ \frac{\partial f_n}{\partial x_1} & \cdots & \frac{\partial f_n}{\partial x_n} \end{bmatrix} = \mathbf{J} \tag{11.27}$$

$$\because \ \mathbf{f} = \begin{bmatrix} f_1(x_1, x_2, \cdots, x_n) \\ \vdots \\ f_n(x_1, x_2, \cdots, x_n) \end{bmatrix}$$

또한 식(11.26)는 다음과 같이 역행렬을 이용해 써볼 수 있다.

$$\mathbf{x}_{n+1} \approx -\mathbf{J}^{-1}(\mathbf{x}_n) \cdot \mathbf{f}(\mathbf{x}_n) + \mathbf{x}_n \tag{11.28}$$

실제 문제를 풀 때에는 식(11.28)을 사용하기 보다는 이를 조금 변형하여 다음 식으로 해를 구하게 된다.

$$\begin{aligned} &\mathbf{J}(\mathbf{x}_n)(\mathbf{x}_n - \mathbf{x}_{n+1}) \approx -\mathbf{f}(\mathbf{x}_n) \\ &\rightarrow \ \mathbf{J}(\mathbf{x}_n)\Delta\mathbf{x}_{n+1} = -\mathbf{f}(\mathbf{x}_n) \quad \because \ \Delta\mathbf{x}_{n+1} = \mathbf{x}_n - \mathbf{x}_{n+1} \end{aligned} \tag{11.29}$$

11.4 비선형 해석을 위한 방정식

이제 식(11.21)의 비선형 행렬 방정식을 Newton-Raphson법을 이용해 풀고자 하면, $\mathbf{f}(\mathbf{x})$의 자코비안을 먼저 구해야 한다. 예를 들어 f_1은 식(11.14)이므로 이를 이용해 자코비안의 첫 행의 원소를 구해보도록 하자. 먼저 1행 1열 원소는 $\frac{\partial f_1}{\partial v_1}$이므로 다음과 같이 구할 수 있다.

$$J_{11} = \frac{\partial f_1}{\partial v_1} = \frac{\partial(\phi_1 + P \cdot (v_1 - v_2))}{\partial v_1} \tag{11.30}$$

여기서 식(11.30)의 결과를 P_1으로 도출하면 안된다. 왜냐하면 P_1은 비선형 특징을 가지며 P_1양단의 포텐셜 v_1과 v_2에 의존하기 때문이다. 즉, 식(11.30)을 다시 써 보면 아래와 같다.

$$J_{11} = \frac{\partial f_1}{\partial v_1} = \frac{\partial(\phi_1 + P_1(v_1, v_2) \cdot (v_1 - v_2))}{\partial v_1} \tag{11.31}$$

따라서 식(11.31)을 풀면 다음과 같은 식을 도출할 수 있다.

$$J_{11} = P_1 + \frac{\partial(P_1(v_1, v_2) \cdot (v_1 - v_2))}{\partial v_1} = P_1 + \frac{\partial P_1}{\partial v_1}(v_1 - v_2) \tag{11.32}$$

여기서 P_1은 릴럭턴스의 역수인 퍼미언스이다. 이제 $\frac{\partial P_1}{\partial v_1}$를 구해 보도록 하자. 퍼미언스는 비선형 특징을 가지는 것은 사실이나 우리가 실제 구할수 있는 비선형 데이터는 퍼미언스와 포텐셜간의 관계가 아니라 BH 커브로부터 도출 가능한 자속과 자계 혹은 자속과 투자율 혹은 자계와 투자율의 관계이다. 따라서 $\frac{\partial P_1}{\partial v_1}$를 어떻게든 자속, 자계 혹은 투자율과 관련지어야 한다. 퍼미언스는 그 형태를 직사각형으로 가정하면 다음과 같이 구할 수 있다.

$$P_1 = \frac{\mu_0 \mu_{r1} A_1}{l_1} \tag{11.33}$$

여기서 μ_{r1}는 비투자율, A_1는 자속이 흐르는 방향에 수직인 단면적, l_1은 자속방향의 길이이다. 주목할 것은 퍼미언스가 투자율에 관한 함수라는 것이다. 따라서 $\frac{\partial P_1}{\partial v_1}$를 투자율과 관련시킬 수 있다. 체인룰을 적용하면

$$\frac{\partial P_1}{\partial v_1} = \frac{\partial P_1}{\partial \mu_{r1}} \frac{\partial \mu_{r1}}{\partial ?} \frac{\partial ?}{\partial v_1} \tag{11.34}$$

식(11.34)에서 '?'는 BH 커브에서 투자율과 관련된 어떤 물리량이라도 상관없는데, 무난하게는 B 혹은 H를 선택하는 것이 좋다. 물론 B^2, H^2 등도 적용 가능하다. 우리는 여기서 H를 선택할 것이다. 결국 식(11.32)은 다음과 같이 정리된다.

$$J_{11} = P_1 + \frac{\partial P_1}{\partial \mu_{r1}} \frac{\partial \mu_{r1}}{\partial H_1} \frac{\partial H_1}{\partial v_1} (v_1 - v_2) \tag{11.35}$$

이제 식(11.35)을 구하기 위해서는 $\frac{\partial P_1}{\partial \mu_{r1}}$, $\frac{\partial \mu_{r1}}{\partial H_1}$, $\frac{\partial H_1}{\partial v_1}$을 구해야 한다. $\frac{\partial \mu_{r1}}{\partial H_1}$는 BH 커브로부터 도출할 수 있으므로 나머지 두 항에 대해 살펴보도록 하자.

먼저 $\frac{\partial P_1}{\partial \mu_{r1}}$를 구하기 위해 퍼미언스의 정의식을 도입하면,

$$\frac{\partial P_1}{\partial \mu_{r1}} = \frac{\partial \left(\frac{\mu_0 \mu_{r1} A_1}{l_1} \right)}{\partial \mu_{r1}} = \frac{\mu_0 A_1}{l_1} = \frac{P_1}{\mu_{r1}} \tag{11.36}$$

다음으로 $\frac{\partial H_1}{\partial v_1}$를 구해보자. R_1 양단의 기자력을 MMF_1라 하면, MMF_1은 R_1 내부의 자계의 세기 H_1와 R_1 길이 l_1로 기자력을 구할 수 있게 된다. 또한 기자력은 양단의 포텐셜의 차이이므로 다음과 같은 수식을 도출할 수 있다.

$$MMF_1 = H_1 \cdot l_1 = v_1 - v_2 \tag{11.37}$$

따라서

$$\frac{\partial H_1}{\partial v_1} = \frac{1}{l_1} \tag{11.38}$$

결국,

$$J_{11} = P_1 + \frac{\partial P_1}{\partial v_1}(v_1 - v_2) = P_1 + \frac{\partial P_1}{\partial \mu_{r1}}\frac{\partial \mu_{r1}}{\partial H_1}\frac{\partial H_1}{\partial v_1}(v_1 - v_2) \tag{11.39}$$
$$= P_1 + \frac{P_1}{\mu_{r1}}\frac{\partial \mu_{r1}}{\partial H_1}\frac{(v_1 - v_2)}{l_1} = P_1 + \frac{P_1}{\mu_{r1}}\frac{\partial \mu_{r1}}{\partial H_1}H_1$$
$$= \frac{\mu_0 A_1}{l_1}\left(\mu_{r1} + \frac{\partial \mu_{r1}}{\partial H_1}H_1\right)$$

식(11.39)의 마지막 항은 참으로 중요한 물리적인 의미를 갖는데, 지금부터 이에 대해 살펴보도록 하자. 우선 괄호내 수식의 의미부터 짚어봐야 한다. 자계와 자속의 관계에서 비투자율을 구하면

$$\mu_r = \frac{B}{\mu_0 H} \tag{11.40}$$

식(11.40)의 μ_r의 의미을 BH 커브에서 찾아보도록 하자.

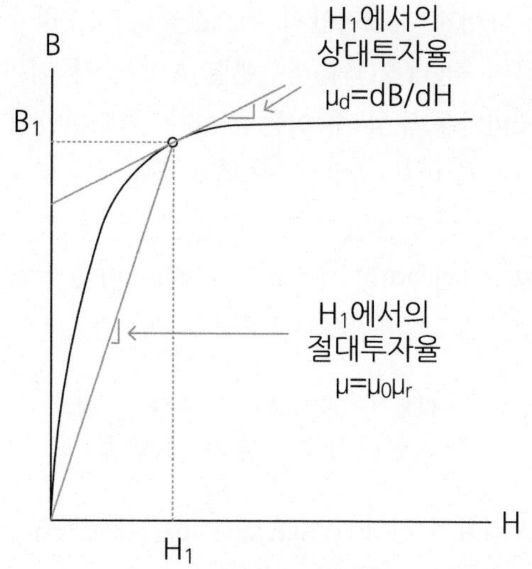

[그림 11.7] BH 커브에서 투자율의 의미

그림 11.7는 BH 커브에서 H가 H_1일 때 투자율을 그림으로 나타낸 것이다. 그림에서는 두 가지 투자율을 나타내었는데 (H_1, B_1)지점과 원점을 이은 선의 기울기를 나타내는 절대 투자율 그리고 (H_1, B_1)에서의 접선의 기울기인 상대 투자율이 그것이다. 통상 식(11.40)에서 나타낸 투자율은 절대 투자율(혹은 겉보기 투자율)의 개념으로 투자율을 진공의 투자율인 μ_0로 나눠주

면 구할 수 있다. 그렇다면 상대 투자율은 어떻게 구할 수 있나? 그림에서와 같이 BH 커브의 미분을 통해 구할 수 있다. 수식으로 써 보면,

$$\mu_d = \frac{dB}{dH} = \frac{d(\mu H)}{dH} = \mu + \frac{d\mu}{dH}H \tag{11.41}$$

식(11.41)을 잘 살펴보면 식(11.39)의 괄호안의 수식과 유사함을 알 수 있다. 즉, 식(11.41)을 μ_0로 나눠주면,

$$\mu_{rd} = \frac{1}{\mu_0}\frac{dB}{dH} = \frac{d(\mu_r H)}{dH} = \mu_r + \frac{d\mu_r}{dH}H \tag{11.42}$$

따라서 식(11.39)은 다음과 같이 쓸 수 있다.

$$J_{11} = \frac{\mu_0 \mu_{rd1} A_1}{l_1} = P_1{}' \tag{11.43}$$

식(11.43)은 퍼미언스의 정의식과 매우 유사한데, 식에서 절대 투자율 대신 상대 투자율을 사용했다는 것만 다르다. 나머지 자코비안의 원소값들도 비슷하게 구해볼 수 있으며 결국 상대투자율 개념을 도입하면 식(11.21)의 계수행렬 **A** 에서 각 퍼미언스를 상대 퍼미언스로 바꿔주면 식(11.27)의 자코비안을 구할 수 있는 것이다. 자코비안이 미분 행렬임을 생각하면 계수행렬 내의 퍼미언스 도출시 미분 개념인 상대투자율을 이용해 계산하면 자코비안이 된다는 점에서 의미를 갖는다. 즉 계수행렬 **A** 와 자코비안 **J** 는 매우 유사함이 있다. 이제 자코비안을 쉽게 구할 수 있으므로 식(11.29)의 Newton-Raphson법을 통해 비선형 해석을 해볼 수 있다. 식을 정리해 보면,

$$\begin{aligned} &\mathbf{J}(\mathbf{x}_n)\Delta\mathbf{x}_{n+1} = -\mathbf{f}(\mathbf{x}_n) \quad \because\ \Delta\mathbf{x}_{n+1} = \mathbf{x}_n - \mathbf{x}_{n+1} \\ &\rightarrow \mathbf{A}'\Delta\mathbf{x}_{n+1} = -\mathbf{A}\mathbf{x}_n + \mathbf{b} \quad \because\ \mathbf{A}' = \mathbf{J}(\mathbf{x}_n) \end{aligned} \tag{11.44}$$

식을 살펴보면 비선형을 고려하기 전의 수식($\mathbf{A}\mathbf{x}_n = \mathbf{b}$)과 많은 부분 닮아 있음을 알 수 있다.

마지막으로 MNA 방법의 적용시 주의사항을 알리고 이번 장을 끝내고자 한다. MNA 방법을 이용한 비선형 해석은 컴퓨터 알고리즘으로 구현하기 쉬워 매우 유용한 방법이지만 유의해야 할 것이 있다. 바로 해가 수렴하지 않고 진동할 수 있다는 것인데, 식(11.21)에 사용되는 계수행렬 **A**가 퍼미언스 행렬이고, 퍼미언스는 포텐셜이 커짐에 따라 포화되어 $f(x)$의 그래프가 그림 11.8와 같은 형태로 그려질 수 있기 때문이다. 해의 수렴성 입장에서는 $f(x)$는 n차 다항식 그래프처럼 기울기가 지속적으로 증가하는 특성을 가지는 것이 좋다.

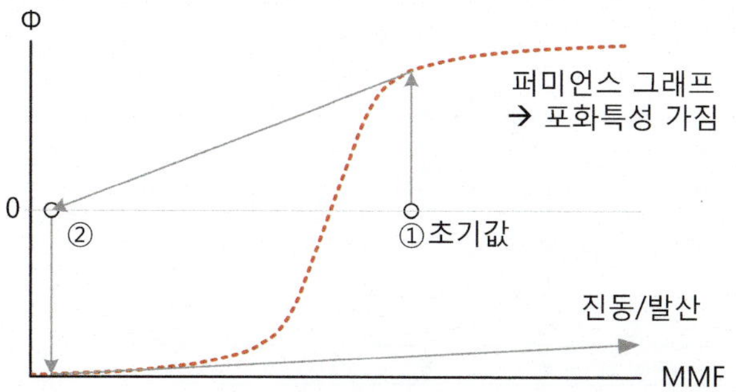

[그림 11.8] MNA를 활용한 비선형 해석에서 해의 진동

11.5 해의 수렴성 향상

그림 11.9는 Newton-Raphson법을 적용하는 방법을 나타내고 있는데, 해의 수렴성 보장을 위해 업데이트율 γ를 도입할 수 있다. 즉, 새로운 x값을 구할 때 $\mathbf{x}_{n+1} = \mathbf{x}_n + \Delta\mathbf{x}$처럼 구하지 않고 $\mathbf{x}_{n+1} = \mathbf{x}_n + \gamma\Delta\mathbf{x}$로 구하는 것이다. 이는 최적화 알고리즘 중 하나인 경사하강법(Gradient Descent Method)에서 사용하는 방법과 유사하다.

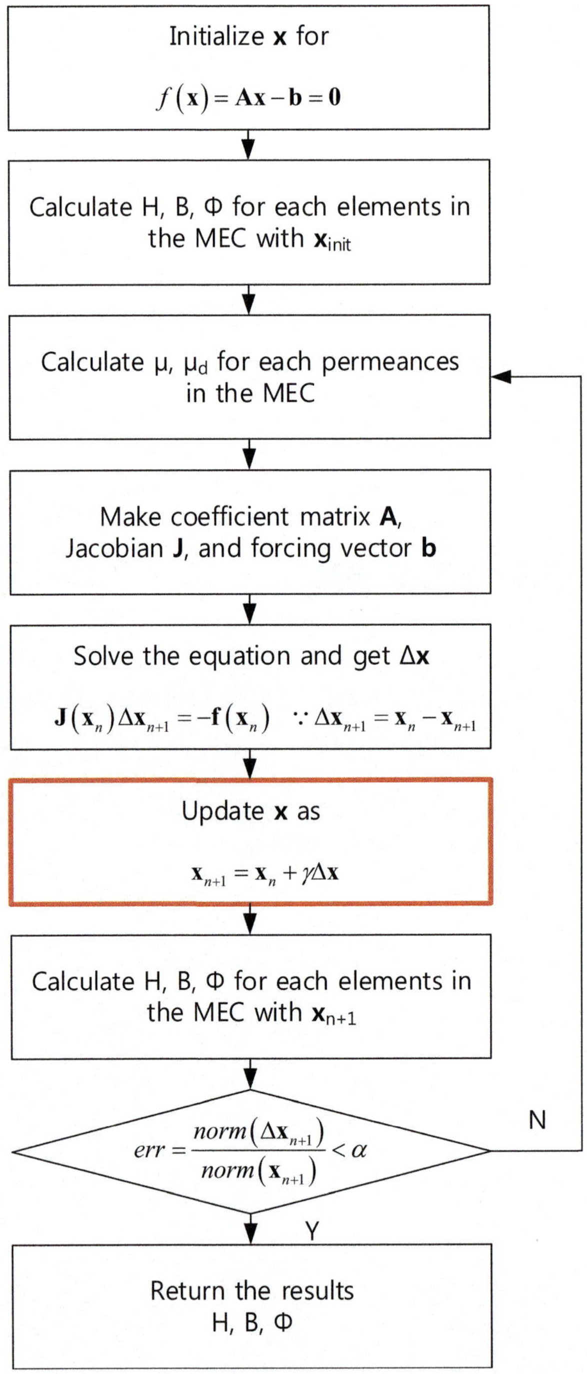

[그림 11.9] 비선형 MNA를 위한 Newton-Raphson법

Design of
Permanent Magnet Synchronous Machines

12 출력식의 유도

이번 장에서는 실제 전동기 사이징을 위한 출력식을 유도해 볼 것이다. 두 가지 방법으로 출력식을 유도해볼텐데 우선 기존 문헌에서 주로 언급되는 장하 분배법 혹은 D^2L법 유도를 위해 비 장하를 정의하고 이에 의한 출력식을 유도할 것이다. 비 장하는 전기 비 장하와 자기 비 장하로 구분되는데 토크의 발생 원리에서 전류와 자속에 의해 토크가 발생하는 것으로 크게 전류와 자속으로 나누었고 이를 밀도 형태로 표현하여 비 장하(Specific Loadings)이라 부른다.

비 장하를 도입하는 이유는 철심의 투자율을 무한대로 가정할 경우 자계는 공극에만 존재하고, 권선에 의한 전류분포 또한 공극에서 선전류 밀도 형태로 존재한다고 가정하면 토크 수식을 비 장하에 의한 수식으로 표현하기 쉽기 때문이다. 하지만 비 장하 중 전기 비 장하는 물리적인 의미를 가지기에 부족하여 설계에 걸림돌로 작용할 수 있다. 이를 해결하기 위해 경험적으로 알려진 권선의 전류 밀도를 이용한 사이징 방법에 대해서도 다루었다.

12.1 장하의 정의

공극에서의 총 자속량 $2p\phi_g$을 총 자기 장하라 부르고 평균 공극 자속밀도 B_{gav}를 비 자기 장하라 부른다. 여기서 ϕ_g는 극당 평균 공극 자속량이다.

$$\text{Total magnetic loading} = 2p\phi_g\ [\text{Wb}] \tag{12.1}$$

$$B_{gav} = \frac{2p\phi_g}{\pi D_g L_{stk}}\ [\text{T}] \tag{12.2}$$

영구자석기기에 있어 비 자기 장하(공극 자속밀도)는 영구자석의 등급과 극호율 등이 정해지면 대략적으로 산출 가능한 값이며 희토류계 영구자석을 사용하는 경우 특수한 경우가 아니면 대략 0.6~0.9[T] 사이의 값을 가지게 되는 경우가 많다.

고정자 총 암페어 컨덕터 수 I_aZ를 총 전기 장하라 부르며, 이를 공극에서의 원주로 나눈 값을 비 전기 장하 ac라 부른다.

$$\text{Total electric loading} = I_aZ\ \ [\text{Ampere Conductor}] \tag{12.3}$$

$$ac = \frac{I_aZ}{\pi D_g}\ \ [\text{Ampere Conductor/m}] \tag{12.4}$$

여기서 Z는 고정자 총 도체수로 2층권을 기준으로 한 상수 m인 기기에 대해서 다음과 같다.

$$Z = 2mN_{ph} \tag{12.5}$$

12.2 출력 계수의 유도1

출력 계수의 유도를 위해 영구자석 전동기의 토크식을 다시 써 보면,

$$T = \frac{3}{2}p\lambda_{pm}I_a\cos\beta + \frac{3}{4}p(L_q - L_d)I_a^2\sin2\beta = T_m + T_r \tag{12.6}$$

여기서 T_m은 마그네틱 토크, T_r은 릴럭턴스 토크를 의미하며 다음과 같다.

$$T_m = \frac{3}{2}p\lambda_{pm}I_a\cos\beta \tag{12.7}$$

$$T_r = \frac{3}{4}p(L_q - L_d)I_a^2\sin2\beta \tag{12.8}$$

식(12.7)의 토크식을 사이즈에 관한 식으로 나타내기 위해 식(8.26), 식(8.30)을 식(12.7)에

대입하면,

$$\begin{aligned} T_m &= \frac{3}{2} p \lambda_{pm} I_a \cos\beta \\ &= \frac{3}{2} p K_w N_{ph} \phi_{g1} I_a \cos\beta \\ &= \frac{3}{2} p K_w N_{ph} \frac{D_g L_{stk}}{p} \hat{B}_{g1} I_a \cos\beta \end{aligned} \tag{12.9}$$

또한 식(12.4) 및 식(12.5)으로부터

$$I_a N_{ph} = \frac{\pi D_g}{6} ac \tag{12.10}$$

식(12.10)을 식(12.9)에 대입하면,

$$\begin{aligned} T_m &= \frac{3}{2} p K_w \frac{D_g L_{stk}}{p} \hat{B}_{g1} \frac{\pi D_g}{6} ac \cos\beta \\ &= \left(\frac{\pi}{4} K_w \hat{B}_{g1} ac \cos\beta \right) D_g^2 L_{stk} \end{aligned} \tag{12.11}$$

식(12.11)을 다시 쓰면,

$$D_g^2 L_{stk} = \frac{T_m}{C_{om1} \hat{B}_{g1} ac} \quad \because \; C_{om1} = \frac{\pi}{4} K_w \tag{12.12}$$

여기서 C_{om1}을 출력 계수로 정의하며, 책에 따라서는 $C_{om1}\hat{B}_{g1}ac$를 출력 계수로 정의하기도 한다.

식(12.11) 혹은 식(12.12)을 통해 마그네틱 토크는 $D_g^2 L_{stk}$에 비례하며, 공극 자속밀도(자기 비장하)와 선전류 밀도(전기 비 장하)에 비례한다는 것을 알 수 있다. 즉, 토크에 비례해 공극 부피를 키워야 하며 자속분과 전류분을 적절히 분배해 사이징을 할 수 있다는 말이다. 이로부터 전동기 사이징에 사용되는 방법을 D^2L법, 장하 분배법이라고 말한다.

릴럭턴스 토크분에 대해서도 비슷하게 접근해 볼 수 있는데, PMSM의 경우 마그네틱 토크가 주요한 부분을 차지하므로 더 이상의 전개는 하지 않도록 한다.

12.3 출력 계수의 유도2

비 전기 장하의 경우 물리적 의미를 파악하기 힘들며, 대략적인 값을 산정하기도 힘들다. 선전류 밀도로 표현되는 비 전기 장하보다 우리에게 물리적으로 파악이 쉬운 물리량은 면 전류 밀도이다. 면 전류 밀도(코일 전류 밀도)는 전동기의 냉각 방식에 따라 경험적으로 3~20[A/mm^2] 정도의 값으로 쓰이며 실제 코일에 흐르는 전류의 밀도라는 점에서 물리적 의미 파악도 용이하다. 이번 절에서는 면 전류 밀도를 이용한 출력식을 유도해 보도록 하겠다. 우선 면 전류 밀도를 전동기의 형상 치수와 관련지을 필요가 있는데, 식(12.13)과 같이 코일의 전류 밀도 J_c를 써볼 수 있다.

$$J_c = \frac{2N_c I_a}{A_{slot}^e} \tag{12.13}$$

여기서 I_a는 코일에 흐르는 전류, N_c는 코일의 턴수, A_{slot}^e 는 유효 슬롯면적으로 전류는 슬롯 면적 전체에서 흐르는 것이 아니라 슬롯 내부에 존재하는 도체에서만 흐르므로 전류 밀도 계산을 위해 유효 슬롯 면적을 사용하였다. 또한 우변의 분자에 2가 곱해진 이유는 2층권을 가정하였기 때문이다.

유효 슬롯면적은 총 도체 면적과 슬롯 면적의 비로 정의되는 슬롯 점적률 K_{sf}을 이용하면 다음과 같이 쓸 수 있다.

$$A_{slot}^e = K_{sf} A_{slot} \quad \because \; K_{sf} = \frac{2N_c A_c}{A_{slot}} \tag{12.14}$$

여기서 A_c는 코일 한 턴의 단면적이다.
코일의 턴수는 식(12.15)를 이용해 상당 직렬 턴수 N_{ph}로 바꾸어 줄 수 있다.

$$N_{ph} = N_c Q/m \tag{12.15}$$

이제 식(12.14)와 식(12.15)을 사용해 코일 전류 밀도를 다시 쓰면,

$$J_c = \frac{2mN_{ph}I_a}{K_{sf}A_{slot}Q} \tag{12.16}$$

슬롯 면적 A_{slot}은 그림 12.1과 같이 형상 치수를 이용해 다음과 같이 아주 개략적으로 구할 수 있다.

$$A_{slot} = \frac{D_g + d_s}{2}\theta_{ss}d_s \tag{12.17}$$

여기서 d_s는 슬롯 깊이이다.

이제 그림 12.2와 같이, **슬롯너비율**을 식(12.18)로 정의하면 식(12.17)은 다음과 같이 쓸 수 있다.

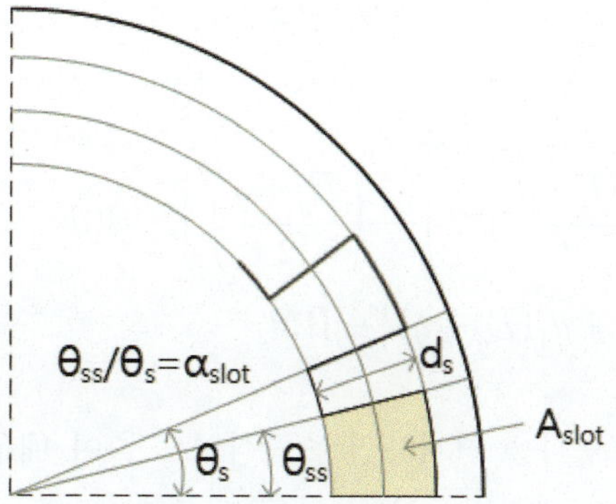

[그림 12.1] 슬롯 면적을 구하기 위한 간략화된 형상

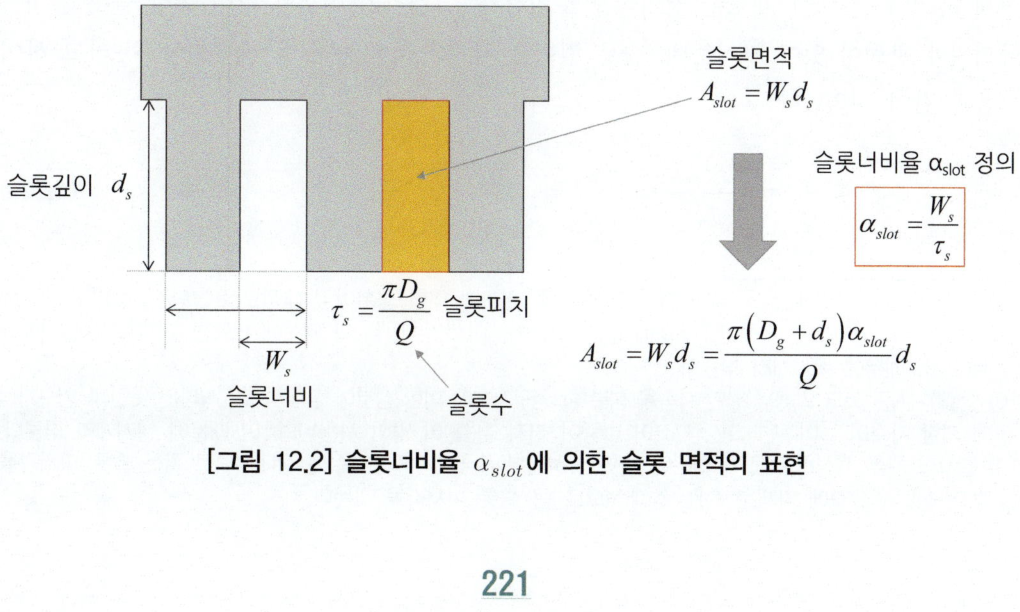

[그림 12.2] 슬롯너비율 α_{slot}에 의한 슬롯 면적의 표현

$$\alpha_{slot} = W_s/\tau_s \tag{12.18}$$

슬롯너비율의 물리적 의미는 슬롯 너비를 슬롯 피치로 나눈값이며, 슬롯 피치 중에 슬롯이 얼마만큼 차지하는지를 나타내는 지표이다. 슬롯너비율이 크면 슬롯이 넓어져 동기계[15]에 가까워지고, 작으면 슬롯이 작아져서 철기계[16]에 가까워진다.

$$A_{slot} = \frac{\pi(D_g + d_s)\alpha_{slot}}{Q} d_s \tag{12.19}$$

식(12.19)은 슬롯 중앙에서 슬롯의 가로 세로 너비를 이용해 아주 개략적으로 구한값으로 공극 길이를 무시하였고, 슬롯 형상이 슬롯의 상단부 및 하단부 등 전체적으로 일정한 슬롯 피치각을 갖는다고 가정하여 전개된 식으로 실제값과 오차를 가지게 된다[17]. 사실 일자형 치를 가지는 전동기에 있어 슬롯 면적을 구하는 정확한 수식은 다음과 같다.

$$\begin{aligned} A_{slot} &= \frac{\pi}{Q}\left\{\left(\frac{D_g + g}{2} + d_s\right)^2 - \left(\frac{D_g + g}{2}\right)^2\right\} - W_t d_s \\ &= \frac{\pi}{Q}\left\{d_s^2 + d_s(D_g + g)\right\} - W_t d_s \end{aligned} \tag{12.20}$$

하지만 식(12.20)을 이용해 수식을 전개하면 출력식의 도출이 매우 어려워지므로, 간략화된 식(12.19)를 이용해 전개하도록 한다. 식(12.19)를 식(12.16)에 대입하면,

$$J_c = \frac{2mN_{ph}I_a}{K_{sf}\pi(D_g + d_s)\alpha_{slot}d_s} \tag{12.21}$$

이제 d_s 표현을 위한 새로운 정의식을 도입하자. 그림 12.3에서와 같이 통상 슬롯 깊이는 극피치와 관련이 있어 보이는데, 슬롯 깊이를 극피치로 나눈 값을 **슬롯형상비** ξ라고 하여 다음과 같이 정의한다.

$$\xi = \frac{d_s}{\tau_p} = \frac{d_s N_{poles}}{\pi D_g} \tag{12.22}$$

15) 동(銅)기계란 토크 발생을 위한 자속을 성분 중 권선에 의한 성분이 상대적으로 크다는 뜻이다. 권선에 의한 성분이 커지려면, 전류가 커지거나 턴수가 증가해야 하는데, 둘 다 권선에 필요한 구리(銅)가 많아지게 된다. 이 때문에 동기계라 부른다.

16) 철(鐵)기계란 토크 발생을 위한 자속을 성분 중 영구자석에 의한 성분이 상대적으로 크다는 뜻인데, 영구자석에 의한 자속이 늘어나면 그만큼 코어 비중이 커져 철(鐵)이 많이 사용된다. 이 때문에 철기계라 부른다.

17) 일자형 치를 가정하고 있기 때문에 슬롯의 하단부(공극에 가까운 쪽)는 상대적으로 작은 슬롯 피치각을 갖고, 상단부(요크에 가까운 쪽)는 상대적으로 큰 슬롯 피치각을 갖는다.

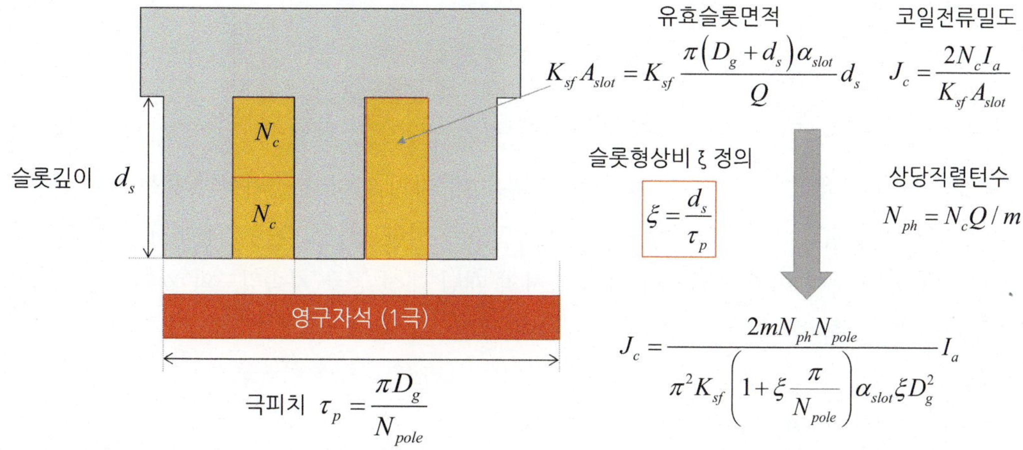

[그림 12.3] 슬롯너비율 α_{slot}과 슬롯형상비 ξ에 의한 코일 전류 밀도의 표현

이제 슬롯형상비를 이용해 슬롯 깊이를 나타내면,

$$d_s = \xi\frac{\pi D_g}{N_{poles}} \tag{12.23}$$

따라서 식(12.21)은,

$$J_c = \frac{2mN_{ph}N_{poles}}{\pi^2K_{sf}\left(1+\xi\dfrac{\pi}{N_{poles}}\right)\alpha_{slot}\xi D_g^2}I_a \tag{12.24}$$

결국 선전류밀도 ac와 면전류밀도 J_c의 관계는 다음과 같다.

$$ac = \frac{\pi K_{sf}\left(1+\xi\dfrac{\pi}{N_{poles}}\right)\alpha_{slot}\xi D_g}{N_{poles}}J_c \tag{12.25}$$

식(12.24)에서 I_a를 구하면,

$$I_a = \frac{\pi^2K_{sf}\left(1+\xi\dfrac{\pi}{N_{poles}}\right)\alpha_{slot}\xi}{2mN_{ph}N_{poles}}J_cD_g^2 \tag{12.26}$$

식(12.26)를 식(12.7)에 대입하면,

$$T_m = \frac{3}{2}p\lambda_{pm}\frac{\pi^2 K_{sf}\left(1+\xi\frac{\pi}{N_{poles}}\right)\alpha_{slot}\xi}{2mN_{ph}N_{poles}}J_c D_g^2 \cos\beta \tag{12.27}$$

영구자석에 의한 쇄교자속 λ_{pm}은 자기 장하 혹은 비 자기 장하의 정의식과 충분히 관련지을 수 있으나, 자기 회로 해석 시 편의상 평균자속밀도에 의한 접근보다는 기본파에 의한 접근이 수학적으로 편리하여 이하에서는 비 자기 장하의 개념 대신 공극 자속밀도의 기본파를 이용해 수식을 전개하도록 한다. λ_{pm}은 다음과 같이 구할 수 있다.

$$\lambda_{pm} = K_w N_{ph}\frac{D_g L_{stk}}{p}\hat{B}_{g1} \tag{12.28}$$

식(12.28)을 식(12.27)에 대입하면,

$$T_m = \frac{3}{4}\frac{\pi^2 K_w K_{sf}\left(1+\xi\frac{\pi}{N_{poles}}\right)\alpha_{slot}\xi}{mN_{poles}}(\hat{B}_{g1}J_c)D_g^3 L_{stk}\cos\beta \tag{12.29}$$

여기서 C_{om2}을 아래와 같이 정의하며, 출력 계수라 명명한다.

$$C_{om2} \equiv \frac{3}{4}\frac{\pi^2 K_w K_{sf}\left(1+\xi\frac{\pi}{N_{poles}}\right)\alpha_{slot}\xi}{mN_{poles}} \tag{12.30}$$

따라서,

$$T_m = C_{om2}\hat{B}_{g1}J_c D_g^3 L_{stk}\cos\beta \tag{12.31}$$

전류위상각을 무시하고 식(12.31)을 형상 치수에 대하여 정리하면,

$$D_g^3 L_{stk} = \frac{T_m}{C_{om2}\hat{B}_{g1}J_c} \tag{12.32}$$

12.2절에서와 달리 토크는 D^3L에 비례하는 것으로 표현된다. 식(12.12)와 차이는 출력 계수 C_{om1}과 C_{om2}의 정의가 매우 다르다는 것이며 이 때문에 D^2L과 D^3L의 차이가 발생한다고 생각하면 되겠다. 사이징을 위해 식(12.12)와 식(12.32) 어떤 것이든 사용할 수 있으나, 필자는 후자가 편리할 것으로 생각된다.

12.4 D와 L의 분리

식(12.32)에 의해 우리는 영구자석 선택, 경험에 의한 전류 밀도 제한치 등 몇가지 설정 가능한 제약치만 있으면 $D_g^3 L_{stk}$을 결정할 수 있다. 이제 D_g와 L_{stk}를 분리할 필요가 있다. 물론 제약 조건으로 축 방향 길이 L_{stk}가 결정되어 있는 경우에는 이에 맞춰 나머지 D_g값을 설정하면 되지만 그러한 제약 조건이 없는 경우에는 이 두 가지 형상 치수를 적절히 분리해 줄 필요가 있다. 이를 위해서는 회전자 표면에서의 속도, 회전자의 관성, 제작성, 응용분야 등 여러 가지 상황을 고려할 필요가 있다. 예컨대, 직접구동(Direct Drive)용 전동기의 경우 극수가 많은 것이 유리하며 따라서 회전자의 직경을 크게 설계하는 것이 좋다. 반대로 서보(Servo) 전동기의 경우 제어성을 감안해 회전자의 관성 모멘트가 작은 것이 좋으며 이를 위해서는 축방향으로 긴 전동기를 설계하는 것이 좋다. 또한 공극 자속밀도가 같을 경우 D_g와 L_{stk}의 비에 따라 극당 자속량이 달라지고, 권선의 평균 턴당 길이가 바뀐다.

극당 자속량은 영구자석에 의한 코일 쇄교자속과 밀접한 관계가 있고, 턴당 평균 길이는 고정자 저항과 관계가 있으므로 D_g와 L_{stk}을 어떻게 분리하느냐에 따라 전동기의 특성이 달라질 수 있다. D_g와 L_{stk}의 분리를 위해서는 일반적으로 형상 치수비 α_{aspect}가 사용된다. 형상 치수비는 축방향 길이 L_{stk}과 극피치 τ_p의 비율인 L_{stk}/τ_p로 정의된다.

요구되는 영구자석에 의한 쇄교자속량이 정해진 경우, 즉 무부하 속도와 역기력이 정해진 경우에는 형상 치수비에 따라 권선 저항이 크게 바뀐다. 이 경우 쇄교자속량이 고정이기 때문에 토크를 발생시키기 위한 전류는 거의 일정한 값으로 볼 수 있고 따라서 동손은 권선 저항에 거의 비례하게 된다. 즉, 형상 치수비를 어떻게 가져가느냐에 따라서 전동기의 효율이 달라지는 것이다.

권선을 이루는 도체 단면적이 일정한 경우[18)] 권선 저항은 오직 권선 길이에 비례하게 되는데 권선의 길이는 **평균 턴 길이에 턴수를 곱하면 된다.** 여기서 턴수는 영구자석에 의한 쇄교자속량이 정해졌기 때문에 결국 극당 공극 자속량에 반비례 하는 값이 된다. 극당 공극 자속량은 공극 자속밀도가 결정된 상태에서 극당 공극 면적 즉, $\tau_p L_{stk}$에 비례하게 된다. 결국 저항은

18) 권선의 과도한 온도상승을 방지하기 위해 냉각방식에 따라 권선 전류밀도를 제약하여 설계를 하게 된다. 전류가 동일하다면 동일한 단면적을 가지는 동선을 사용해야 전류밀도 일정조건을 만족시킬 수 있다.

평균 턴길이를 $\tau_p L_{stk}$으로 나눈 값에 비례하게 된다. 즉,

$$R_s \propto \frac{\tau_{coil} + L_{stk}}{\tau_p L_{stk}} \equiv K_R \tag{12.33}$$

많은 경우에 있어, 코일피치 τ_{coil}은 쇄교자속량을 최대로 가져가기 위해 극피치에 가깝게 설정하게 되므로 식(12.33)에서 τ_{coil} 대신 극피치 τ_p로 쓰게 되면,

$$R_s \propto \frac{\tau_p + L_{stk}}{\tau_p L_{stk}} \equiv K_R \tag{12.34}$$

그림 12.4은 4극 전동기의 L_{stk}/τ_p에 따른 극당 공극 면적과 권선 한 턴당 평균 길이를 나타내고 있으며 그림 12.5의 몇 가지 극수에 대해 L_{stk}/τ_p에 따른 K_R을 살펴본 그림이다. 그림 12.5에서 모든 극수에 대해 L_{stk}/τ_p가 대략 2 근처 되는 지점에서 K_R이 가장 작은 값을 가지는 것을 볼 수 있다. 따라서 동손을 줄이기 위해서는 L_{stk}/τ_p의 비를 대략 2 근처 값으로 가져가는 것이 좋다.

물론 L_{stk}/τ_p의 비가 2 이상에서는 동손의 증가율이 크지 않지만, 그림 12.4에서와 같이 극당 면적은 L_{stk}/τ_p에 비례해 커지게 되므로 영구자석 사용량도 이에 비례해 늘어나게 된다. 따라서 영구자석의 사용량을 줄이면서 동손을 최소화할 수 있는 L_{stk}/τ_p의 값은 대략 1~3 사이값이라고 생각하면 되겠다.

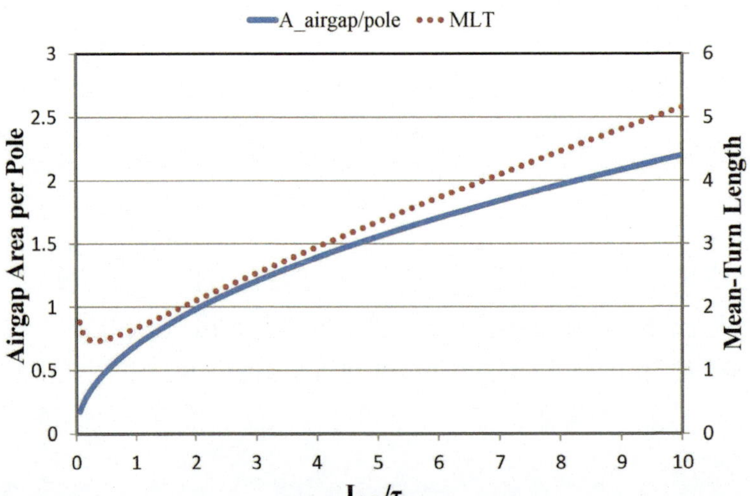

[그림 12.4] L_{stk}/τ_p의 비에 따른 극당 공극 면적 및 평균턴 길이의 변화 (4극)

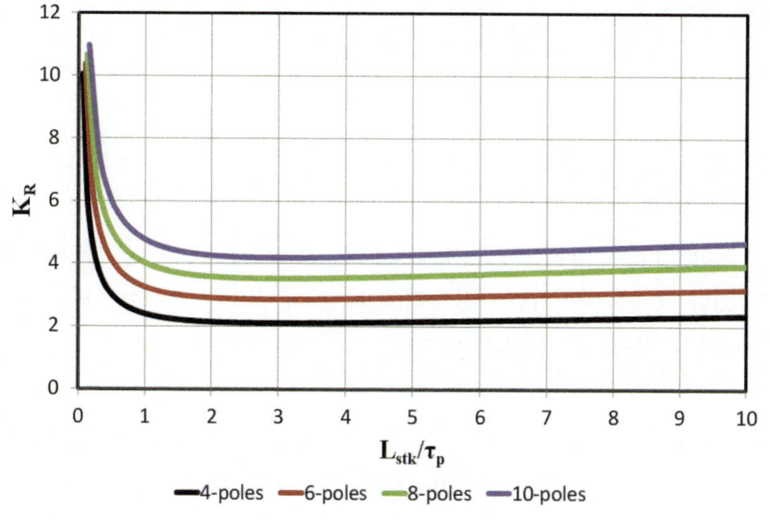

[그림 12.5] L_{stk}/τ_p의 비에 따른 상저항 비례계수 ($D_g^3 L_{stk}$ 일정조건)

이상의 결과로부터 형상 치수비를 다음과 같이 L_{stk}과 τ_p의 비로 잡으면,

$$\alpha_{aspect} = L_{stk}/\tau_p \tag{12.35}$$

여기서 극피치 τ_p는

$$\tau_p = \frac{\pi D_g}{N_{poles}} \tag{12.36}$$

식(12.35)와 식(12.36)을 이용하면 축방향 길이 L_{stk}는

$$L_{stk} = \frac{\pi \alpha_{aspect} D_g}{N_{poles}} \tag{12.37}$$

식(12.29)에 대입하여 D_g에 관해 정리하면,

$$D_g^4 = \frac{4}{3} \frac{1}{\pi^3 \alpha_{aspect} \alpha_{slot} K_w K_{sf} \left(1 + \xi \dfrac{\pi}{N_{poles}}\right) \xi} \frac{m N_{poles}^2}{\hat{B}_{g1} J_c} T_m \tag{12.38}$$

참고로 이상의 수식은 릴럭턴스 토크는 무시하고 전류위상각 β는 0으로 가정하여 마그네틱 토크에 의해서만 도출된 수식이다. 식(12.38)은 12.3절의 결과를 이용한 것이지만 12.2절의 결과를 이용해도 비슷한 결과를 얻는다. 궁금한 사람은 직접 시도해 보기 바란다.

12.5 슬롯 형상 계수의 경험값

실제 제작되고 판매되는 전동기를 대상으로 식(12.22)에서 정의한 슬롯 형상 계수가 어떠한 분포를 보이는지 그림 12.6에 보였다. 아주 많은 전동기를 대상으로 조사한 것은 아니며 대부분 출력토크가 10 [Nm] 미만의 영구자석 전동기에 대한 결과이다. 0.2~0.7 사이에 많이 분포되어 있음을 알 수 있다. 물론 더욱 많은 전동기에 대한 데이터를 축적한다면 슬롯 깊이계수의 적당한 범위를 더욱 정확하게 예측할 수 있을 것이다.

슬롯 형상 계수가 크다는 것은 슬롯이 그만큼 상대적으로 깊다는 뜻이며, 전기 장하가 자기 장하에 비해 상대적으로 커져 동기계에 가까워짐을 뜻한다. 반대로 슬롯 형상 계수가 작다는 것은 전기 장하가 자기 장하에 비해 상대적으로 작으며 철기계에 가까워짐을 의미한다.

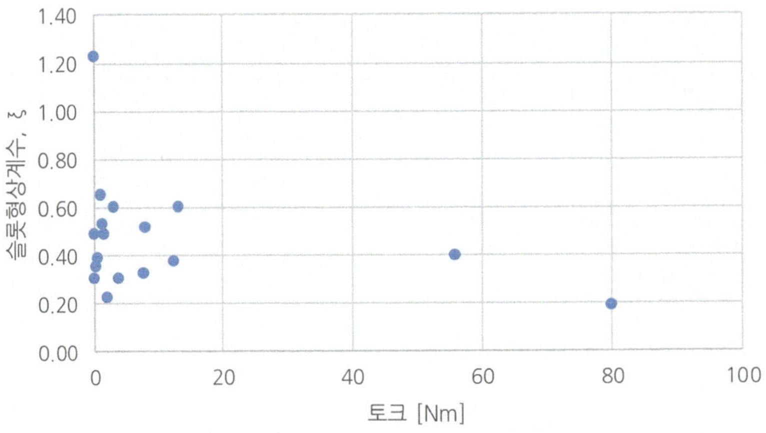

[그림 12.6] 슬롯 형상 계수 분포도

Design of
Permanent Magnet Synchronous Machines

13 설계 프로세스

전동기 설계는 크게 여섯 가지 영역에서의 설계로 세분화할 수 있는데, 그 첫째가 전기적인 설계, 둘째가 자기적인 설계, 셋째가 절연 설계, 넷째가 열 설계, 다섯째가 기계적인 설계, 여섯째가 진동/소음 설계이다. 따라서 입력 전압 및 전류는 어떠한지, 자성 재질은 어떤 것을 쓰고 코어 형상은 어떻게 가져갈 것인지, 절연 등급은 어떻게 해야 할 것인지, 냉각은 어떻게 할 것인지, 전동기가 사용될 곳의 환경은 어떤지, 기계적인 제약 조건은 어떤 것이 있는지 등 설계를 위해 고려해야 할 사항은 너무나도 많다. 즉, 제대로 된 설계를 하기 위해서는 너무나 많은 정보가 필요하며 알아야 할 것도 너무 많다. 여기에서는 이상의 여섯 가지 요소 중 가장 중요하게 생각되는 전기적 및 자기적인 설계에 초점을 맞추었다. 대신 절연, 열 그리고 기계적인 설계는 절연 등급이나, 전류 밀도의 제약 혹은 사이즈 제약 등의 설계 제약 사항으로 두어 설계에 반영하였다. 이는 설계 초기 단계에서 권선의 절연 등급과, 동작 온도 그리고 사이즈 제약 등을 비롯한 각종 기계적인 제약을 미리 가정하고 설계를 한다는 뜻이다. 따라서 이러한 가정이 실제와 다르다면 이하에서 설명한 설계 절차를 반복 수행하여 가정이 실제 결과에 수렴하도록 해야 할 것이다.

그림 13.1은 1~12장에서 설명한 이론을 바탕으로, 주어진 입/출력 사양을 만족할 수 있는 전동기를 설계하기 위한 전·자기적인 설계 플로우를 만들어 본 것이다. 이 그림을 기반으로 설계 플로우에 대해 알아보도록 하자.

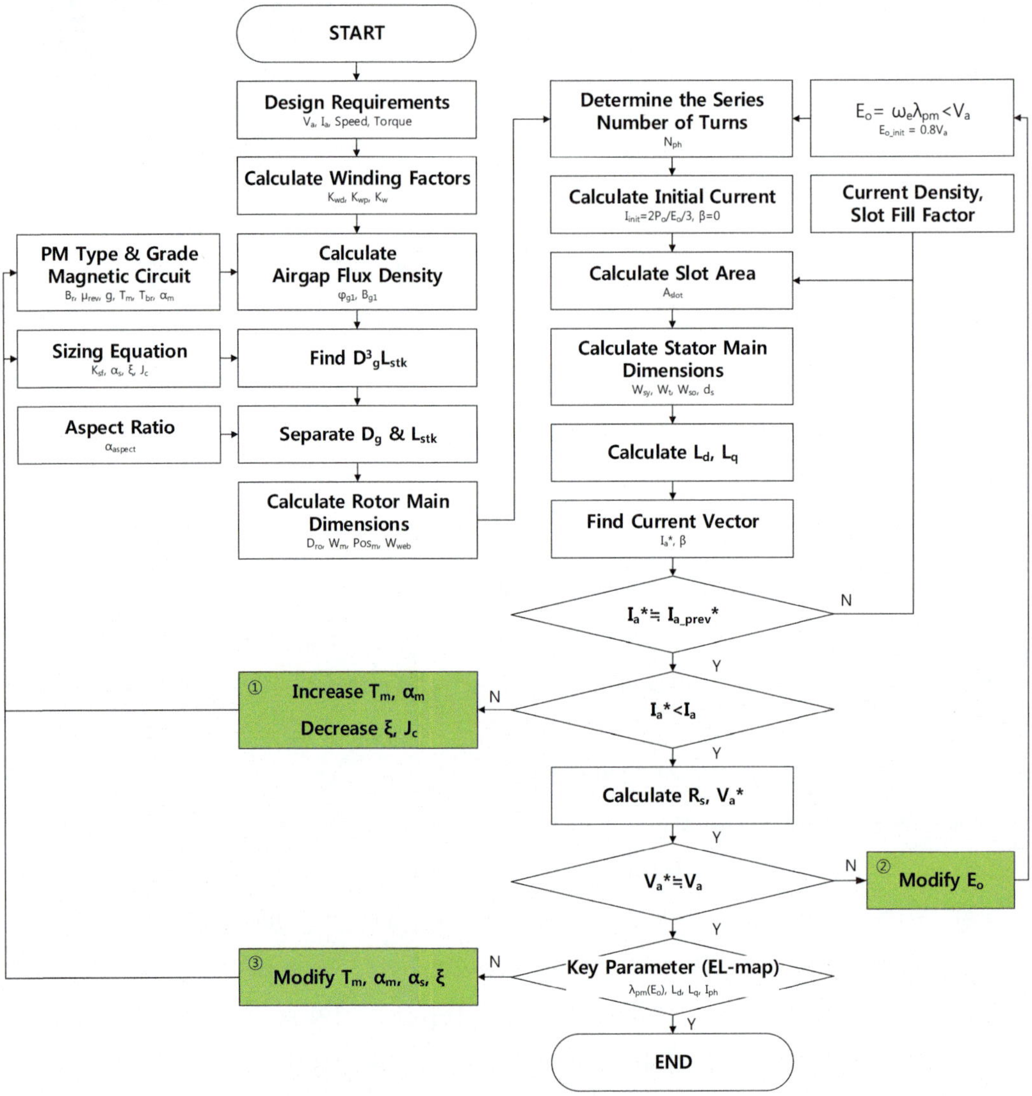

[그림 13.1] 영구자석 전동기 설계 플로우

13.1 설계 사양의 결정

설계 초기단계에서는 부하 특성에 따라 설계 포인트를 설정하고 전압 전류의 제약 조건을 설정하게 된다. 또한 응용을 고려하여 적당한 극수와 슬롯수를 정하게 된다.

13.1.1 부하의 종류

전동기를 설계하기 위해서는 먼저 부하 특성을 파악할 필요가 있다. 부하 특성에는 여러 가지가 있을 수 있으나, 실제 산업에서 요구되는 부하는 크게 세 가지 정도로 분류해볼 수 있다.

❶ **정토크 특성의 부하** : 속도의 여하에 상관없이 거의 일정한 토크를 필요로 하는 특성을 가진 부하이다. 이러한 부하의 예로는 컨베이어, 사출 성형기 등이 있다. 정토크는 충격 부하, 과부하 혹은 관성이 큰 부하를 만났을 때 요구된다.

❷ **정출력 특성의 부하** : 큰 토크가 요구될 때는 회전 속도를 떨어뜨려 운전하고, 반대로 회전 속도가 빠를 때는 필요한 토크가 작아도 되는 특성을 가진 부하이다. 이러한 부하의 예로는 권사기, 공작 기계 등이 있다.

❸ **증가 토크 특성의 부하** : 토크가 속도의 거의 제곱에 비례하여 증가하는 특성을 가진 부하이다. 이러한 부하의 예로는 팬, 펌프 그리고 블로어 등이 있다. 이러한 타입의 부하는 고속에 비해 저속에서 매우 작은 토크를 요한다.

그림 13.2는 위에서 언급한 세 가지 부하 특성과 이에 따른 출력 특성을 보여주고 있다.

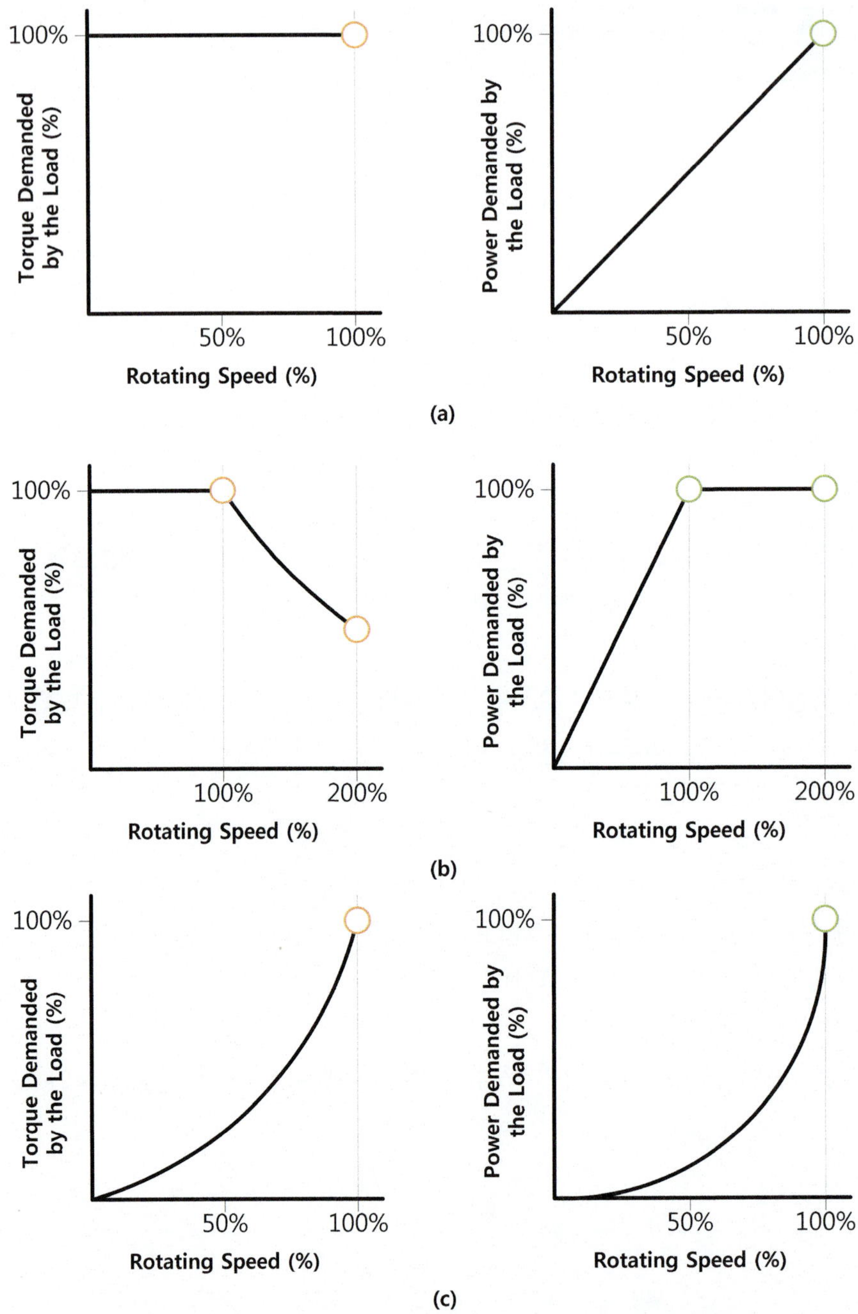

[그림 13.2] 부하의 종류에 따른 부하 특성 및 출력 특성

(a) 정토크 특성 부하, (b) 정출력 특성 부하, (c) 증가 토크 특성 부하

13.1.2 설계 포인트의 설정

부하 특성이 정해진 경우, 실제 설계 포인트를 정해야 한다. 설계 포인트란 속도-토크 그래프 상의 특정 포인트를 의미하며 그림 13.2에서 ○표시한 곳이다. 설계 포인트를 설정하는 일은 부하 특성을 만족할 수 있는 전동기의 출력을 결정하는 일이다.

정토크 특성 및 증가 토크 특성을 가지는 부하의 경우, 설계 포인트는 최대 속도와 최대 속도에서의 토크가 되며, 정출력 특성을 가지는 부하의 경우에는 기저 속도와 기저 속도에서의 토크, 그리고 최대 속도와 최대 속도에서의 토크가 된다.

정출력 특성을 가지는 영구자석 동기 전동기를 설계하기 위해서는 약계자를 고려한 설계가 반드시 수반되어야 하며 이는 후절에서 언급할 EL-map에 의한 파라미터 디자인을 통하면 쉽게 접근할 수 있다.

13.1.3 입력 전압의 설정

식(12.11) 혹은 식(12.29)의 전동기의 출력식을 살펴보면 전동기의 입력 전압은 전동기의 출력 토크에 영향을 미치지 않는다. 토크와 직접적인 연관이 없다 함은, 전동기의 형상에 미치는 영향도 없음을 의미한다. 설계 조건이 같은 경우 전동기의 입력 전압은 동일한 형상 내에서 단지 권선의 턴수에만 영향을 미친다. 전압이 커지면 입력이 커지니 당연히 출력도 커지고 이는 전동기의 형상에 영향을 주는 것이 맞지 않나라는 생각을 할 수 있다. 전압이 커지면 전동기의 출력이 커질 수 있는 것은 맞다. 하지만 이는 전동기의 토크는 변하지 않고 회전수가 높아지기 때문으로 이해해야 한다. 즉 설계 입장에서는 전동기의 입력 전압이 전동기의 형상에는 전혀 영향을 미치지 않는다. 단지 권선의 턴수에만 영향을 주는 것이다.

그렇다면 아무렇게나 전동기의 입력 전압을 설정해도 되는 것일까? 그렇지는 않다. 전압은 전동기의 출력 토크가 클수록 높은 전압을 사용하는 것이 바람직한데, 이는 턴수 설계의 자유도를 확보하기 위함이다. 전동기의 토크는 전동기의 사이즈에 비례하는데 사이즈가 커짐에 따라 극당 공극 자속량이 늘어나게 된다. 전동기의 입력 전압은 쇄교자속 즉 극당 자속과 턴수의 곱에 비례하는데, 극당 자속량이 늘어나게 되면 쇄교자속량을 일정하게 유지하기 위해 턴수가 줄어들어야 한다. 턴수가 적다는 것은 설계 입장에서 자유도를 매우 떨어뜨리는 결과를 초래하는데, 예를 들면 100턴에서 1턴 늘리는 것은 전압이 1% 상승함을 의미하지만 5턴에서 1턴 증가하는 것은 20% 상승함을 의미하는 것이다. 이는 전압 제약이 존재하는 경우 전압 제약을 정확히 맞추는 설계가 힘들어짐을 의미한다.

인버터 구동 전동기의 경우 전동기의 입력 전압은 전압 변조 방식에 따라서도 달라진다. 전압 변조 방식에는 SPWM과 SVPWM이 많이 적용되는데, DC 링크단 전압이 같다면 SVPWM이 SPWM보다 더 큰 전압을 상 권선에 인가할 수 있다. 따라서 SVPWM을 적용하는 경우가 설계 자유도를 더 높여준다. 또한 같은 출력이라면 전압이 높은 경우 전류는 더 줄일 수 있는데, 이는 인버터의 스위칭 소자 정격에 영향을 미치게 된다. 즉, SVPWM을 사용하는 경우 인버터의 스위칭 소자 정격을 더 낮출 수 있는 여지가 있다는 것이고 이는 시스템 제작 비용이 감소함을 의미한다.

이렇게 생각하면 SPWM이 쓸모없어 보일 수도 있겠지만 시스템 가격 그리고 기술적인 문제를 고려해 전압 변조 방법을 선택해야 하는 것이 바람직하다.

13.1.4 극수의 선택

영구자석의 극수 N_{poles}는 다음과 같은 사항을 고려하여 결정한다. 단, 산업에 가장 많이 쓰이고 있는 극수는 4극~16극 사이에 있다.

- ✔ 회전자 속도
- ✔ 스위칭 주파수
- ✔ 철손

회전수가 높아질수록 전기적인 주파수도 같이 높아지는데, 인버터에 의해 정밀 제어가능한 주파수는 한계가 있다. 이는 마이크로컨트롤러의 연산 속도와 스위치의 주파수 정격에 의해 제한된다. 예를 들어 4극 전동기가 7,200[rpm]으로 회전하면 전기적인 주파수는 240[Hz]가 된다. 즉, 전동기 구동을 위해서는 240[Hz]의 정현파 전류가 필요한 것이다. 전류는 인버터에 의해 구동되는데, 일정한 전압을 빠르게 스위칭하여 해당 전류를 만들어낸다. 즉, 240[Hz]의 전류를 만들기 위해서는 이보다 훨씬 더 빠른 속도로 전압을 스위칭 해야 하는 것이다. 한 주기의 전류 파형을 정밀하게 제어하기 위해서는 당연히 제어 주기를 가능한 짧게 가져가는 것이 좋으나 제어 주기는 마이크로컨트롤러의 연산속도에 의해 제한된다. 즉, 제어 주기는 일정 값 이하로 내려가기 힘들며 제어 주기에 반비례하는 스위칭 주파수도 일정값 이상으로 올리기 힘들다[19]. 또한 스위치에서 발생하는 스위칭 손실은 스위칭 주파수에 비례해 커지는데, 이 때문에 스위칭 주파수를 무작정 크게 가져갈 수도 없다. 이러한 이유로 인버터의 스위칭 주파수는 수 kHz~수십 kHz 정도인데, 통상 20[kHz]를 넘지 않는다.

전류 1주기 제어를 위해 필요한 최소한의 스위칭 횟수를 대략 10번 정도로 생각하고, 인버터의 스위칭 주파수를 10[kHz]라 하면, 이 인버터를 사용해 제어 가능한 4극 전동기의 최대 회전수는 다음과 같이 계산된다.

$$\frac{RPM_{\max}}{60}\frac{4}{2} \le \frac{10[\mathrm{kHz}]}{10} \rightarrow RPM_{\max} \le 60\frac{10000}{10}\frac{2}{4} = 30{,}000[\mathrm{rpm}] \quad (13.1)$$

만약 2극 전동기였다면 최대 회전수는 60,000[rpm] 정도일 것이다. 만약 전동기의 회전수가 정해진 경우라면 역으로 전동기가 가질 수 있는 극수가 얼마 이하여야 할지 생각해볼 수도 있을 것이다.

전동기의 극수는 철손에도 영향을 미치는데, 식(6.41)에서 철손은 전기적인 주파수에 큰 영향을 받는 것을 알 수 있다. 전동기의 회전수가 같더라도 극수가 많아지면 전기적인 주파수가 높아지므로 철손 또한 커지게 된다. 만약 전동기의 손실 중 철손이 차지하는 비율이 높은 경우라면 극수 선택에 더욱 신중을 가해야 할 것이다.

참고로 스위칭 주파수는 인버터의 손실에도 영향을 주지만 전동기의 손실에도 영향을 준다. 바로 스위칭에 의한 고조파 철손분인데, 특히 권선의 인덕턴스는 작고 입력 전압은 높은 전동기의 경우에는 인버터에 의해 제어된 전류에 인버터 스위칭 주파수에 해당하는 고주파가 많이 포함되고 이 때문에 고주파 철손분이 두드러질 수 있으니 주의해야 한다.

13.1.5 슬롯수의 선택

고정자의 슬롯수 Q는 다음과 같은 사항을 고려하여 결정한다. 극수/슬롯수 조합에 따라 전동기 특성이 많이 변하기 때문에 조합을 고려한 슬롯수의 결정이 필수적이다.

- ✔ 코깅토크
- ✔ 권선 레이아웃
- ✔ 제작비용
- ✔ Radial force (가진력, 진동/소음과 관련됨)

---

19) SVPWM에서는 제어 주기와 스위칭 주기가 같은 경우가 많다.

코깅토크의 주파수는 극수와 슬롯수의 최소 공배수로 나타나는데, 코깅토크의 주파수가 커질수록 코깅토크의 크기는 줄어드는 경우가 많다. 따라서 정밀 제어에 응용되는 전동기에서는 극수와 슬롯수의 최소 공배수가 커질 수 있도록 슬롯수를 선정하는 것이 좋다. 또한 4장 권선법에서 언급한 분수형 슬롯의 경우 치 집중권으로 코일을 감을 수 있는 장점이 생기므로 설계 전략에 따라 극수 슬롯수 조합을 잘 선정하는 것이 좋다. 치 집중권의 경우 고정자를 모듈형으로 제작해 조립하는 경우도 있는데 이는 제작비용과 관련되게 된다.

마지막으로 극수/슬롯수 조합은 진동/소음에 영향을 주는 전자기적인 가진력에도 영향을 줄 수 있다. 고정자와 회전자의 자속이 상호 작용하여 원주 방향의 힘을 만들어내면 토크로 작용하지만, 반경방향의 힘을 만들어내면 가진력으로 작용하게 된다. 이때 극수/슬롯수 조합에 따라 가진력의 주파수가 달라질수 있으므로 진동/소음이 중요한 응용에서는 특정 극수/슬롯수 조합은 피해야 한다.

물론 진동/소음에 대한 영향을 고려해 전자기적인 설계 단계에서 극수/슬롯수를 선정하는 것은 매우 어려운 일이다. 단 실제 문제 발생시 극수/슬롯수 조합이 가진력에 영향을 줄 수 있다는 점을 고려해 원인 분석을 하고 문제 해결 방안을 찾아볼 수는 있다.

13.2 경험치의 설정

13.2.1 전류밀도

전동기는 전기적, 기계적 손실이 있고 이러한 손실은 전동기의 온도를 상승시킨다. 전동기를 구동하면 전동기 온도가 올라가기 시작하여 특정 온도에서 더 이상 온도가 올라가지 않고 일정 온도를 유지한다. 이러한 온도를 포화 온도라고 하며 만약 온도가 일정값 이상 올라가면 전동기가 고장날 수 있다.

전동기의 열적 안정성을 보장하기 위한 가장 간단한 방법은 코일의 전류밀도를 제약함으로써 동손을 제한하는 것이다. 단, 전류밀도는 전동기의 냉각 방식에 따라 달리 적용해야 하는데, 냉각 방식이란 간단하게는 공랭식과 수냉식이 있다. 이때 공랭식 같은 경우 3~5[A_{rms}/mm^2] 정도로 가져가는 것이 좋으며, 수냉식은 7~15[A_{rms}/mm^2]으로 범위가 매우 넓다. 위에서 언급한 값은 어디까지나 경험적인 값이므로 최종적으로는 열적 안정성을 확인하기 위해 수치해석적인 방법을 통한 열해석을 하여 결과를 검증해야 한다.

참고로 전동기 구동시의 온도는 구동 조건에 따라서도 달라질 수 있는데 IEC(International Electrotechnical Commission)에서 규격으로 다음과 같이 정의하고 있다.

[표 13.1] 전동기 구동 조건

모드	설 명
S1	Continuous duty 전동기를 일정 부하로 연속적으로 돌린다. 항상 포화 온도를 넘지 않는다. 정격에 특별한 표기가 없으면 S1 정격을 의미한다.
S2	Short-time duty 일정 부하로 전동기를 돌리고 포화 온도가 되기 전에 멈춘 후 상온이 될 때까지 식히기를 반복한다. 포화 시간을 10분, 30분, 60분, 90분 등으로 표시한다. 가장 많이 사용하는 것은 'S2-30분'이다.
S3	Intermittent periodic duty "일정 부하 동작 → 정지"를 반복한다. 기동 전류에 의한 온도 상승은 거의 없다. 포화 온도는 도달하지 않는다.
S4	Intermittent periodic duty with starting "기동 → 일정부하 동작 → 정지"를 반복한다. S3와 동일하지만 기동 전류에 의한 온도 상승이 있다. 포화 온도는 도달하지 않는다.
S5	Intermittent periodic duty with electric braking "기동 → 일정부하 동작 → 전자 브레이킹 → 정지"를 반복한다. 포화 온도는 도달하지 않는다.
S6	Continuous duty with intermittent periodic loading "일정부하 동작 → 무부하 동작"을 반복한다.
S7	Continuous duty with start and brake "기동 → 일정부하 동작 → 전자 브레이킹"을 반복한다.
S8	Continuous duty with periodic speed changes
S9	Non-periodic duty
S10	Duty with discrete constant loads

S3~S8에서 특정 시간이 표기되어 있지 않으면 동작 주기는 보통 10분을 나타낸다.

사실 이러한 동작 조건도 열적 안정성에 영향을 주므로 전류밀도 산정시 동작 조건도 고려되어야 하지만, 연속 운전시 열적 안정성이 보장되면 나머지 운전 조건에서도 열적 안정성이 보장되므로 전류밀도는 보수적으로 연속 운전으로 고려하여 선정하면 될 것이다.

13.2.2 점적률

점적률 K_{sf}란 슬롯면적에 들어가는 동선의 면적을 말하는데, 제작성을 고려해 정해야 한다. 일반적으로 35%~40% 정도면 제작이 가능하며 제작 기법에 따라서는 50%~70% 정도로 높게 가져갈 수도 있다. 점적률이 높을수록 토크 밀도가 높은 전동기가 설계된다.

13.2.3 극호율

그림 13.3은 공극 자속밀도 파형을 그림 9.3과 같은 펄스 파형으로 가정한 경우 극호율 α_m에 따른 공극 자속밀도의 고조파 성분의 변화를 보여주고 있는데, 특히 극호율을 0.7 전후 값으로 하면 정현적인 역기전력 파형을 얻는데 도움이 된다. 단, 토크 밀도 향상을 위해 공극 자속량을 키워야 하는 경우 더 큰 극호율을 가져갈 수도 있다. 극호율이 매우 낮은 경우에는 기본파 크기도 나빠지고(성능이 나빠지고), 고조파도 커져 손실도 커지는 만큼 대부분 특정 값 이상의 극호율을 사용하게 된다.

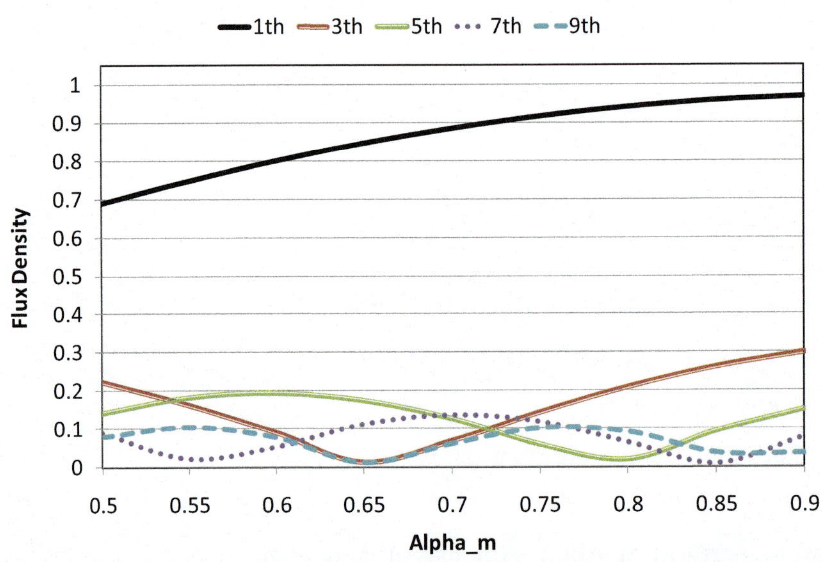

[그림 13.3] 극호율에 따른 공극 자속밀도 고조파 성분

13.2.4 슬롯너비율, 슬롯형상비

슬롯너비율 α_{slot}과 슬롯형상비 ξ는 12.3절에서 설명한 내용을 바탕으로 선정하면 된다. 슬롯너비율의 0~1 사이값을 가지며 값이 커질수록 더 많은 슬롯 확보가 가능하기에 고정자의 크기를 줄일 수 있다. 하지만 동시에 치포화를 발생시켜 성능이 떨어지게 되므로 무작정 키우면 안되고 대략 0.5~0.6 정도의 값을 가지면 된다. 영구자석의 등급에 따라서도 변동되어야 할 여지가 있으며 강력한 영구자석을 사용할수록 자속밀도의 포화가 심해지므로 슬롯너비율은 더 작은 값을 사용해야 한다.

슬롯형상비는 그 크기가 커질수록 권선을 많이 사용하겠다는 뜻으로 전기자 자속을 증가시키겠다는 뜻이다. 즉, 슬롯형상비가 커질수록 전기자 반작용이 커지고, 손실에서 동손의 비중이 커지게 된다. 약자속 제어가 필요한 경우에는 전기자 반작용이 커야 하므로 슬롯형상비가 일정 크기 이상이 되어야 할 것이다. 또한 저전압 고속 응용의 설계에서 슬롯형상비가 너무 작은 경우, 상당 직렬 턴수가 수 턴에 불과해 실질적인 권선 설계가 어려워질 수 있다. 이러한 경우에는 어쩔 수 없이 슬롯형상비를 키워 턴수 설계의 자유도를 확보해야 한다. 슬롯형상비가 작아지면 이에 반비례해 영구자석 사용량이 증가하게 되고 동손이 매우 적은 전동기가 설계된다. 대략적인 슬롯형상비는 0.2~0.5 사이값을 가지며, 응용에 따라 달라질 수 있다.

기본 설계 후 손실 분석을 한 후, 동손과 철손의 비중을 따져 자신의 응용에 맞는 방향으로 재설계하는 것도 좋은 방법이다.

13.3 권선계수

기본적인 설계 제약이 결정되면 본격적인 설계에 들어가야 하는데 처음으로 해야 할 일은 출력식에 사용하기 위한 권선계수 K_w를 계산하는 것이다. 권선계수는 극수와 슬롯수가 정해지고, 코일 스팬을 정하면 계산 가능하다. 자세한 내용은 4장을 참고하라.

13.4 공극 자속밀도의 계산

다음으로 출력식에 사용될 공극 자속밀도 기본파 크기 $\hat{B}_{g1}$와 턴수 결정에 사용될 극당 공극자속량 ϕ_{g1}의 계산이다. 이 단계에서는 9장에서 설명한 내용을 바탕으로 진행하면 된다. 단, 설계자가 몇 가지 값을 결정해 주어야 하는데, 영구자석 재질을 결정과, 공극길이 g와 영구자석의 자화방향 길이 T_m, 브릿지 두께 T_{br}, 극호율 α_m을 결정해 주어야 한다. 공극 길이는 기계적인 제작성 및 조립성 그리고 회전수 등을 고려해 결정되어야 하며 수마력 정도의 전동기에서는 0.5~1[mm] 정도의 값을 가진다. 공극 길이가 짧을수록 높은 공극 자속밀도를 얻기 쉬워지는데, 슬롯 고조파의 영향도 커져 철손도 같이 커질 수 있음을 유의해야 한다. 영구자석의 두께는 동작점을 고려해 공극 길이의 5배 내외로 가져가면 적당하고 추후 감자 영향을 고려해 재산정을 해야 할 수도 있다.

13.5 사이징

권선계수 및 공극 자속밀도가 구해지면, 12장에서 언급한 출력 계수를 이용해 사이징을 해 볼 수 있다. 이때 코일 전류밀도 J_c, 슬롯 점적률 K_{sf}, 슬롯너비율 α_{slot}, 슬롯형상비 ξ의 경험 계수가 필요하다. 사이징이 되면 형상 치수비 α_{aspect}를 이용해 공극직경 D_g 및 축방향 길이 L_{stk}를 구할 수 있다.

13.6 회전자 형상 설계

13.6.1 표면 부착형 전동기

그림 13.4에 보인 것과 같이 표면 부착형 영구자석 전동기의 회전자 형상 설계에서 주요 파라미터는 영구자석을 정의하기 위한 부분으로 극호율과 영구자석 자화 방향 길이가 매우 중요하다. 사이징을 통해 공극 직경이 구해졌으므로 공극 길이만 정의되면 회전자 외경을 알 수 있고, 나머지 파라미터는 이에 맞추어 설계되면 된다. 그림의 기호에 대한 물리적인 의미를 아래에

나타내었다.

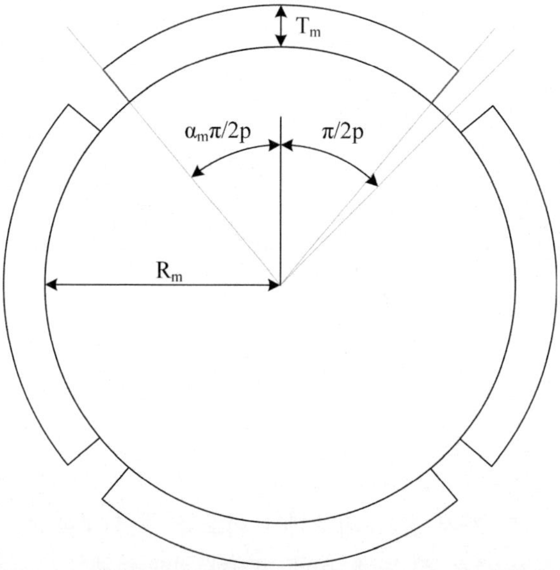

[그림 13.4] 표면 부착형 영구자석 전동기의 회전자 치수정보

α_m : 영구자석 극호율 (0~1 사이 값)
T_m : 영구자석 두께

또한 영구자석의 두께는 영구자석의 감자특성, 사용률, 동작점 등을 고려해 정해야 하는데, 여기서는 PC라인이 대략 5~10 사이에 오도록 공극 길이의 5~10배 정도로 결정하도록 한다. PC 라인이란 그림 13.5에서 보인 것과 같이 코일과 영구자석을 포함한 자기 등가 회로에서 무부하시(코일에 전류가 흐르지 않을 경우) 동작점과 원점을 이은 선을 말한다.

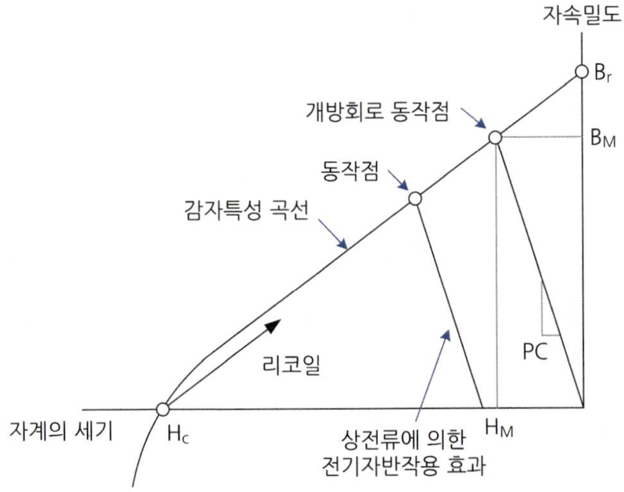

[그림 13.5] 영구자석의 BH 특성

예를 들어 9장에서 살펴본 자기 등가 회로에서 회로를 풀어 구해진 공극 자속밀도가 그림 13.5에서 개방 회로의 동작점 B_M이 된다. 이때 원점과 개방 회로의 동작점을 이은 선을 퍼미언스 라인이라 하고 퍼미언스 라인의 기울기(절대값)를 퍼미언스 계수(Permeance Coefficient; P.C.)라 한다. 9장의 SPMSM의 자기 등가 회로를 아주 간단하게 표현하면 그림 13.6과 같이 공극이 존재하는 C자형 코어에 영구자석과 코일이 감긴 형태로 나타낼 수 있는데, 이를 자기 등가 회로로 나타내고 동작점(공극에서의 자속밀도)를 구하면 퍼미언스 계수는 대략 식(13.2)로 나타난다.

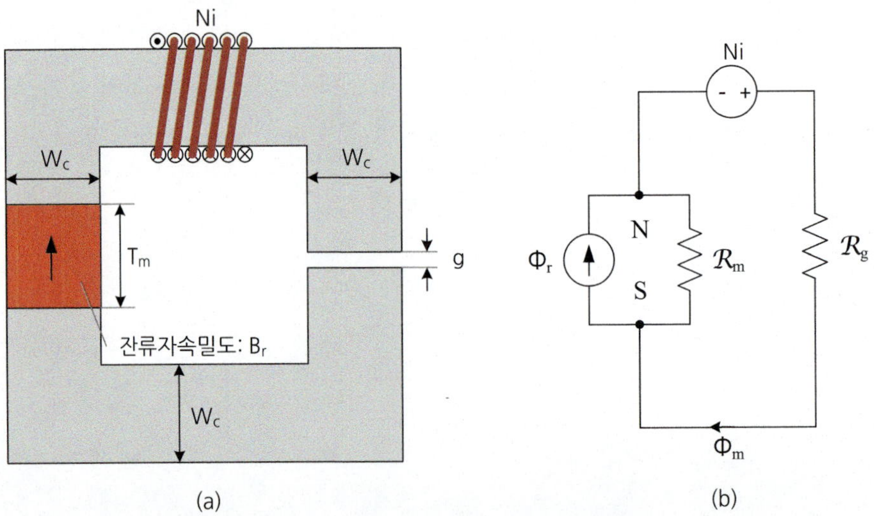

[그림 13.6] 영구자석과 코일을 포함한 C형 코어 및 자기 등가 회로

$$P.C. \approx \frac{L_m}{g}\frac{A_g}{A_m} \tag{13.2}$$

즉, 퍼미언스 계수는 영구자석 단면적과 공극 단면적이 같다면 퍼미언스 계수는 영구자석 두께를 공극 길이로 나눈 것과 같다.

많은 자석 제작 업체에서는 영구자석의 감자특성 곡선 그래프를 제공할 때 그림 13.7의 상단에 써 있는 숫자와 같이 그래프 내에 퍼미언스 계수를 같이 표기해 두는 경우가 많다. 이때 퍼미언스 계수는 자계의 세기 단위는 kOe, 자속밀도의 단위는 kG로 하여 계산한 값이다.

회전자 직경과 영구자석 두께가 결정되면 영구자석까지의 반경은 다음 식으로 구할 수 있다.

$$R_m = R_{ro} - T_m \tag{13.3}$$

이제 영구자석 두께와 극호율은 정해진 값이므로 그림 13.4의 아크형의 영구자석의 형상을 모델링하는 것은 문제없다.

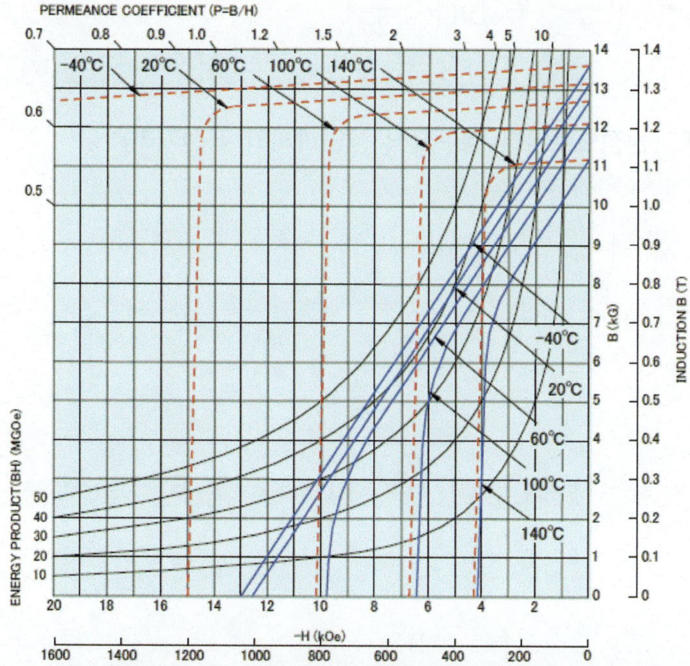

[그림 13.7] 영구자석 감자곡선의 데이터 시트 예

(출처: Neomax社 카탈로그)

13.6.2 바타입 매입형 영구자석 전동기

그림 13.8에 보인 바타입 매입형 영구자석 전동기의 회전자 형상 설계에서도 영구자석을 회전자에 배치하는 등의 자극 설계가 매우 중요하다. 표면 부착형 영구자석 전동기의 회전자보다 형상이 복잡한데, 극호율(α_m), 영구자석두께(T_m), 립두께(T_{rib})만 정의되면 나머지는 기하학적으로 구할 수 있다. 여기서 립은 폴피스를 구조적으로 연결하는 부분으로 책에따라 브릿지(Bridge)라 부르기도 한다. 립 두께는 제작성 및 고속회전 시 관성에 의해 폴피스 및 영구자석이 비산되지 않을 정도의 최소한의 두께를 선택하는 것이 좋다. 이는 제작 방법 및 회전시 영구자석이 비산되지 않은 범위에서 구조적인 강도 해석을 통해 검증되어야 하는 값이지만 초기값으로 대략 1[mm] 내외로 정하면 적당하다.

이상의 값들이 결정되었으면, 그림 13.8의 바타입 매입형 영구자석 전동기 회전자 형상 치수는 다음 수식들에 의해 구할 수 있다.

▮ 영구자석 너비:

$$W_m = 2\left(\frac{D_{ro}}{2} - T_{rib}\right)\sin\left(\alpha_m \frac{\pi}{2p}\right) \tag{13.4}$$

▮ 영구자석 위치 (원점으로부터 영구자석 상단까지의 직선거리):

$$Pos_m = \left(\frac{D_{ro}}{2} - T_{rib}\right)\cos\left(\alpha_m \frac{\pi}{2p}\right) \tag{13.5}$$

▮ 웹 폭:

$$W_{web} = \frac{\pi}{p}(1-\alpha_{m2})\sqrt{\left(\frac{W_m}{2}\right)^2 + (Pos_m - T_m)^2} \tag{13.6}$$

여기서,

$$\alpha_{m2} = \frac{2p}{\pi}\arctan\left\{\frac{W_m}{2(Pos_m - T_m)}\right\} \tag{13.7}$$

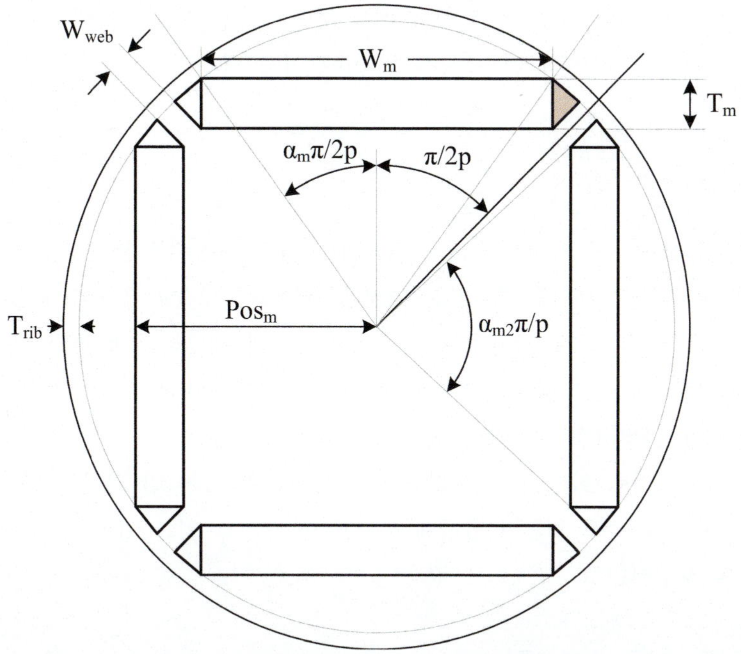

[그림 13.8] 바타입 매입형 영구자석 전동기 회전자 형상 치수 정보

13.7 턴수 설계

권선 설계는 4장에서 살펴본 권선법을 통해 권선 레이아웃을 결정하고, 다음으로 턴수 설계를 하게 된다. 일반적으로 턴수 설계를 위해서는 전압 방정식을 이용하게 된다. 영구자석 전동기의 전압 방정식을 다시 써 보면,

$$V_a = \sqrt{(R_s i_d - \omega_e L_q i_q)^2 + (R_s i_q + \omega_e L_d i_d + \omega_e \lambda_{pm})^2} \tag{13.8}$$

식(13.8)에서 저항에 의한 전압강하 성분인 $R_s i_d$, $R_s i_q$ 그리고 리액턴스 전압 강하 성분인 $\omega_e L_q i_q$, $\omega_e L_d i_d$은 일반적으로 무부하 역기전력 성분인 $\omega_e \lambda_{pm}$에 비해 작은 값을 가진다. 따라서 역기전력을 입력 전압보다는 조금 작은 값으로 생각해 볼 수 있는데, 대략 역기전력이 입력 전압의 70%~90% 이하이면 운전시 전압 방정식을 만족하게 된다.

앞서 공극 자속밀도를 미리 계산하고 사이징을 하였으므로, 극당 공극 자속량은 현 상태에서 계산 가능하다. 입력 전압 또한 미리 결정된 상태이므로 대략적으로 결정할 수 있다. 또한

권선 극수 및 슬롯수가 결정되었으므로 앞 항에서 설명한 권선 레이아웃 설계를 통해 권선계수도 계산해 낼 수 있다. 따라서 턴수는 식(13.9)에 의해 다음과 같이 결정할 수 있다.

$$N_{ph} = \frac{E_0}{K_w \phi_{g1}} \tag{13.9}$$

위 수식에 의해 결정된 턴수는 상당 직렬턴수이며, 필요에 따라서는 병렬 회로수를 두어 턴수 설계 및 제작의 자유도를 가져갈 수 있다. 예컨대, 3상 8극 12슬롯 전동기에 있어 위 수식에 따라 결정된 상당 직렬턴수가 14턴인 경우, 상당 코일의 개수는 4개이므로 코일당 턴수는 3.5턴이 되어야 하는데 이는 물리적으로 감을 수 없는 턴수이다. 헌데, 병렬 회로수를 4로 가져가면 코일당 14턴씩 4병렬로 감아 직렬 턴수를 14턴으로 맞출 수 있는 것이다. 단 병렬 회로를 적용할 때는 병렬 회로에서 발생한 유기 기전력의 크기 및 위상이 완전히 동일해야 하며 그렇지 않은 경우 순환 전류가 발생해 문제를 일으킬 수 있다. 순환 전류에 대한 자세한 내용은 4.4절을 참고하라.

13.8 슬롯 면적의 계산

슬롯 면적은 슬롯에 들어가는 도체수와 도체의 단면적 그리고 점적률을 알면 다음과 같이 계산 가능하다.

$$A_{slot} = \frac{Z_{slot} A_z}{K_{sf}} \tag{13.10}$$

여기서 Z_{slot}은 슬롯당 도체수이며 A_z는 도체 면적 그리고 K_{sf}는 점적률이다.
슬롯당 도체수를 구하기 위해서는 우선 총 도체수를 구할 필요가 있다. 총 도체수는 다음과 같이 구할 수 있다.

$$Z_{total} = 2maN_{ph} \tag{13.11}$$

여기서 m은 상수, a는 병렬 회로수 그리고 N_{ph}는 상당 직렬 턴수이다.
슬롯수를 Q라 하면 슬롯당 도체수는,

$$Z_{slot} = \frac{Z_{total}}{Q} \tag{13.12}$$

또한 도체면적은 전류와 전류 밀도의 관계로부터,

$$A_z = \frac{I_z}{J_\sigma} \tag{13.13}$$

여기서 I_z는 도체에 흐르는 전류로 상전류를 병렬 회로수로 나눈 값이다. 즉,

$$I_z = \frac{I_a}{a} \tag{13.14}$$

결국 슬롯 면적은,

$$A_{slot} = \frac{Z_{slot}A_z}{K_{sf}} = \frac{2mN_{ph}I_a}{K_{sf}QJ_\sigma} \tag{13.15}$$

이때 슬롯면적을 구하기 위해 사용된 전류 I_a의 경우 아직 정해지지 않은 값인데, 초기 값으로 마그네틱 토크만 사용한다고 가정하여 전류 위상각 β을 0으로 두어 계산한 값을 사용한다. 즉,

$$\frac{3}{2}E_0 i_a = P_o \;\rightarrow\; i_a = \frac{2}{3}\frac{P_o}{E_o} \tag{13.16}$$

여기서 전력의 계산에서 3이 곱해진 이유는 3상이기 때문이며, 2로 나눈 이유는 계산에 사용된 전압과 전류가 정현파 피크값 기준이기 때문이다.

추후 인덕턴스가 구해지면 새로운 전류와 위상각을 구하면 되는데, 전류가 달라지면 이에 따라 필요한 슬롯의 면적이 달라지므로 절차를 반복해 전류를 수렴시켜야 한다.

13.9 고정자 형상 설계

여기서는 그림 13.9와 같은 평행 치를 가지는 고정자 형상에 대한 형상 치수 계산 플로우에 대해 설명하겠다. 그림 13.9과 같은 형상 치수 계산을 위해 우선 주어지는 값은 다음과 같다.

D_{si} : 고정자 내경 (계산되었음)

d_1 : 슈높이1

d_2 : 슈높이2

A_s : 슬롯 면적 (계산되었음)

W_{so} : 슬롯 개구폭

고정자 내경은 사이징 시 공극 직경을 구했으므로 공극 직경에 공극 길이를 더해 구할 수 있다. 슬롯 면적은 식(13.15)을 통해 구할 수 있으며 슬롯 개구폭은 권선직경의 3~4배 정도로 하면 큰 문제 없으며 추후 유한 요소 해석을 통한 세부 설계 시에 코깅 토크나 역기전력의 고조파 등을 최소로 할 수 있는 크기를 재선정해 볼 수 있다.

슬롯 면적을 사용해 고정자 슬롯 형상 치수를 계산하기 위해서는 우선 치 폭을 결정해야 한다. 치 폭의 계산은 12.2절에서 도입한 슬롯너비율 α_{slot}의 정의식을 이용할 수 있다.

$$W_s = \alpha_{slot}\tau_s \tag{13.17}$$

여기서 τ_s는 치중앙 기준 슬롯피치로 다음과 같이 계산할 수 있다.

$$\tau_s = \frac{D_{si}+d_s}{2}\theta_s \quad \because\ \theta_s = \frac{2\pi}{Q} \tag{13.18}$$

여기서 주의할 사항이 있는데, 식(13.17)으로 구해진 치폭은 자속포화를 전혀 고려하지 않은 수식이다. 따라서 역으로 자속포화가 발생하는지 아닌지 검토가 필요하다. 치 자속밀도는 다음과 같이 계산할 수 있다.

$$B_{t\_avg} = \frac{2p\phi_g}{QW_tL_{stk}} \tag{13.19}$$

식(13.19)에 의해진 치 자속밀도는 평균값으로, 우리는 최대값을 관찰할 필요가 있다. 9장에서 자속밀도의 기본파를 구한 것과 같이 접근하면,

$$B_t = \frac{4}{\pi}\frac{B_{t\_avg}}{\alpha_m}\sin\left(\frac{\alpha_m\pi}{2}\right) \tag{13.20}$$

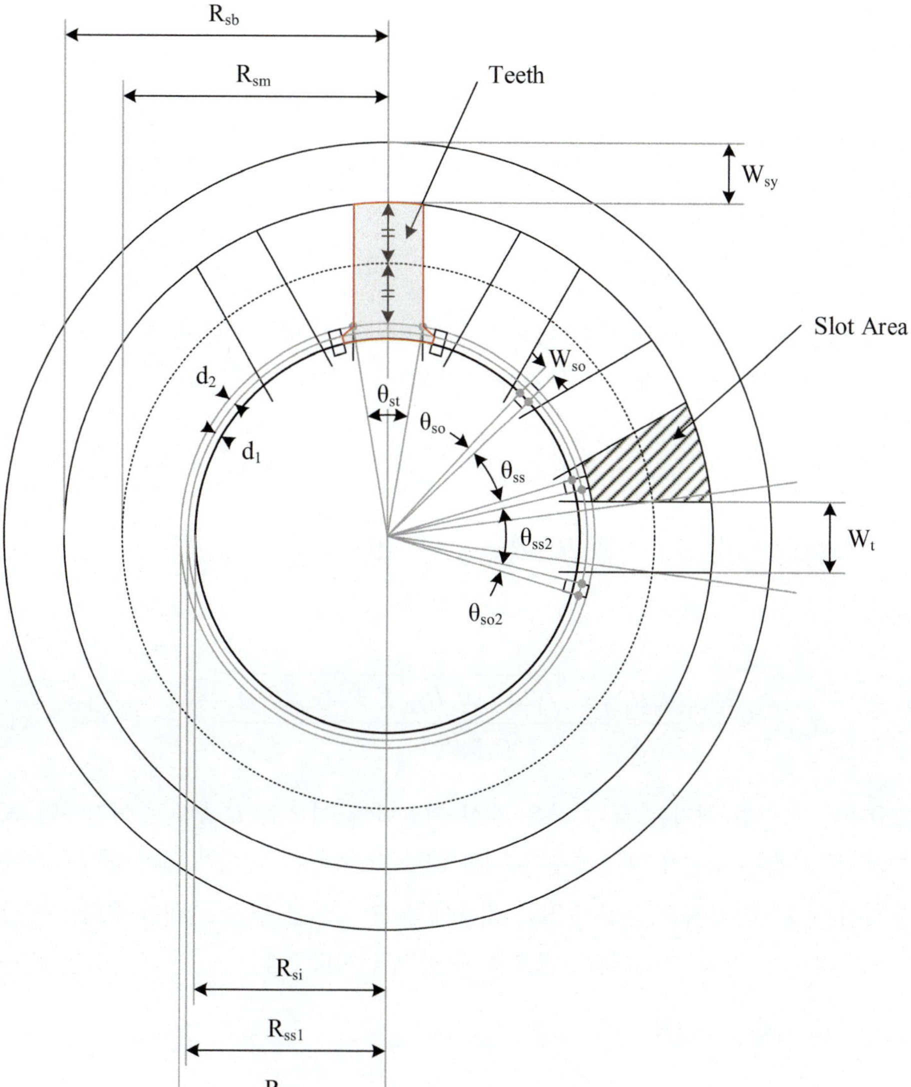

[그림 13.9] 일자형 치를 가지는 고정자 구조

결국 최소 치폭은,

$$W_t = \frac{\phi_g}{N_{sm}B_{tm}L_{stk}} = \frac{2p\phi_g}{QB_{tm}L_{stk}} \tag{13.21}$$

치 중앙까지의 반지름을 R_{sm} 이라 가정하면, 슬롯 면적은 다음과 같은 식으로 구할 수 있다.

$$A_s = 2\alpha_{slot} R_{sm} \theta_s (R_{sm} - R_{ss2}) \tag{13.22}$$

여기서 R_{ss2}는 슈 윗단까지의 반지름, θ_s는 슬롯 피치각 그리고 α_{slot}은 치 몸통 중앙에서의 슬롯 피치와 슬롯 너비의 비로 다음과 같이 정의된다.

$$\alpha_{slot} = \frac{R_{sm}\theta_s - W_t}{R_{sm}\theta_s} \tag{13.23}$$

α_{slot}은 결국 치 폭을 결정하며 대략 0.5~0.7 사이값을 가지면 무난하다. 단, 비장하 값이 클 경우 α_{slot}을 너무 크게 가져가면 치가 포화되므로 주의해야 한다.

식(13.22)을 풀어 R_{sm}에 대해 정리하면 다음과 같은, R_{sm}에 대한 2차 방정식을 얻게 된다.

$$2\alpha_{slot}\theta_s R_{sm}^2 - 2\alpha_{slot}\theta_s R_{ss2} R_{sm} - A_s = 0 \tag{13.24}$$

식을 풀면,

$$R_{sm} = \frac{2\alpha_{slot}\theta_s R_{ss2} + \sqrt{(2\alpha_{slot}\theta_s R_{ss2})^2 + 8\alpha_{slot}\theta_s A_s}}{4\alpha_{slot}\theta_s} \tag{13.25}$$

식(13.25)에서 R_{ss2}를 제외한 모든 값은 계산 가능한 값이므로 R_{ss2}만 주어진다면 R_{sm}을 구할 수 있다. R_{ss2}는 회전자 반경에 슈 높이를 더한 값인데, 슈 높이가 미리 결정된 경우라면 R_{ss2}는 쉽게 구할 수 있지만 그렇지 않은 경우에는 슈 높이를 먼저 구해야 한다. 슈 높이는 일반적으로 치폭의 10%~20% 사이 값으로 주면 무난하다. 즉,

$$d_1 + d_2 = \alpha_{sd} W_t \tag{13.26}$$

여기서 α_{sd}는 치폭과 슈높이의 비이다. 결국

$$R_{ss2} = R_{si} + d_1 + d_2 \tag{13.27}$$

이로부터 고정자 보어까지의 반경을 구하면,

$$R_{sb} = R_{ss2} + 2(R_{sm} - R_{ss2}) = 2R_{sm} - R_{ss2} \tag{13.28}$$

또한 슬롯 깊이 d_s는

$$d_s = 2R_{sm} - D_{ss2} \tag{13.29}$$

마지막으로 백요크의 두께 W_{sy}만 구하면 주요 고정자 형상 치수 설계는 거의 끝난다. 백요크의 두께는, 최소 치폭의 결정과 비슷하게 자기포화를 고려하여 최소한의 두께를 결정해 볼 수 있다.

한 극에서 나오는 자속은 치를 거쳐 백요크를 타고 흘러 반대극으로 들어가게 되는데, 이때 자속은 시계 방향 및 반시계 방향으로 2등분 되어 흐르게 된다. 따라서 극당 자속의 절반을 백요크에서 자기 포화 없이 흘릴 수 있어야 한다. 백요크의 포화 자속밀도를 B_{ym}이라 하면,

$$2B_{ym}W_{sy}L_{stk} = \phi_g \tag{13.30}$$

따라서 최소 백요크의 두께는,

$$W_{sy} = \frac{\phi_g}{2B_{ym}L_{stk}} \tag{13.31}$$

식(13.22)과 식(13.31)을 비교해 보면 요크폭과 치폭의 관계를 다음과 같이 표현 가능하다.

$$W_{sy} = \frac{1}{2}\frac{Q}{2p}\frac{B_{tm}}{B_{ym}}W_t \tag{13.32}$$

치포화 자속밀도 B_{tm}과 백요크 포화 자속밀도 B_{ym}은 실제 코어의 자속 포화 레벨보다 더 작게 잡아 주는 것이 일반적인데 이는 전기자 반작용을 고려하기 위함이다. 일반적인 전기강판의 포화 레벨이 1.6~1.7[Tesla]이므로 대략 1.2~1.5[Tesla] 정도이면 적당할 것으로 사료된다. 또한 백요크보다는 치가 전기자 반작용에 민감하여, 전기자 반작용이 큰 전동기의 경우 치 포화 자속밀도를 백요크 포화 자속밀도보다 낮게 설정해 주는 것이 좋다. 즉, 식(13.32)에서 B_{tm}/B_{ym}은 일반적으로 1 이하의 값을 갖게 된다.

나머지 세부적인 슈 (혹은 슬롯) 형상을 그리기 위해 필요한 여러 가지 각도는 다음과 같이 계산할 수 있다.

$$\sin\left(\frac{\theta_{st}}{2}\right) = \frac{W_t}{2R_{ss2}} \rightarrow \theta_{st} = 2\sin^{-1}\left(\frac{W_t}{2R_{ss2}}\right) \tag{13.33}$$

$$2R_{si}\sin\left(\frac{\theta_{so}}{2}\right) = W_{so} \rightarrow \theta_{so} = 2\sin^{-1}\left(\frac{W_{so}}{2R_{si}}\right) \tag{13.34}$$

$$\theta_s = \theta_{ss} + \theta_{so} \rightarrow \theta_{ss} = \theta_s - \theta_{so} \tag{13.35}$$

$$2R_{ss1}\sin\left(\frac{\theta_{so2}}{2}\right) = W_{so} \rightarrow \theta_{so2} = 2\sin^{-1}\left(\frac{W_{so}}{2R_{ss1}}\right) \tag{13.36}$$

$$\theta_s = \theta_{ss2} + \theta_{so2} \rightarrow \theta_{ss2} = \theta_s - \theta_{so2} \tag{13.37}$$

13.10 인덕턴스의 계산

권선의 인덕턴스의 경우 크게 세 가지로 나누어 생각하는데, 10장에서 살펴본 공극 인덕턴스와 슬롯 누설 인덕턴스 그리고 엔드턴 누설 인덕턴스로 나누어 볼 수 있다. 10장에서도 언급했지만 전동기의 인덕턴스는 정밀도 높은 계산이 매우 어렵다. 이유는 전동기의 형상이 복잡해 자기 등가 회로를 꾸미기 어렵고 전동기 구동시에 국부적으로 코어에 자속 포화가 발생하다보니 회전자의 위치 입력 전류의 크기 등에 따라서 인덕턴스가 가변하기 때문이다. 이 때문에 여러 문헌에서 제시하는 인덕턴스의 계산법이 책마다 다를 수 있으며, 여기에서 제안하는 방법 또한 많은 방법 중에 하나임을 명심하자.

인덕턴스 성분 중 공극 인덕턴스는 전동기 타입에 따라 10장에서 소개한 수식을 사용하거나 11장에서 설명한 비선형 자기회로 해석을 통해 구해볼 수 있다[20]. 여기서는 나머지 슬롯 누설 인덕턴스와 엔드턴 누설 인덕턴스 계산법에 대해 살펴보도록 하자.

A. 슬롯 누설 인덕턴스

그림 13.10과 같이 슬롯을 통하여 흐르는 자속을 슬롯 누설 인덕턴스라 하며 이는 슬롯의 권선 분포에 매우 의존한다. 실질적인 전동기에 있어 누설 인덕턴스의 분포는 3차원 분포를 갖는다. 그럼에도 불구하고 축방향 끝단에서 멀리 떨어진 지점에서는 자계의 분포가 축방향 성분은 존재하지 않는다고 가정할 수 있으므로 2차원적으로 고려할 수 있다.

20) 비선형 자기 등가 회로 해석을 통한 인덕턴스 계산에서는 자기 등가 회로에 슬롯 누설 경로가 포함되므로 슬롯 누설 인덕턴스도 같이 구해진다.

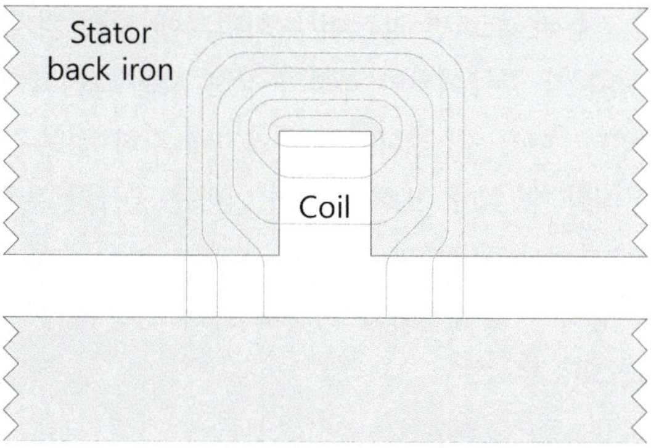

[그림 13.10] 코일 전류에 의한 자속 분포

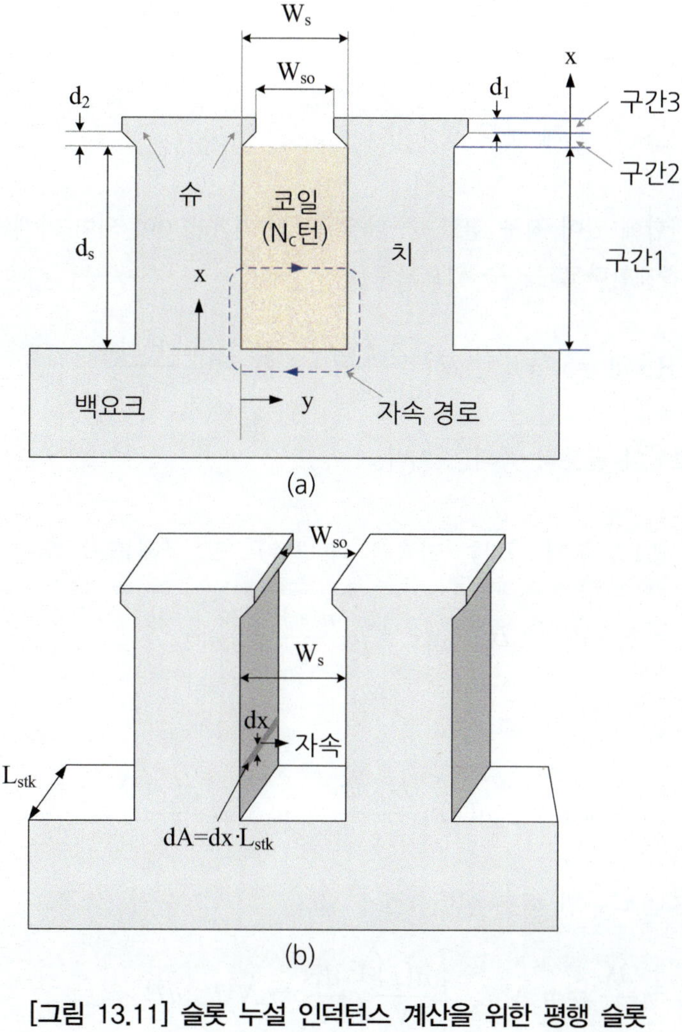

[그림 13.11] 슬롯 누설 인덕턴스 계산을 위한 평행 슬롯

슬롯에 존재하는 코일에 전류가 흐르면 암페어 주회법칙에 의해 기자력이 발생하는데, 이는 슬롯에서의 기자력 강하 성분과 공극에서의 기자력 강하 성분 그리고 철심에서의 기자력 강하 성분으로 나누어 볼 수 있다. 이들 중 철심에서의 기자력 강하 성분은 철심의 투자율이 매우 높기 때문에 매우 작아 무시할 수 있다. 또한 슬롯의 너비는 공극의 길이보다 훨씬 길기 때문에 대부분의 기자력 강하는 슬롯에서 발생한다고 할 수 있다. 따라서 슬롯 누설 인덕턴스를 구하기 위해 철심에서의 기자력 강하와 공극에서의 기자력 강하 성분은 무시하여 개략적으로 구해 볼 수 있다.

슬롯 누설 인덕턴스를 구하기 위해서는 코일에 의한 슬롯 자계 분포를 계산할 수 있어야 한다. 이는 그림 13.11의 자속 경로에 대해 암페어의 주회 법칙을 적용해 구해볼 수 있다.

$$\oint \mathbf{H} \cdot d\mathbf{l} = n(x)i \tag{13.38}$$

여기서 $n(x)$는 슬롯의 도체 분포 함수이다.

식(13.38)을 계산함에 있어 적분 경로 중 철심에서의 자계는 0이 되어 자계는 자속 경로 중 슬롯 내에서만 존재한다고 볼 수 있으므로,

$$\oint \mathbf{H} \cdot d\mathbf{l} = n(x)i = H_y l = \frac{B_y}{\mu_0} l \rightarrow B_y = \mu_0 \frac{n(x)i}{l} \tag{13.39}$$

여기서 l은 경로상의 슬롯의 폭의 길이다.

이제 슬롯 단면 dA를 통해 나가는 자속을 식(13.40)으로 구해볼 수 있다.

$$d\phi = B_y \cdot dA = B_y L_{stk} dx = \mu_0 \frac{n(x)i}{l} L_{stk} dx \tag{13.40}$$

쇄교자속은

$$d\lambda = n(x) d\phi = \mu_0 n(x)^2 i \frac{L_{stk} dx}{l} = \mu_0 N_c^2 i \left\{ \frac{n(x)}{N_c} \right\}^2 L_{stk} \frac{dx}{l} \tag{13.41}$$

쇄교자속을 전류로 나누면 미소 인덕턴스가 된다.

$$dL = \frac{d\lambda}{i} = \mu_0 N_c^2 L_{stk} \left\{ \frac{n(x)}{N_c} \right\}^2 \frac{dx}{l} = N_c^2 L_{stk} dP \tag{13.42}$$

여기서 dP 유효 퍼미언스의 증분으로 다음과 같다.

$$dP = \mu_0 \left\{ \frac{n(x)}{N_c} \right\}^2 \frac{dx}{l} \tag{13.43}$$

평행 슬롯을 가정해 도체 분포가 슬롯 깊이 방향 x에 따라 균일하다고 가정하면 도체 분포 함수는 그림 13.12와 같이 나타낼 수 있다. 또한 적분 구간(길이) l의 경우 평행 슬롯이라면 $0 \le x \le d_s$인 경우, 즉 구간1에서 W_s로 일정할 것이며 구간2에서는 점점 줄어 구간3에서 W_{so}가 된다. 수식으로 표현하면,

$$\begin{aligned} l &= W_s \quad \because\ 0 \le x \le d_s \\ l &= W_s - \frac{x-d_s}{d_2}(W_s - W_{so}) \quad \because\ d_s < x \le d_s + d_2 \\ l &= W_{so} \quad \because\ d_s + d_2 < x \le d_s + d_1 + d_2 \end{aligned} \tag{13.44}$$

따라서 슬롯 누설 인덕턴스는 다음과 같이 계산할 수 있다.

$$L = \mu_0 N_c^2 L_{stk} \left(\begin{array}{c} \displaystyle\int_0^{d_s} \left\{ \frac{n(x)}{N_c} \right\}^2 \frac{1}{W_s} dx \\ \displaystyle + \int_{d_s}^{d_s+d_2} \frac{1}{W_s - \frac{x-d_s}{d_2}(W_s - W_{so})} dx \\ \displaystyle + \int_{d_s+d_2}^{d_s+d_1+d_2} \frac{1}{W_{so}} dx \end{array} \right) \tag{13.45}$$

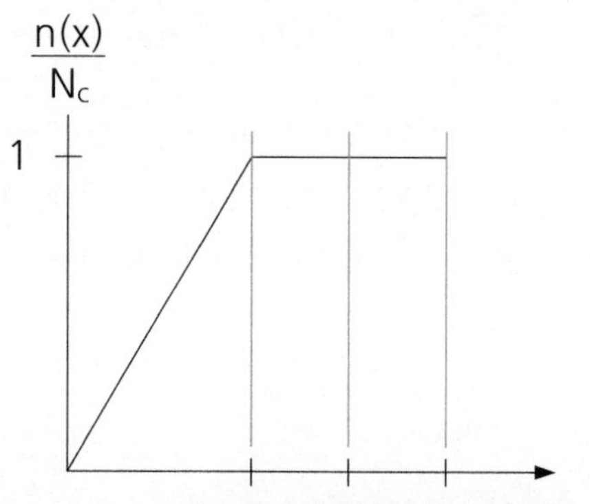

[그림 13.12] 평행슬롯의 턴수분포 함수

식(13.45) 우변 첫 번째 적분은

$$\int_0^{d_s}\left\{\frac{n(x)}{N_c}\right\}^2\frac{1}{W_s}dx = \frac{1}{W_s}\int_0^{d_s}\left(\frac{1}{d_s}x\right)^2 dx \tag{13.46}$$
$$= \frac{1}{d_s^2 W_s}\int_0^{d_s}x^2 dx = \frac{1}{d_s^2 W_s}\frac{1}{3}d_s^3 = \frac{1}{3}\frac{d_s}{W_s}$$

식(13.45) 우변 두 번째 적분은

$$\int_{d_s}^{d_s+d_2}\frac{1}{W_s - \dfrac{(W_s - W_{so})(x-d_s)}{d_2}}dx \tag{13.47}$$
$$= \frac{d_2}{W_{so}-W_s}\ln\left\{W_s - \frac{(W_s - W_{so})(x-d_s)}{d_2}\right\}\Bigg|_{d_s}^{d_s+d_2}$$
$$= \frac{d_2}{W_{so}-W_s}\ln\left(\frac{W_{so}}{W_s}\right)$$

식(13.45) 우변 세 번째 적분은

$$\int_{d_s+d_2}^{d_s+d_1+d_2}\frac{1}{W_{so}}dx = \frac{d_1}{W_{so}} \tag{13.48}$$

따라서 N_c개의 코일을 가지는 한 슬롯의 누설 인덕턴스는 다음과 같이 나타낼 수 있다.

$$L = \mu_0 N_c^2 L_{stk}\left\{\frac{1}{3}\frac{d_s}{W_s} + \frac{d_2}{W_{so}-W_s}\ln\left(\frac{W_{so}}{W_s}\right) + \frac{d_1}{W_{so}}\right\} \tag{13.49}$$
$$= \mu_0 N_c^2 L_{stk}\left\{\frac{1}{3}\frac{d_s}{W_s} + \frac{d_2}{W_s - W_{so}}\ln\left(\frac{W_s}{W_{so}}\right) + \frac{d_1}{W_{so}}\right\}$$

지금까지 도출된 식은 평행 슬롯을 기준으로 한 것이지만, 그림 13.13와 같이 평행치를 가지는 경우에는 슬롯 모양이 사다리꼴에 가까워진다[21]. 이 경우 도체 분포를 새롭게 정의해야 하는데, 도체가 면적에 비례해 존재한다고 가정하면 다음과 같다.

$$\frac{n(x)}{N_c} = \frac{A(x)}{A_c} = \frac{x(y+W_{s1})/2}{d_s(W_{s1}+W_{s2})/2} = \frac{y+W_{s1}}{W_{s1}+W_{s2}}\left(\frac{s}{d_s}\right) \tag{13.50}$$

21) 그림에서는 치가 평행한 것 처럼 보이지 않지만, 원통형 기기에서는 치가 평행이면 슬롯은 사다리꼴이 된다.

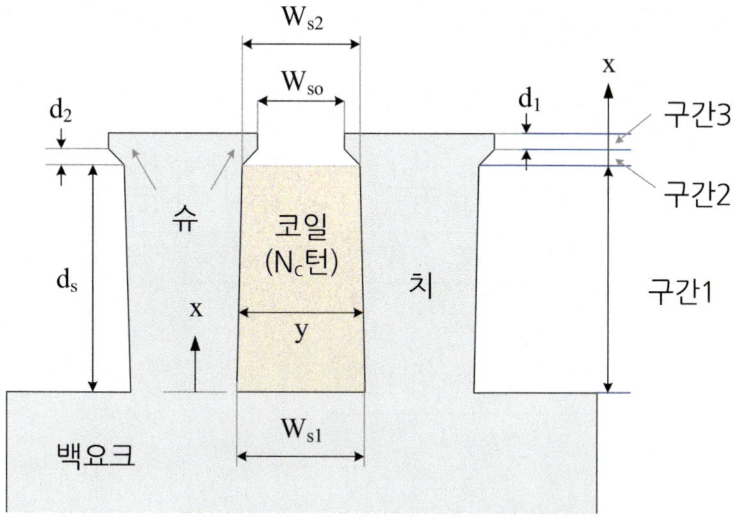

[그림 13.13] 사다리꼴 모양의 슬롯

여기서 x는 슬롯 하단(고정자 보어) 기준 슬롯의 깊이이며 y는 슬롯 깊이 x위치에서의 슬롯 너비로 다음과 같이 쓸 수 있다.

$$y = \frac{W_{s2} - W_{s1}}{d_s} x + W_{s1} \tag{13.51}$$

상기 도체 분포의 변화는 인덕턴스 계산을 위한 수식 전개에 있어 식(13.46)과 같은 구간1의 적분에만 영향을 미치며 첫 번째 적분은 다음과 같이 계산된다.

$$\int_0^{d_s} \left\{ \frac{n(x)}{N_c} \right\}^2 \frac{1}{y} dx = \int_0^{d_s} \left\{ \frac{y + W_{s1}}{W_{s1} + W_{s2}} \left(\frac{x}{d_s} \right) \right\}^2 \frac{1}{y} dx \tag{13.52}$$

$$= \int_0^{d_s} \left\{ \frac{\frac{W_{s2} - W_{s1}}{d_s} x + W_{s1} + W_{s1}}{W_{s1} + W_{s2}} \left(\frac{x}{d_s} \right) \right\}^2 \frac{1}{\frac{W_{s2} - W_{s1}}{d_s} x + W_{s1}} dx$$

$$= -\frac{d_s \left\{ 4 W_{s1}^4 \ln \left| \frac{\frac{d_s W_{s2}}{W_{s1} - W_{s2}}}{\frac{d_s W_{s1}}{W_{s1} - W_{s2}}} \right| + 3 W_{s1}^4 + W_{s2}^4 - 4 W_{s1}^2 W_{s2}^2 \right\}}{4 (W_{s1} - W_{s2})^3 (W_{s1} + W_{s2})^2}$$

$$
= -\frac{d_s\left\{4W_{s1}^4\ln\left(\frac{W_{s2}}{W_{s1}}\right)+3W_{s1}^4+W_{s2}^4-4W_{s1}^2W_{s2}^2\right\}}{4(W_{s1}-W_{s2})^3(W_{s1}+W_{s2})^2}
$$

$$
= -\frac{d_s\left\{\ln\left(\frac{W_{s2}}{W_{s1}}\right)+\frac{3}{4}\left(\frac{W_{s1}}{W_{s1}}\right)^4+\frac{1}{4}\left(\frac{W_{s2}}{W_{s1}}\right)^4-\left(\frac{W_{s2}}{W_{s1}}\right)^2\right\}}{W_{s1}\left(\frac{W_{s1}-W_{s2}}{W_{s1}}\right)^3\left(\frac{W_{s1}+W_{s2}}{W_{s1}}\right)^2}
$$

$$
= -\frac{d_s}{W_{s1}}\frac{\left(\ln\beta+\frac{3}{4}+\frac{1}{4}\beta^4-\beta^2\right)}{(1-\beta)^3(1+\beta)^2}
$$

$$
= \frac{d_s}{W_{s1}}\frac{\left(\beta^2-\ln\beta-\frac{3}{4}-\frac{1}{4}\beta^4\right)}{(1-\beta)^3(1+\beta)^2} \qquad \because\ \beta=\frac{W_{s2}}{W_{s1}}
$$

식(13.46)에 비해 매우 복잡하게 바뀐 것을 알 수 있다. 슬롯수가 많고 슬롯이 깊지 않은 경우 슬롯 모양은 대략적으로 일자형으로 근사할 수 있으므로 식(13.52)를 이용한 결과는 식(13.46)을 이용한 결과와 크게 다르지 않을 것이므로 경우에 따라 적절한 수식을 사용하면 좋을 것이다.

이제 실질적인 전동기에 주로 적용되는 2층권에 대하여 한상의 슬롯 누설 인덕턴스를 구해보도록 하자. 그림 13.14는 2층권이 적용된 슬롯 형상을 나타내고 있으며 백요크에 가까운 코일을 하단코일, 백요크에 멀리 떨어진 코일을 상단코일이라 명명하겠다. 수식전개를 간편하게 하기 위해 평행 슬롯을 가정하면 하단코일과 상단코일의 도체 분포 함수는 그림 13.15와 같이 나타낼 수 있다.

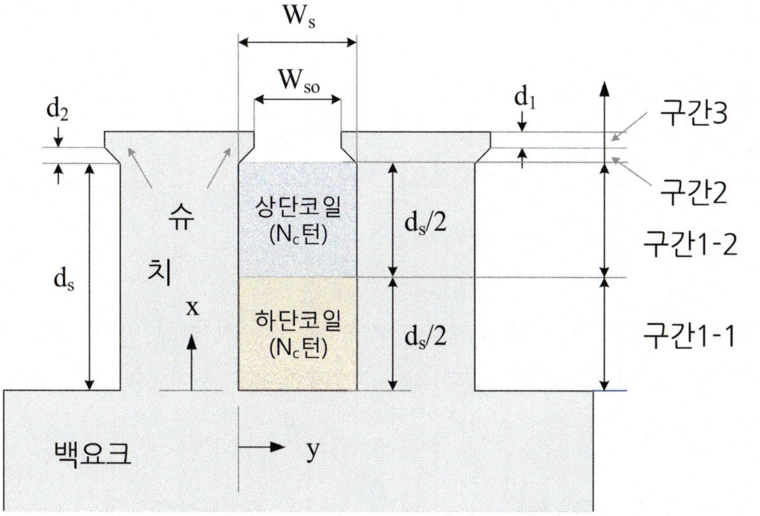

[그림 13.14] 2층권 코일이 적용된 슬롯

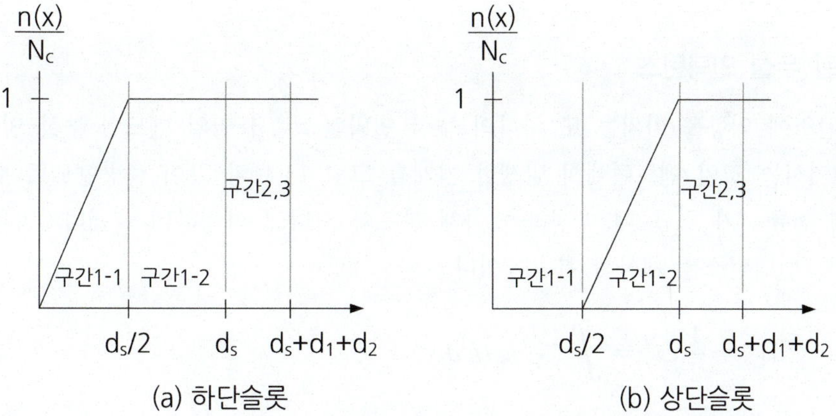

[그림 13.15] 2층권 코일의 도체 분포 함수

도체 분포를 고려하여 식(13.45)에서 인덕턴스를 구한 것과 유사하게 하단 슬롯의 인덕턴스를 구해보면

$$L_b = \mu_0 N_c^2 L_{stk}\left\{\frac{1}{3}\frac{d_s}{W_s} + \frac{d_1}{2W_s} + \frac{d_2}{W_s - W_{so}}\ln\left(\frac{W_s}{W_{so}}\right) + \frac{d_1}{W_{so}}\right\} \tag{13.53}$$

우변 괄호안의 네 개항은 좌측부터 그림 13.15에 나타낸 구간1-1, 구간1-2, 구간2, 구간3에 해당하는 적분결과이다.

비슷하게 상단 슬롯의 인덕턴스를 구하면,

$$L_t = \mu_0 N_c^2 L_{stk}\left\{0 + \frac{1}{6}\frac{d_s}{W_s} + \frac{d_2}{W_s - W_{so}}\ln\left(\frac{W_s}{W_{so}}\right) + \frac{d_1}{W_{so}}\right\} \tag{13.54}$$

마찬가지로 식(13.54) 우변 괄호안의 네 개항은 좌측부터 그림 13.15에 나타낸 구간1-1, 구간1-2, 구간2, 구간3에 해당하는 적분결과이다.

지금까지 구한 인덕턴스는 N_c개의 도체를 가지는 한 슬롯의 누설 인덕턴스를 구한 것이고, 한 상의 슬롯 누설 인덕턴스는 상단코일과 하단코일이 쌍을 이루어 하나의 전체 코일을 구성한다고 가정해 다음과 같이 구할 수 있다.

$$L_{lk}^{slot} = \frac{Q}{3}(L_b + L_t) \tag{13.55}$$

여기서 $Q/3$은 한 상이 가지는 코일의 개수다.

B. 엔드턴 누설 인덕턴스

상 인덕턴스에 영향을 미치는 또 하나의 누설 인덕턴스로서 코일 엔드턴 누설 인덕턴스가 있다. 여기서는 코일 엔드턴에서 발생한 자계를 그림 13.16과 같이 축방향으로 무한히 긴 실린더에 전류 I가 흐를 때 발생하는 자계 분포와 같다고 가정하며 코에너지법을 이용해 슬롯 누설 인덕턴스를 계산해 볼 수 있다.

$$W_c = \frac{1}{2}Li^2 = \int_{vol}\frac{1}{2}\mu_0 H^2 dv \tag{13.56}$$

이로부터 인덕턴스는,

$$L = \frac{\int_{vol}\mu_0 H^2 dv}{i^2} \tag{13.57}$$

그림 13.16에서 원통의 중심에서 R만큼 떨어진 지점에서의 자계는 오직 접선 방향 성분만 갖게 되며 그 크기는 다음과 같다.

$$H_\theta(R) = \frac{I}{2\pi R} \quad \because\ R > r \tag{13.58}$$

전류 I에 의해 발생하는 자계를 코일당 직렬 턴수(N_c)를 고려하여 $N_c i$ 에 의해 발생하는 자계와 같다 가정하면, 길이 l_{c1}에 대해 반경 R 이내의 적분 구간에서, 식(13.57)을 다음과 같이 쓸 수 있다.

$$
\begin{aligned}
L &= \frac{\int_{vol} \mu_0 H^2 dv}{i^2} = \frac{l_{c1}\int_r^R \int_0^{2\pi} \mu_0 H_\theta^2(r) r d\theta dr}{i^2} \\
&= \frac{l_{c1}\int_r^R \int_0^{2\pi} \mu_0 \left(\frac{N_c i}{2\pi r}\right)^2 r d\theta dr}{i^2} = \frac{\mu_0 l_{c1}}{2\pi} N_c^2 \int_r^R \frac{1}{r} dr \\
&= \frac{\mu_0 l_{c1}}{2\pi} N_c^2 \ln\left(\frac{R}{r}\right)
\end{aligned}
\tag{13.59}
$$

이러한 표현식으로부터 코일 엔드턴 누설 인덕턴스를 구하기 위해 적당한 l_{c1}, R 그리고 r값을 찾을 필요가 있다. 코일 엔드턴을 그림 13.17와 같이 직경이 코일 피치인 반원으로 생각하면 식(13.59)에 사용된 파라미터는 식(13.60)과 같이 구해볼 수 있다.

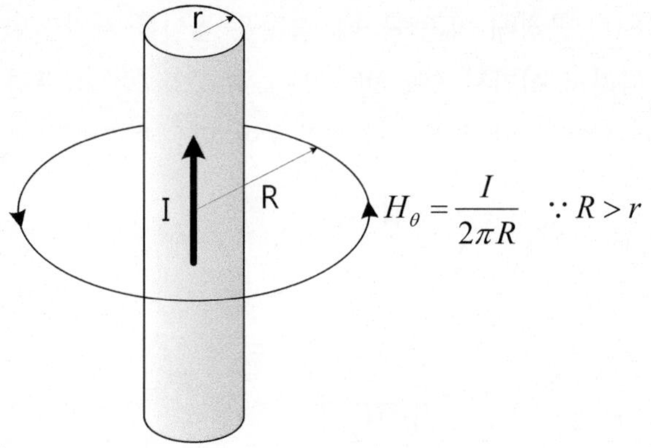

[그림 13.16] 축방향으로 무한히 긴 원통에 전류가 흐를 때의 자계 분포

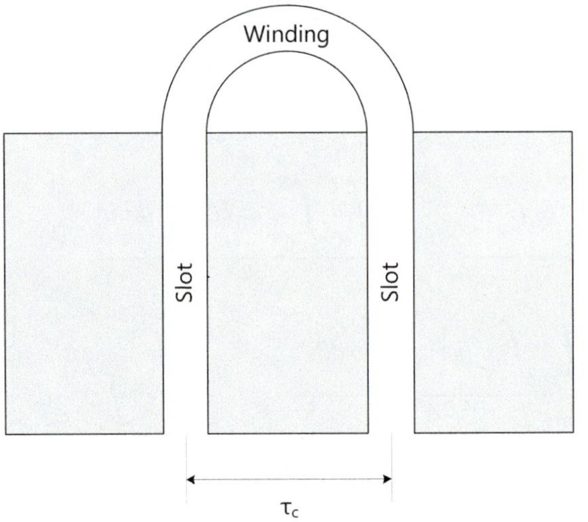

[그림 13.17] 코일 엔드턴의 근사

$$l_{c1} = \frac{\pi\tau_c}{2}, \quad R = \frac{\tau_c}{2} \tag{13.60}$$

코일피치 τ_c는 슬롯까지의 반경에 의존하는데, 슬롯은 높이를 가지므로 슬롯 반경을 명확히 정의할 필요가 있다. 따라서 여기서 슬롯 반경은 슬롯 중앙까지의 반경으로 정한다. 원통의 반지름은 슬롯 면적과 원통의 단면적이 같다고 두어 다음과 같이 나타낼 수 있다.

$$\pi r^2 = d_s W_s \rightarrow r = \sqrt{\frac{d_s W_s}{\pi}} \tag{13.61}$$

단, 2층권의 경우 슬롯당 2개의 코일이 들어가므로

$$\pi r^2 = \frac{d_s W_s}{2} \rightarrow r = \sqrt{\frac{d_s W_s}{2\pi}} \tag{13.62}$$

결국 한 코일 엔드턴에 대한 누설 인덕턴스는 2층권일 때 각각 다음과 같이 나타난다.

$$\begin{aligned} L_{ed} &= \frac{\mu_0 l_{c1}}{2\pi} N_c^2 \ln\left(\frac{R}{r}\right) = \frac{\mu_0 N_c^2 \tau_c}{4} \ln\left(\frac{\pi}{2}\frac{\tau_c^2}{d_s W_s}\right)^{\frac{1}{2}} \\ &= \frac{N_c^2 \mu_0 \tau_c}{8} \ln\left(\frac{\pi\tau_c^2}{2d_s W_s}\right) \end{aligned} \tag{13.63}$$

참고로 식(13.63)에 의한 인덕턴스는 하나의 코일을 기준으로 한 것이므로, 상당 엔드턴 누설을 구하기 위해서는 코일 결선법을 고려해 재계산되어야 한다. 예를 들어 병렬회수가 1인 경우에는 식(13.63)에 상당 코일수를 곱해주어야 한다. 즉,

$$L_{lk}^{ed} = \frac{Q}{3} L_{ed} \tag{13.64}$$

결국 한상의 누설 인덕턴스는

$$\begin{aligned} L_{lk} &= \frac{Q}{3}(L_{lk}^{slot} + L_{lk}^{ed}) \\ &= \frac{Q}{3}\mu_0 N_c^2 \left(\begin{aligned} & L_{stk}\left\{ \frac{1}{2}\frac{d_s}{W_s} + \frac{d_1}{2W_s} + \frac{2d_2}{W_s - W_{so}} \ln\left(\frac{W_s}{W_{so}}\right) + \frac{2d_1}{W_{so}} \right\} \\ & \qquad + \frac{\tau_c}{8} \ln\left(\frac{\pi \tau_c^2}{2 d_s W_s} \right) \end{aligned} \right) \end{aligned} \tag{13.65}$$

다시 언급하지만 식(13.65)는 평행슬롯 2층권 기준에 대한 결과이다. 또한 식(13.65)는 철심에서의 자속포화를 무시했고, 공극 기자력을 무시한 결과이므로 실제 누설 인덕턴스는 식(13.65)보다 작을 것으로 기대해야 한다.

13.11 요구 전류의 계산

자속과 인덕턴스 그리고 저항이 구해지면 토크식을 통해 MTPA 선상에서 요구 토크를 만족하는 전류 벡터를 찾아야 한다. 우리가 알고 있는 식은 토크식 하나 밖에 없으며 이로부터 전류의 크기와 전류 위상각을 찾아야 하는데 반복법으로 전류를 구해볼 수 있다. 그림 13.18은 전류와 전류위상각을 계산하기 위한 플로우를 보여주고 있다. 플로우 상에서 초기 전류는 토크식인 식(6.39)에서 $L_d = L_q$라 가정하여 구해볼 수 있다. $L_d = L_q$이므로 돌극비가 1이 되며 이때의 전류위상각은 0이 되므로 결국 초기 전류는 다음과 같이 구해볼 수 있다.

$$I_{inint} = \frac{2}{3}\frac{P_o}{\omega_e p \lambda_{pm}} \tag{13.66}$$

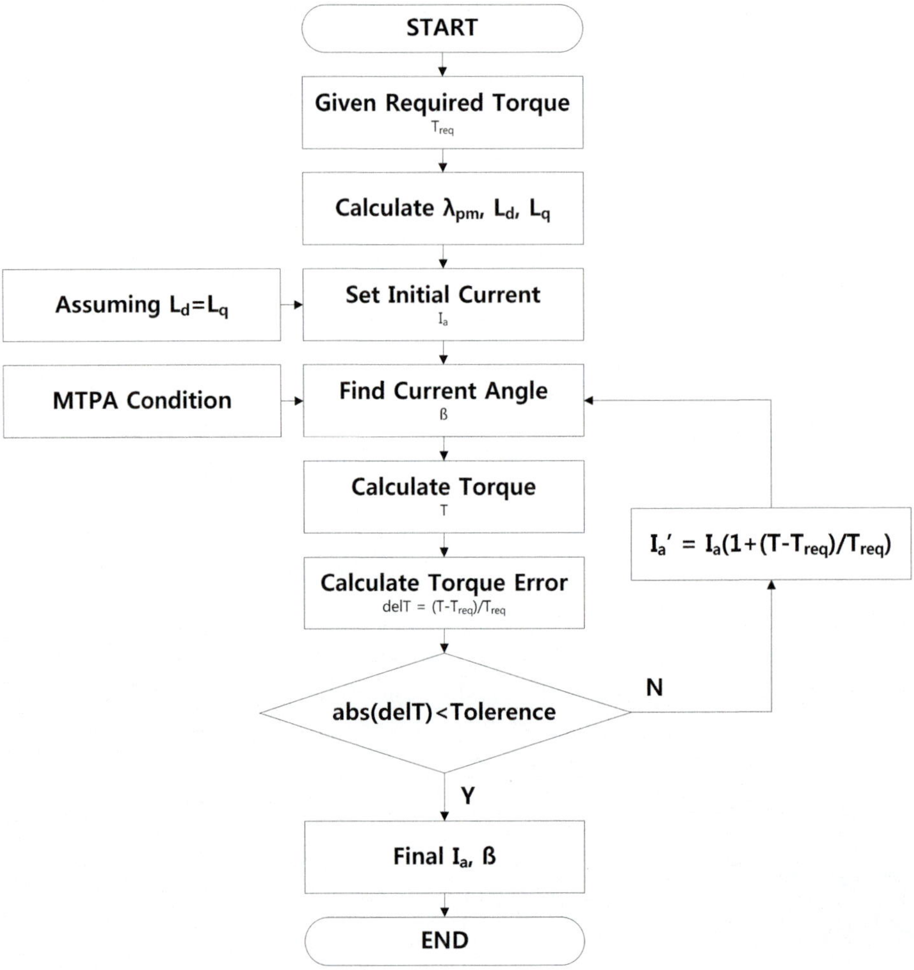

[그림 13.18] 주어진 토크 발생을 위한 상전류 및 전류위상각 계산 플로우

식(13.66)에 의해 구해진 전류로 MTPA 조건을 만족하는 전류위상각을 구해볼 수 있으며 이를 통해 토크 계산이 가능하다. 초기 전류에 구해진 토크는 실제 요구 토크와는 다를 수 있으며 요구 토크를 만족시킬 때까지 전류를 바꿔가며 루틴을 반복하게 된다. 이때 다음 번 반복을 위한 새로운 전류는 토크가 전류에 비례한다고 가정하여 다음과 같이 구해볼 수 있다.

$$I_a^* = \left(1 + \frac{T_{req} - T}{T_{req}}\right) I_a \tag{13.67}$$

설계 시 전류의 제약이 존재하는 경우에는 위에서 구해진 전류가 제약을 만족하는 살펴보아야 한다. 만약 전류 제약을 만족하지 않으면 출력을 만족시키기 위해 전압을 키우고 전류를 줄이는 방향으로 설계해야 하는데, 그렇게 하기 위해서는 쇄교자속을 증가시키거나 저항이나 인덕턴스를 줄여야 한다. 쇄교자속량을 증가시키는 방법에는 영구자석 두께를 키우거나 극호율을 증가시키는 방법이 있고, 인덕턴스 및 저항을 줄이는 방법에는 전류밀도 슬롯형상비를 줄이는 방법이 있다.

13.12 저항의 계산

여기서는 권선 저항을 구하기 위해 코일이 감긴 위치를 두 가지로 나누어 계산하고자 한다. 첫 번째는 고정자 슬롯에 삽입된 권선에 의한 저항이고 두 번째는 코어를 벗어나 있는 엔드턴 저항이다.

A. 슬롯 저항

저항의 일반적인 표현식은 다음과 같다.

$$R = \rho \frac{l_c}{A_c} \tag{13.68}$$

여기서 l_c는 도체의 길이이며, A_c는 도체의 단면적 그리고 ρ는 도체의 저항률이다.
대부분의 도체의 경우 저항률은 온도에 대한 함수이며 다음과 같이 근사적으로 표현할 수 있다.

$$\rho(T_2) = \rho(T_1)(1+\beta(T_2 - T_1)) \tag{13.69}$$

여기서 $\rho(T_1)$은 T_1의 온도에서 저항률이며, 마찬가지로 $\rho(T_2)$는 T_2에서의 저항률, 그리고 β는 저항률의 온도계수이다.

권선에 주로 사용되는 동의 경우, 상온 20[℃]에서의 저항률과 저항률의 온도계수는 다음과 같다.

$$\rho(20[℃]) = 1.7241 \times 10^{-8}\,[\Omega \cdot \mathrm{m}] \tag{13.70}$$

$$\beta = 4.3 \times 10^{-3}[℃^{-1}]$$

식(13.68)에서 도체 단면적을 구하기 위해서는 전류 밀도와 도체 면적의 관계식을 이용하면 된다. 즉,

$$J_c = \frac{I_{branch}}{A_c} \tag{13.71}$$

여기서 I_{branch}는 병렬 회로에 흐르는 전류로서 다음과 같이 구할 수 있다.

$$I_{branch} = \frac{I_a}{a} \tag{13.72}$$

여기서 a는 병렬 회로수를 의미한다.

또한 도체의 길이는 한 병렬 회로당 도체 길이로 계산해야 하며, 이는 상당 총 도체수 Z_c와 축방향 길이로서 다음과 같이 구할 수 있다.

$$l_c = \frac{Z_c L_{stk}}{a} \tag{13.73}$$

여기서,

$$Z_c = 2aN_{ph} \tag{13.74}$$

결국 a개의 병렬 회로수를 가지는 권선의 슬롯 저항은 다음과 같이 구할 수 있다.

$$R_{slot}^{DC} = \rho\frac{l_c}{aA_c} = \rho\frac{\frac{Z_c L_{stk}}{a}}{a\frac{I_{branch}}{J_c}} = \rho\frac{2N_{ph}L_{stk}J_c}{I_a} \tag{13.75}$$

B. 엔드턴 저항

엔드턴 저항의 경우는 그림 13.17과 같이 코일 엔드턴을 근사한 경우에 대해 계산해 볼 수 있다. 이때 도체의 길이는,

$$l_{c1} = \tau_c\frac{\pi}{2} \tag{13.76}$$

엔드턴은 위 아래 2곳에 존재하며, 상권선의 총 엔드턴 길이는

$$l_c = N_{ph}\tau_c\pi \tag{13.77}$$

따라서 엔드턴 저항은 다음과 같이 구할 수 있다.

$$R_{end}^{DC} = \rho\frac{l_c}{aA_c} = \rho\frac{N_{ph}\tau_c\pi J_c}{I_a} \tag{13.78}$$

결국 권선의 DC저항(한 상당 저항)은 슬롯 저항과 엔드턴 저항의 합으로 다음과 같이 나타낼 수 있다.

$$\begin{aligned} R_s^{DC} &= R_{slot}^{DC} + R_{end}^{DC} = \rho\frac{2N_{ph}L_{stk}J_c}{I_a} + \rho\frac{N_{ph}\tau_c\pi J_c}{I_a} \\ &= \frac{\rho J_c}{I_a}N_{ph}(2L_{stk} + \tau_c\pi) \end{aligned} \tag{13.79}$$

참고로 상기 식(13.79)에 의한 저항은 소위 DC 저항인데, 권선에 교류 전류가 흐르는 경우에는 표피효과 근접 효과 등이 더해져 실제 권선 저항은 DC 저항보다 커지게 된다. 많은 경우에 있어서는 이러한 효과를 없애기 위해 가닥선을 사용하지만, 최근 성형 코일, 헤어핀 권선 등에서는 통으로 된 도체를 사용하는 경우가 있다. 이러한 경우에는 표피 효과 및 근접 효과를 고려해 AC 저항을 따로 구하는 것이 바람직하다.

13.13 구동 전압의 계산

$$V_a = \sqrt{(R_s i_d - \omega_e L_q i_q)^2 + (R_s i_q + \omega_e L_d i_d + \omega_e \lambda_{pm})^2} \tag{13.80}$$

위에서 구한 파라미터들을 이용해 식(13.80)과 같은 전압 방정식에 대입해 요구 토크를 만족시키기 위한 전압이 전압 제한치를 넘어가는지 살펴보아야 한다. 앞서 턴수를 구할 때 무부하 역기전력의 크기를 가정한 적이 있는데, 그 크기를 너무 크게 설정하면 전압이 제약을 넘어버리게 된다. 이런 경우 무부하 역기전력 값을 줄여 턴수를 재산정해야 한다. 반대로 전압이 남아도는 경우가 있을 수 있는데 이 또한 최적화된 설계라 볼 수 없으므로 가급적 계산된 전압이 설계 요구 전압에 근접하도록 하는 것이 좋다. 단, 전압 마진을 고려해 계산된 전압은 설계 제약의 90~95% 정도로 가져갈 수도 있다.

13.14 파라미터 검증 : EL-map*

영구자석 전동기의 dq변환된 전압 방정식과 토크 방정식을 살펴보면 영구자석 전동기의 출력 특성을 결정하는 파라미터를 알 수 있다. 이를 위해 전압 방정식과 토크식을 다시 써 보면,

$$V_a = \sqrt{(R_s i_d - \omega_e L_q i_q)^2 + (R_s i_q + \omega_e L_q i_d + \omega_e \lambda_{pm})^2} \tag{13.81}$$

$$T = \frac{3}{2} p \{ (L_d - L_q) i_q i_d + \lambda_{pm} i_q \} \tag{13.82}$$

위 수식에서 극수 및 회전속도는 설계 시에 정해지는 값이므로 제외하고 상저항 R_s, d, q축 인덕턴스 L_d, L_q 및 전류 i_d, i_q 영구자석에 의한 쇄교자속량 λ_{pm}이 전동기 특성을 결정함을 알 수 있다. 이 중 전류를 제외한 나머지 파라미터 값들은 전동기 형상에 의존하게 되므로 결국 R_s, L_d, L_q, λ_{pm}을 전동기 고유특성을 나타내는 파라미터라 할 수 있다. 반대로 말하면 전류, 전압, 토크는 이러한 파라미터들이 어떻게 설계되는지에 따라 결정되는 종속 변수라 말할 수 있다. 따라서 임의의 값을 가지는 R_s, L_d, L_q, λ_{pm}에 대한 파라미터 셋을 무수히 만들고, 이 임의의 파라미터 셋에 대한 전압, 전류, 토크 결과들 중 설계 제약 조건을 만족하는 파라미터 셋만 고르게 되면 설계 가능한 파라미터 셋의 범위를 알 수 있게 된다.

제약 조건 혹은 설계 포인트가 늘어나게 되면 설계 가능한 파라미터 셋의 범위는 더욱 줄어들게 된다. 따라서 설계 시 설계 가능한 파라미터 셋의 범위를 가늠해 보지 않고 설계 후 전동기 파라미터 계산을 통해 설계 포인트 혹은 제약 조건을 만족하는지 판별하게 되면 많은 시간과 노력이 필요하게 된다.

EL-map이란 이러한 노력과 수고를 줄이기 위해서 어떠한 파라미터 셋이 우리가 원하는 특성을 만족하는지 미리 알 수 있도록 그림으로 표현해 주는 역할을 하게 된다. 단, 그러기 위해서는 미지의 파라미터 네 개에 대한 결과값을 그림으로 표현해야 하는데, 2차원 평면에 나타낼 수 있는 최고차 그래프는 3차이고, 실제 그래프의 결과값 확인이 쉬운 것은 2차원 평면그래프 혹은 1차원 곡선 그래프 정도이므로 4개의 파라미터에 대한 결과값을 어떻게든 2차원 평면그래프로 뿌려줄 방법을 찾아야 한다.

다행이 네 개의 파라미터 중 저항은 일반적으로 초기설계 시 무시 가능한 경우가 많으므로 미지의 파라미터를 세 개로 줄여 볼 수 있다. 또한 d, q축 인덕턴스의 경우 그 비는 회전자

형상에 따라 대략적인 범위가 정해지므로 q축 인덕턴스를 d축 인덕턴스에 종속적으로 생각해 미지의 파라미터를 두 개로 줄여볼 수 있다. 결국, 미지의 파라미터는 영구자석에 의한 전기자 쇄교자속량 λ_{pm}과 d축 인덕턴스 L_d로 생각해볼 수 있다. 단 가정으로 저항은 0이며 돌극비 $\xi = L_q/L_d$를 특정한 값으로 한다. 여기서 전기자 쇄교자속량 λ_{pm}은 Wb의 단위를 쓰게 되는데, 이 물리량은 전압, 전류 혹은 인덕턴스와는 달리 그 많고 적음을 헤아리기가 쉽지 않다. 하지만 λ_{pm}은 $E_o = \omega_e \lambda_{pm}$와 같은 관계에 있으므로 대신 우리에게 더욱 친근한 역기전력을 미지의 파라미터로 사용하는 것이 편리하다.

임의의 E_o, L_d셋이 주어지게 되면 λ_{pm}을 알 수 있고 가정에 의해 L_q 또한 구할 수 있다. 이제 전압 방정식과 토크 방정식에 들어가는 주요 파라미터들이 임의의 셋트로 구성이 되었고, 이러한 상황에서 요구 토크를 만족하는 전류를 구해볼 수 있다. 단 구하고자 하는 전류는 i_d 및 i_q 두 개이므로 단순한 수식 전개로 전류를 구할 수는 없다. i_d 및 i_q를 구하기 위해서는 식(13.80)에서 설명한 상전류의 계산법을 사용해 반복을 통해 수렴시켜야 한다. 즉, 초기 전류를 설정한 후, MTPA조건을 이용해 전류위상각을 찾고 반복을 통해 토크를 만족하는 전류를 찾아내는 것이다.

최종적으로 i_d 및 i_q를 구하게 되면 식(13.80)을 통해 입력 전압을 구할 수 있게 된다. 결국 임의의 E_o, L_d셋에 대해 토크를 만족하는 전류와 이때의 입력 전압을 구할 수 있게 되는 것이다. 이를 통해 전기적인 입력 제약 상황에서 전동기 파라미터가 어떠한 값을 가져야 하는지 분석이 가능하다.

이제 그림 13.19과 같이 x축을 L_d, y축을 E_o로 하는 평면을 격자 분할을 하게 되면 각 격자점이 E_o, L_d셋이 되게 되며 각 격자점에 대해서 전류 및 전압을 구해볼 수 있다. 또한 그 결과를 컨투어로 보이게 되면 전압 제한과 전류 제한을 만족하는 E_o, L_d셋 범위가 어디인지 판별할 수 있다.

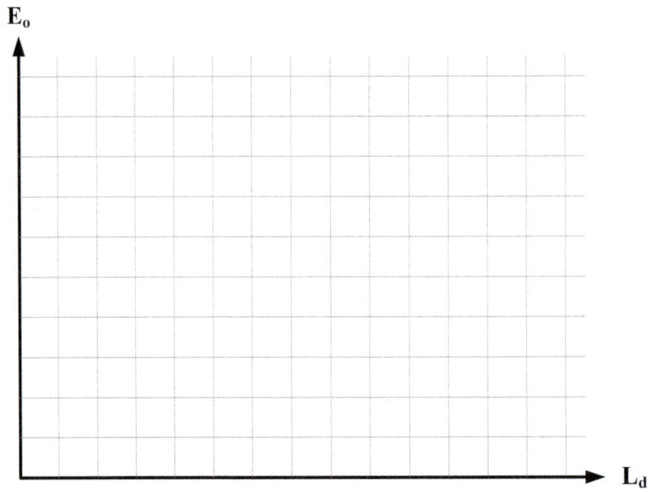

[그림 13.19] EL-map을 위한 격자분할

그림 13.20와 그림 13.21은 300[W]급 전동기 설계를 위해 EL-map을 이용한 IPMSM의 파라미터 설계 결과이다. 만약 상전압 제한치가 20[V_{peak}]이고 상전류 제한치가 12[A_{peak}]이라면 설계 가능한 영역은 그림 13.22에서 빗금친 영역과 같다.

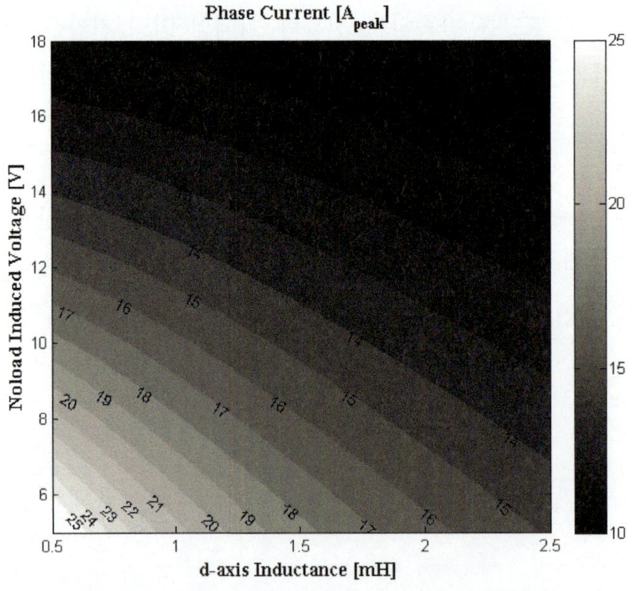

[그림 13.20] EL-map 결과: 상전류 피크치

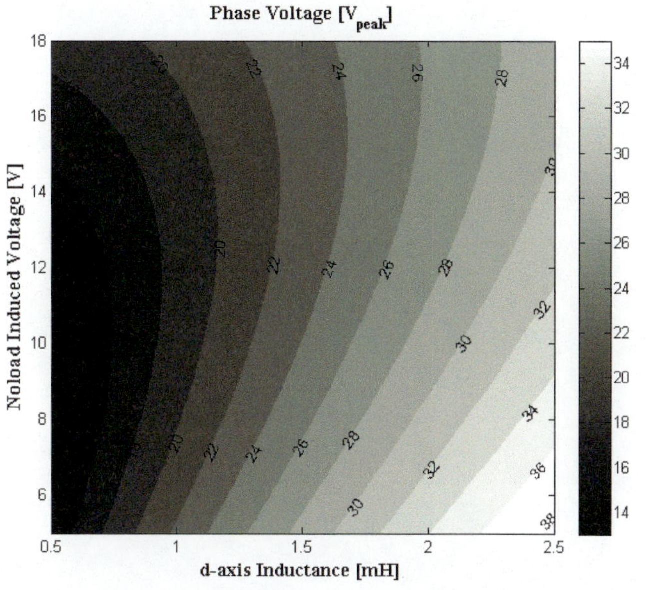

[그림 13.21] EL-map 결과: 상전압 피크치

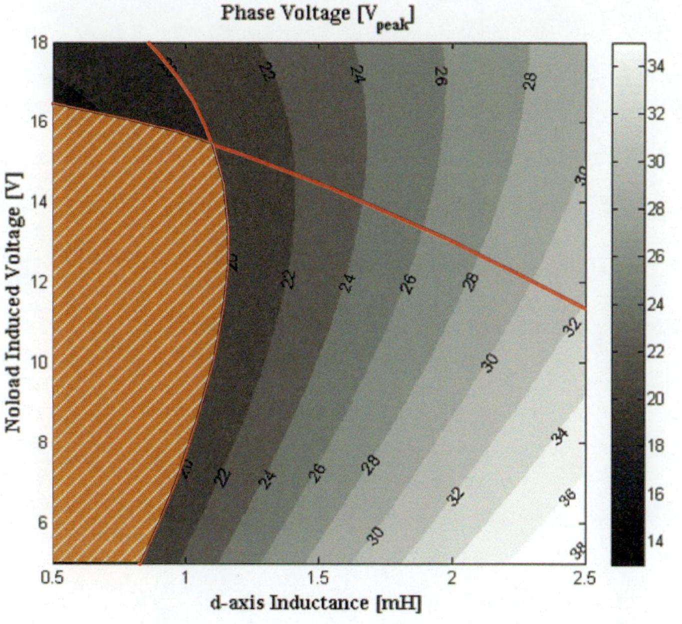

[그림 13.22] 전압제한과 전류제한을 고려한 설계가능 범위

Design of
Permanent Magnet Synchronous Machines

14 엑셀을 사용한 IPMSM 설계의 예

지금까지 설명한 내용을 바탕으로 엑셀을 이용해 간단한 설계 프로그램을 만들어 볼 수 있다. 그림 13.1과 13.1절~13.13절의 내용을 바탕으로 간략하게 설명하도록 하겠다.

설계 예시에 사용된 전동기 사양은 기저 회전속도가 3600[rpm]이며, 토크는 10[Nm], 입력전압은 DC 300[V]이다.

Step 1. 기본값 결정

먼저 사용자가 직접 결정을 해 주어야 할 기본 사항을 표 14.1에 나타내었다. 표에서 노란색 음영은 자동으로 계산되는 값이다. 위에서 언급한 입출력 사양 외 극수, 슬롯수, 동작 온도, 전류 밀도, 영구자석 사양 등 여러 가지 값들을 사용자가 결정해 주어야 한다. 이러한 값들을 제대로 설정하려면 설계 경험이 필요하게 된다.

[표 14.1] IPMSM 설계를 위한 기본 값

Natural Variables			
Parameter	Value	Unit	Descritpions
m	3	-	상수
N_{poles}	4	-	극수
Q	24	-	슬롯수

Mechanical Variables			
Parameter	Value	Unit	Descritpions
n_{base}	3600	rpm	회전수
T_{req}	10	Nm	요구토크
P_o	3769.911184	Watt	출력
Temperature	20	℃	운전온도

Electrical Variables			
Parameter	Value	Unit	Descritpions
V_{dc}	300	V	DC 링크단 전압
V_a	173.2050808	V	상전압 제한치
J_c	3	A/mm^2	코일 전류밀도

Magnet Variables			
Parameter	Value	Unit	Descritpions
B_r	1.2	T	잔류자속밀도
μ_{rev}	1.05	-	리코일 투자율
TK_{br}	0	-	온도계수
B_r'	1.2	T	잔류자속밀도, 온도고려

Geometry Variables			
Parameter	Value	Unit	Descritpions
K_c	1.05	-	카터계수
g	0.5	mm	공극 길이
g'	0.525	mm	유효 공극 길이
T_m	3	mm	영구자석 두께
T_{br}	0.5	mm	립 두께
d_1	0.5	mm	슈높이1
d_2	0.5	mm	슈높이2
W_{so}	2	mm	슬롯 오프닝
α_m	0.7	-	극호율
K_{sf}	0.4	-	슬롯 점적률
α_{slot}	0.6	-	슬롯 너비율
ξ	0.4	-	슬롯 형상비
α_{aspect}	2	-	형상 치수비

Step 2. 공극자속밀도, 극당 공극자속량 계산

설계를 위한 기본 값들이 결정되면 설계 첫 번째 단계로 표 14.2과 같이 공극 자속밀도를 구한다. 이때 필요한 계수들이 있는데, 자기 등가 회로에 사용되는 배리어 누설계수, 공극 누설계수, 릴럭턴스 계수가 그것이다. 또한 립(브릿지) 포화 자속밀도를 설정해 주어야 하며 영구자석 너비 초기치도 설정해 주어야 한다. 영구자석 너비 초기치의 경우 아직 설계가 되지 않았기에 임의의 값을 넣어 주면 되고, 추후 회전자 형상 설계가 끝나면 그때의 영구자석 너비를 입력하여 반복 수렴시키면 된다.

[표 14.2] 공극자속밀도의 계산

Step2. Airgap Flux Density			
Parameter	Value	Unit	Descritpions
K_{lb}	0.95	-	배리어 누설계수
K_{ls}	0.95	-	공극 누설계수
K_r	1.05	-	릴럭턴수 계수
B_{sat}	2	T	립 포화자속밀도
$W_{m\ init}$	37.45	mm	영구자석 너비 초기치 (Step.5 W_m과 일치시킬것)
B_g	0.867	T	공극자속밀도, 식(9.23)

Step 3. 권선 계수의 계산

공극 자속밀도가 계산되면, 표 14.3과 같이 권선 계수를 구해야 한다. 이는 사이징을 위해 필요한 값으로 극수/슬롯수 그리고 코일 쓰로우가 결정되면 계산 가능하므로 설계 초기단계에서 바로 구할 수 있다. 참고로 분포계수 계산을 위해서는 간단한 수식을 쓸 수 없기에 별도의 프로그램을 작성하는 것이 좋다.

[표 14.3] 권선 계수 계산

Step3 .Winding			
Parameter	Value	Unit	Descritpions
y_q	6	-	코일 쓰로우
K_{wd}	0.9659	-	분포계수
K_{wp}	1	-	단절계수, 식(4.10)
K_w	0.9659	-	권선계수

Step 4. 사이징 및 공극 직경/축방향 길이 결정

공극자속밀도, 권선계수가 구해지면, 1단계에서 사용자가 설정한 코일 전류밀도, 점적률을 이용해 표 14.4와 같이 사이징을 해 볼 수 있다. 사이징 후에는 형상 치수비를 이용해 공극 직경과 축방향 길이를 분리해낸다.

[표 14.4] 사이징

Step4. Sizing			
Parameter	Value	Unit	Descritpions
C_{om}	0.075167683		출력계수, 식(12.30)
D_g^4	28687781.51	mm^4	식(12.38)
D_g	73.19	mm	공극 직경
L_{stk}	114.96	mm	축방향 길이
T_m	10	Nm	마그네틱 토크, 검산(입력값과 같아야 함)

Step 5. 회전자 형상 치수 계산

사이징이 끝나 공극 직경이 구해지면, 표 14.5와 같이 회전자 형상 설계가 가능하다. 극호율과 영구자석 두께는 사용자가 설정을 했기 때문에 나머지 치수들은 13.6.2절을 참고해 구해 볼 수 있다. 참고로 이 단계에서 구해진 영구자석 너비 W_m을 1단계에 반영하여 W_m과 W_{m_init}가 같아지도록 해야 한다.

[표 14.5] 회전자 형상 치수

Step5. Rotor Dimensions			
Parameter	**Value**	**Unit**	**Descritpions**
D_{ro}	72.69	mm	회전자 직경
W_m	37.45550015	mm	영구자석 너비, 식(13.4)
W_{web}	18.72775007	mm	웹 폭, 식(13.6)
Pos_m	30.56091055	mm	영구자석 위치, 식(13.5)
α_{m2}	0.789461339	-	극호율2, 식(13.7)
T_{br}	0.5	mm	브릿지 두께, 입력으로부터 가져옴
T_m	3	mm	영구자석 자화방향 길이, 입력으로부터 가져옴

Step 6. 고정자 권선의 턴수 설계

회전자 형상 설계가 끝나면 표 14.6과 같이 고정자 권선의 턴수 설계를 한다. 자기 등가 회로 해석을 통해 극당 공극 자속량을 구했고, 설계자가 기저 속도에서의 무부하 역기전력을 개략적으로 설정하면 턴수 설계가 가능해진다. 무부하 역기전력은 초기값으로 입력 전압 제약치의 70~80%로 설정한 후 최종 단계에서 전압을 구한 후 새로운 값으로 업데이트가 필요하다. 최종 전압의 여유가 너무 많으면 무부하 역기전력 값을 키우고, 모자란 경우 무부하 역기전력 값을 줄여 가급적 최종 계산된 전압이 설계 제약 전압을 넘지 않는 선에서 설계 제약 전압과 비슷하게 설계하는 것이 좋다. 또한 식(8.30)를 통해 구해진 턴수는 정수가 아니므로, 설계자가 적절히 조절해 주어야 한다.

[표 14.6] 턴수 설계

Step6. Determine the Series Number of Turns			
Parameter	**Value**	**Unit**	**Descritpions**
B_{g1}	0.984080759	T	공극자속밀도 기본파, 식(9.24)
φ_g	0.004012324	Wb	극당 공극 자속량, 식(8.25)
φ_{g1}	0.004139702	Wb	극당 공극 자속량 (기본파 기준), 식(8.26)
E_o	140.00	V	무부하 역기전력 @ n_{base}
ω_e	753.98	radE/s	
λ_{pm_req}	0.185680767	Wb	영구자석 쇄교자속 제약 (기본파 기준)
N_{ph_init}	46.43715997	-	상당 직렬 턴수, 식(8.30)
N_{ph}	48	-	설계에 적용할 상당 직렬 턴수
N_c	6	-	코일당 직렬 턴수 (정수여야 함)

Step 7. 고정자 형상 치수의 계산

턴수설계가 끝나면 코일을 감기 위해 필요한 슬롯 면적을 구한다. 슬롯 면적이 결정되면 이를 이용해 고정자 형상 치수를 구해볼 수 있다. 13.8절을 참고하면 쉽게 구할 수 있다. 이때 고정자 백요크 너비를 구하기 위해 백요크의 자속밀도 제약치(백요크의 자속 포화 레벨)를 사용자가 설정해야 하는데, 대략 1.6[T] 정도면 무난하다. 또한 치 자속밀도 B_t가 코어의 자속 포화 레벨을 넘어가면 Step 0의 α_{slot}를 줄여 치가 포화되지 않게 해야 한다. 치의 자속 포화 레벨은 백요크의 자속 포화 레벨보다 약간 낮은 것이 좋다. 슬롯 면적 계산과 고정자 형상 치수의 계산을 표 14.7과 같이 Step 7로 묶어 나타내었다.

[표 14.7] 고정자 형상 치수 계산

Step7. Stator Dimensions			
Parameter	Value	Unit	Descritpions
I_{a_init}	17.95	A	상전류 초기치, 식(13.66)
I_a	17.20	A	설계에 적용할 상전류
A_{slot}	172	mm^2	요구 슬롯면적, 식(13.15)
D_{si}	73.71	mm	고정자 내경, 그림 13.9
R_{ss2}	37.85518233	mm	식(13.27)
θ_s	0.261799388	radM	슬롯피치, 그림 13.9
R_{sm}	49.02321729	mm	치 중앙까지의 반경, 식(13.25)
d_s	25.33606991	mm	슬롯 깊이 (슈높이 포함), 그림 13.9
W_t	5.133699309	mm	치폭, 식(12.21), 슬롯너비율 α_{slot}로 조절가능
B_{t_avg}	1.133105173	T	치자속밀도, 1.5T 전후가 좋음. 식(13.19)
B_{sy}	1.4	T	고정자 요크 자속밀도 포화레벨, 사용자 입력
W_{sy}	12.46504552	mm	고정자 요크폭, 식(13.31)
D_{so}	149.3125955	mm	고정자 외경, 그림 13.9
W_{so}	2	mm	슬롯 오프닝 폭, 입력으로부터 가져옴
d_1	0.5	mm	슈높이1, 입력으로부터 가져옴
d_2	0.5	mm	슈높이2, 입력으로부터 가져옴

Step 8. 인덕턴스의 계산

고정자 형상 치수를 계산하고 난 다음에는 권선의 인덕턴스를 구한다. 만약 슬롯 누설 인덕턴스를 고려하지 않을 것이면 고정자 형상 치수 계산 이전에 실시할 수도 있다. 표 14.8은 누설 인덕턴스를 제외한 공극 인덕턴스를 구하는 표로 13.10절, 10.2절, 8.3절, 6.3절을 참고하면 쉽게 계산할 수 있다.

[표 14.8] 인덕턴스의 계산(누설 제외)

Step8. Calculate Inductances			
Parameter	Value	Unit	Descritpions
α_d	0.744730669	-	식(10.37)
θ_d	1.17	radM	그림 10.2
θ_q	0.400976127	radM	그림 10.2
G_{md}	0.00084772		식(10.33)
G_{mq}	0.002393594		식(10.34)
G_0	0.001831854		식(10.35)
G_{a1}	0.000836441		식(10.36)
L_0	5.27261683	mH	식(8.49)
L_{as}	1.203761274	mH	식(8.50)
L_{d0}	6.103283334	mH	식(6.27)
L_{q0}	9.714567157	mH	

Step 9. 전류벡터의 계산

인덕턴스가 계산되면 MTPA 제어를 위한 전류벡터를 표 14.9과 같이 구해볼 수 있다.

[표 14.9] 전류벡터 계산

Step9. Find Current Vector for MTPA			
Parameter	Value	Unit	Descritpions
λ_{pm}	0.191929843	Wb	식(8.30)
i_d	-4.725943012	A	d축 전류, 식(7.12)
i_q	16.54	A	q축 전류, 식(7.13)
I_a^*	17.20	A	Step 7 전류와 같아야함. 식(7.5)
β	0.278344381	radE	전류 위상각, 식(7.11)
	15.94795826	degE	

Step 10. 토크 계산

Step 9에서 계산된 전류와 Step 8에서 계산된 인덕턴스를 이용해 표 14.10과 같이 토크를 계산해 볼 수 있다. 만약 계산된 토크가 요구 토크보다 작다면 Step 7의 I_a를 증가시켜야 하며, 요구 토크보다 크다면 Step 7의 I_a를 감소시켜 계산된 토크와 요구 토크가 같아질 때까지 반복한다.

[표 14.10] 토크 계산

Step10. Calculate Torque			
Parameter	Value	Unit	Descritpions
T_m	9.522407545	Nm	토크식, 식(6.40)
T_{rel}	0.846748352	Nm	Step6의 I_a를 수정해
T	10.3691559	Nm	T와 T_{req}가 같도록 설정해야 함

Step 11. 입력 전압 계산

Step 10을 지나면 요구 토크를 만족하는 전동기가 설계된다. 단, 표 14.11와 같이 이때의 전동기 주요 파라미터가 전압 제약을 만족하는지 최종적으로 평가해야 한다. 부하시의 전압을 계산하기 위해서는 상저항을 먼저 계산해야 한다. 그리고나서 Step 8과 Step 9에서 구해진 인덕턴스 및 전류를 이용해 전압을 구한다. 만약 계산된 전압 V_a*가 Step 1의 설계 제약 전압 V_a보다 크다면 Step 6의 E_o를 감소시켜 반복 설계해야 한다. 반대로 V_a*가 V_a보다 너무 작다면 전압을 제대로 활용하지 못하게 되므로 Step 6의 E_o를 증가시켜 V_a*가 V_a를 넘지 않는 선에서, 가급적 같아지게 E_o를 설정하는 것이 좋다.

[표 14.11] 입력 전압 계산

Step11. Calculate Input Voltage			
Parameter	Value	Unit	Descritpions
ρ_{20}	1.67224E-08	Ωm	도전률(@20°C)
ρ_{Temp}	1.67224E-08	Ωm	도전률(@운전온도)
R_s	0.066058122	Ω	상저항, 식(13.79)
V_a*	173.6067022	V	입력전압 (상전압 피크치), V_a보다 작아야 함

위에서 설계된 전동기를 그려보면 그림 14.1과 같다.

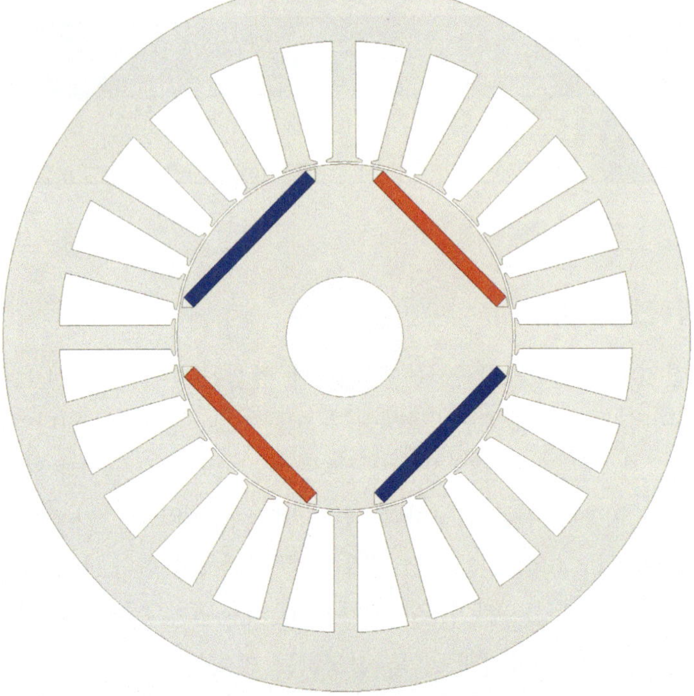

[그림 14.1] 설계된 IPMSM 형상

또한 유한요소해석을 통해 벡터도를 그리기 위한 주요 파라미터를 계산한 결과는 표 14.12와 같다. 무부하시의 쇄교자속인 λ_{pm} 은 비슷한 결과를 보이나, d, q축 인덕턴스의 경우 그 차이가 다소 크게 나타남을 알 수 있다. 이는 부하시 코어의 자속 포화를 고려하지 않고 인덕턴스를 구했기 때문이며, 이를 제대로 고려하기 위해서는 11장의 내용을 참고해 비선형 해석을 해야 한다.

[표 14.12] 유한 요소 해석 결과

기호	값	설명
N_{poles}	4	극수
λ_{pm}	0.19	무부하시 A상 쇄교자속 기본파 피크치, Wb
α_{pm}	179.995	무부하시 A상 쇄교자속 기본파 위상, degE
λ_o	0.2005	부하시 A상에 쇄교자속 기본파 피크치, Wb
α_o	-148.3	부하시 A상 쇄교자속 기본파 위상, degE
$\Delta\alpha$	-328.29	λ_{pm}기준 λ_o 위상각, degE
I_a	17.2	A상 입력전류 피크치, A
β	25	전류 위상각, degE
i_d	-7.269	d-축 전류, A
i_q	15.5885	q-축 전류, A
L_d	2.67224	d-축 인덕턴스, mH
L_q	6.75991	q-축 인덕턴스, mH
T_m	8.88544	마그네틱토크, Nm
T_{rel}	1.38956	릴럭턴스토크, Nm
T_{tot}	10.275	토크, Nm

저자와의
협의에 의해
인지 생략

기초이론과 함께 하는

영구자석 전동기의 설계

1판 4쇄 2026년 1월 15일

저 자 배재남, 김원호, 이성구

발행인 송광헌
발행처 **복두(더)**
주 소 서울특별시 영등포구 경인로82길 3-4
센터플러스 807호
(우) 07371
전 화 02-2164-2580
FAX 02-2164-2584
등 록 1993. 11. 22. 제 10-902 호

정가 : 27,000원
ISBN : 979-11-6675-209-4 93560

한국과학기술출판협회 회원사